国家示范性高职院校建设项目成果
模具设计与制造专业领域

冲压模具生产技术

主　编　李　云
副主编　陈永兴
参　编　孙　慧
主　审　吴转萍

机　械　工　业　出　版　社

本书是基于工作过程的理实一体化教材，以培养学生冲压成形工艺的制订与模具设计能力为核心，选择实用性零件为载体，按照冲压模具设计过程，综合训练学生的应用能力。

本书设置了四个综合性训练项目，分别是冲压车间认知、冲压成形实训室生产实践、冲压模具拆装与结构分析、冲压模具设计。通过对冲压模具设计过程的学习，使学生可以掌握冲压设备结构及动作原理，典型冲压模具结构以及冲裁模、弯曲模与拉深模冲压成形工艺及模具设计等专业知识。每个项目最后都配有实训与练习，引导学生将所学知识与企业实际零距离对接。

本书可作为高等职业院校、高等专科院校、成人高校、民办高校及本科院校举办的二级职业技术学院模具设计与制造专业及相关专业的教材，也可作为从事模具设计工程技术人员的参考书。

本书配有电子课件，凡使用本书作为教材的教师可登录机械工业出版社教材服务网 www.cmpedu.com 注册后下载。咨询邮箱：cmpgaozhi@sina.com。咨询电话：010-88379375

图书在版编目（CIP）数据

冲压模具生产技术/李云主编．—北京：机械工业出版社，2013.5
国家示范性高职院校建设项目成果．模具设计与制造专业领域
ISBN 978-7-111-41442-1

Ⅰ.①冲… Ⅱ.①李… Ⅲ.①冲模—生产工艺—高等职业教育—教材 Ⅳ.①TG385.2

中国版本图书馆 CIP 数据核字（2013）第 026080 号

机械工业出版社（北京市百万庄大街22号 邮政编码 100037）
策划编辑：于奇慧 责任编辑：于奇慧 薛 礼
版式设计：霍永明 责任校对：刘怡丹
封面设计：路恩中 责任印制：乔 宇
中国农业出版社印刷厂印刷
2013年5月第1版第1次印刷
184mm×260mm · 14.5 印张 · 354 千字
0001—3000 册
标准书号：ISBN 978-7-111-41442-1
定价：28.00 元

凡购本书，如有缺页、倒页、脱页，由本社发行部调换

电话服务	网络服务
社服务中心：(010)88361066	教材网：http://www.cmpedu.com
销售一部：(010)68326294	机工官网：http://www.cmpbook.com
销售二部：(010)88379649	机工官博：http://weibo.com/cmp1952
读者购书热线：(010)88379203	**封面无防伪标均为盗版**

前　言

课程建设与改革是提高教学质量的核心，也是教学改革的重点和难点。为贯彻教育部教学改革的精神，同时也为了配合职业院校教学改革和教材建设，更好地为职业院校深化改革服务，陕西工业职业技术学院与行业企业合作，根据技术领域和职业岗位（群）的任职要求，参照相关的职业资格标准，改革课程体系和教学内容，设计了模具设计与制造专业基于工学结合的人才培养方案，开发了以项目任务驱动和基于工作过程导向的课程体系。该课程体系包含塑料模具设计与制作、冲压模具生产技术、模具制作与装配技术三门核心课程。

本套教材是在我院“工学六融合”人才培养模式的不断实践和完善中，探索形成的基于工作过程的工学结合、注重实用的特色教材，充分体现了以学生学习为主、教师教学为辅的“教、学、做”一体化的教学模式和“项目导向”的教学方案设计，体现了以“就业为导向”的职业院校办学宗旨。在编写中力求体现当前职业教育改革的成果，吸取近年来模具专业教学改革的经验，本套教材也是我院示范性建设成果之一。

本书由李云主编，并负责整体构思、设计和资源整合，项目1、项目2、项目4的任务一由李云编写，项目3、项目4的任务二由陈永兴编写，项目4的任务三由孙慧编写，全书由李云统稿，由吴转萍主审。

本书在编写过程中，参阅了有关同类教材、书籍和网络资料，并得到合作企业的大力支持，在此一并致以深深的谢意！

由于编者水平有限，书中难免有错误和不妥之处，恳请读者批评指正。

编　者

目 录

项目 1　冲压车间认知

本项目讲述的冲压基本概念、冲压加工的基本工序及冲压的现状及发展方向是掌握冲压生产技术的基础。通过认知冲压车间，了解常用的冲压设备、冲压生产岗位设置以及冲压车间的组成与功能。

【学习目标】

知识目标

1. 掌握冲压的特点及应用。
2. 掌握冲压加工的基本工序。
3. 掌握冲压加工与冲压模具的概念。
4. 了解冲压车间的组成及功能。
5. 了解冲压加工的现状及发展方向。

技能目标

1. 能根据冲压件结构特点确定基本冲压工序。
2. 能确定每类冲压件的特点。
3. 能描述冲压技术岗位工作职责。

【工作任务】

认知冲压车间，根据冲压件结构特点能初步确定基本冲压工序，掌握冲压加工的基本工序及冲压生产工作岗位的设置，了解常用冲压设备及冲压行业发展趋势。

【知识准备】

一、冲压概述

冲压是利用安装在压力机上的冲模对材料施加压力，使其分离或产生塑性变形，从而获得所需要零件的一种压力加工方法。

冲压所使用的模具称为冲压模具，简称冲模。冲模在冲压中至关重要，没有符合要求的冲模，冲压生产就难以进行；没有先进的冲模，先进的冲压加工就无法实现。合理的冲压工艺与模具、高效的冲压设备及优质的材料构成冲压加工的三要素，如图 1-1 所示。

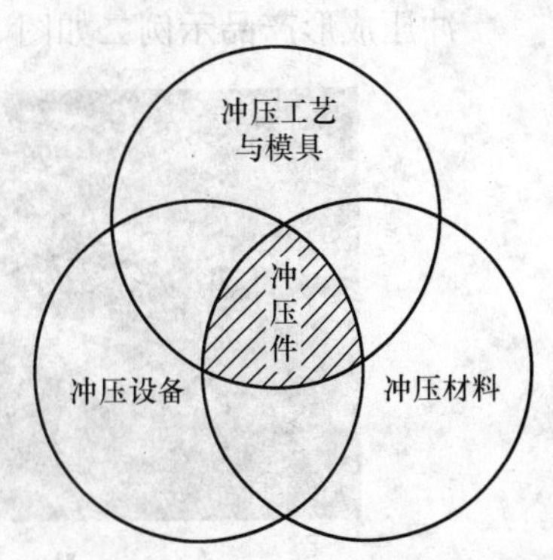

图 1-1　冲压加工的要素

冲压加工与其他加工方法相比，无论在技术方面，还是在经济方面，都具有许多独特的优势，主要有：

1）冲压件的尺寸公差与形状精度是由冲压模具来保证的，且所用的原材料多是表面质量好的板料或带料，所以产品尺寸稳定，互换性好。

2）冲压加工获得的零件一般无需进行切削加工，因而是一种节省能源、节省原材料的少、无切削加工方法。

3）冲压产品壁薄、质量好、刚度好，可以加工尺寸范围较大、形状较复杂的零件，如小到钟表的秒针，大到汽车的覆盖件等。

4）冲压生产过程依靠冲模和冲压设备来完成，其生产率高、操作方便，易于实现机械化、自动化。普通压力机，每台每分钟可生产几件到几十件，高速冲床生产效率可达每分钟上百件甚至上千件。

由于冲压生产必须具备相应的冲模，而模具是技术密集型产品，其制造属单件小批量生产，具有加工难、精度高、技术要求高及生产成本高的特点，因而，只有在冲压零件大批、大量生产的情况下才能获得较高的经济效益。

由于冲压生产具有上述优点，因此在批量生产中应用十分广泛。相当多的工业部门越来越多地采用冲压加工产品零部件，如飞机、汽车、电子、仪表、国防以及日用品等行业。在上述行业生产的产品中，冲压件所占的比重都相当大，不少过去用铸造、锻造、切削加工方法制造的零件，现在大多数被刚度好、质量轻的冲压件代替。而冲压工艺又是冲压加工中非常重要的因素，如果在生产中不广泛采用冲压工艺，许多工业部门要提高生产率、提高产品质量、降低生产成本以及进行产品更新换代是难以实现的。

冲压成形产品示例一如图 1-2 所示。

a)

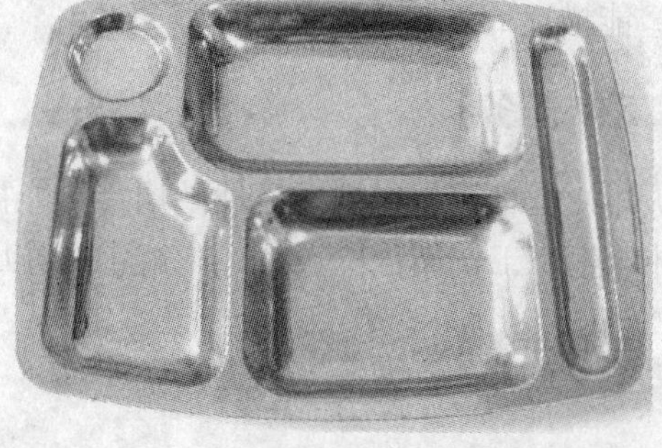

b)

图 1-2　冲压日常用品

冲压成形产品示例二如图 1-3 所示。

a)

b)

图 1-3　冲压高科技产品

二、冲压工序的分类

冲压加工的零件，由于其形状、尺寸、精度要求，生产批量及原材料等各不相同，因此生产中所采用的冲压工艺方法也是多种多样的。概括起来可分为两大类，即分离工序和成形工序。

分离工序是指使板料按一定的轮廓线分离而获得一定形状、尺寸和断面质量的冲压件（俗称冲裁件）的工序，主要包括冲孔、落料及切断等（见图1-4）；成形工序是指坯料在不破裂的条件下产生塑性变形而获得一定形状和尺寸的冲压件的工序，主要包括弯曲、拉深、翻边及胀形等（见图1-5）。冲压工序的具体分类及特点见表1-1和表1-2。

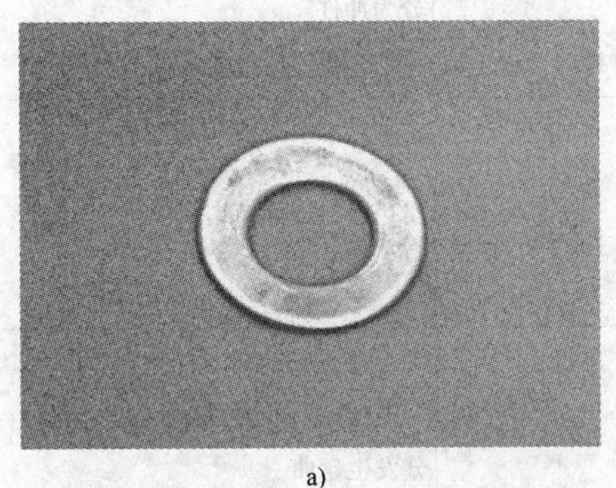

a)

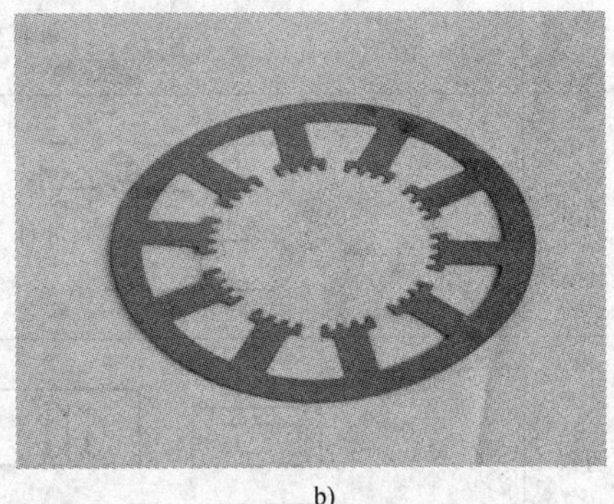

b)

图1-4　分离工序

a)

b)

c)

图1-5　成形工序

表 1-1　分离工序

工序名称		工序简图	特点及应用范围
冲裁	冲孔	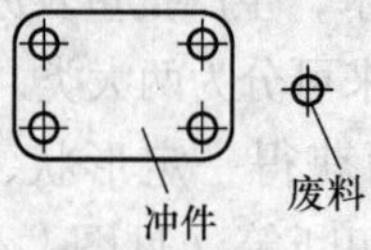 冲件　废料	用冲模沿封闭轮廓冲切板料，冲下来的部分为废料
	落料	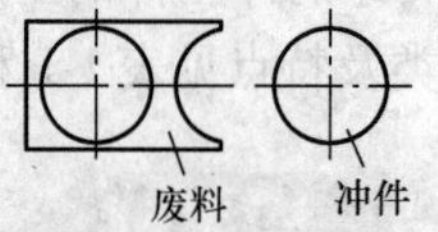 废料　冲件	用冲模沿封闭轮廓冲切板料，冲下来的部分为冲件
	切断	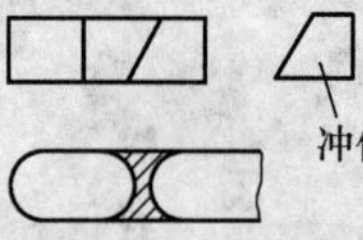 冲件	用剪刀或冲模切断板材，切断线不封闭
	切口	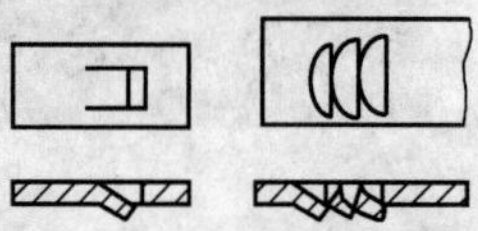	在坯料上沿不封闭轮廓冲出缺口，切口部分发生弯曲
	切边	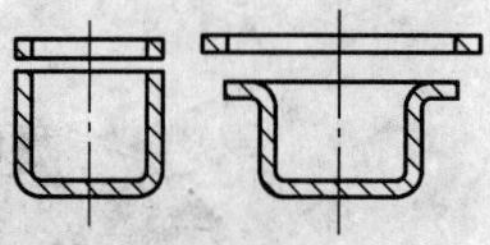	将工件的边缘部分切除
	剖切	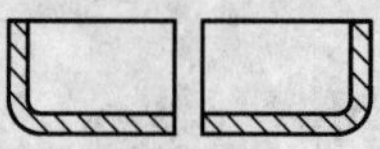	把工件切开成两个或多个零件

表 1-2　成形工序

工序名称			工序简图	特点及应用范围
成形	弯曲	弯曲	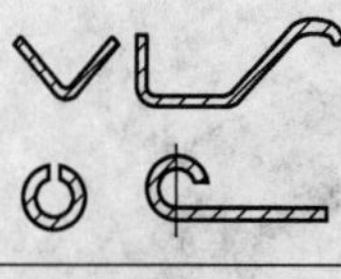	将板料弯成一定的形状
		拉弯	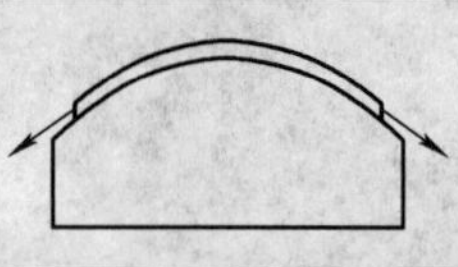	在拉力和弯矩共同作用下实现弯曲变形
		扭弯	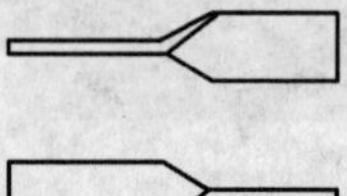	把工件的一部分相对另一部分扭转成一定角度

（续）

工序名称			工序简图	特点及应用范围
成形	拉深	拉深	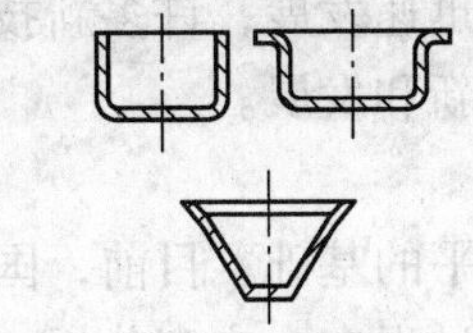	把平板坯料制成空心件，壁厚基本不变
		变薄拉深	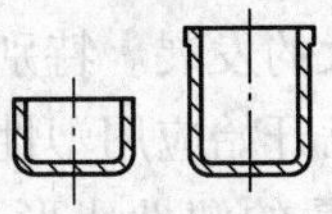	把空心件进一步拉深成侧壁比底部薄的工件
	翻孔		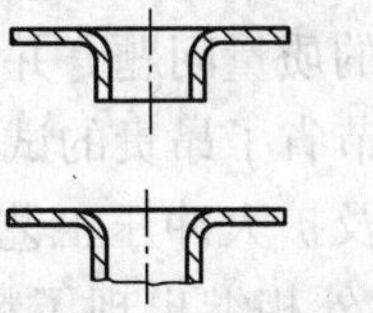	把工件上的孔的边缘翻出竖立边缘
	翻边		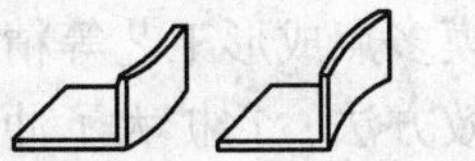	把工件的外缘翻起圆弧或曲线状的竖立边缘
	扩口		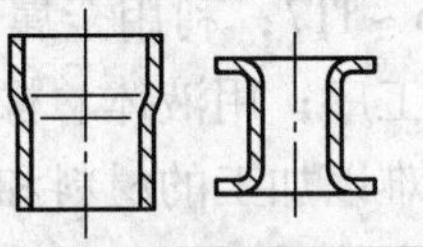	把空心件的口部扩大
	缩口			把空心件的口部缩小
	胀形		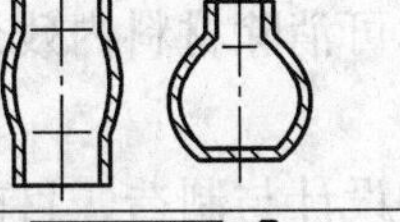	使空心件或管状件沿径向往外扩张，形成局部直径较大的零件
	起伏		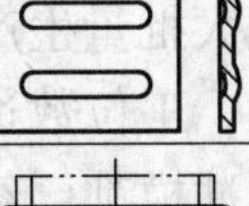	依靠材料的伸长变形使工件形成局部凹陷或凸起
	卷边		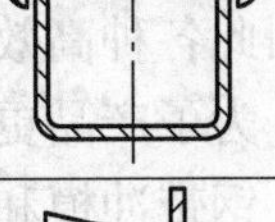	把空心件的口部卷成接近封闭的圆形
	旋压		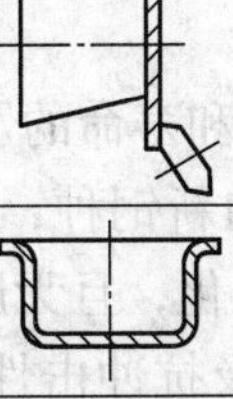	用滚轮使旋转状态下的坯料逐步成形为各种旋转体空心件
	整形		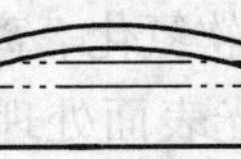	依靠材料的局部变形，少量改变工件形状和尺寸，以提高其精度
	校平			将有拱弯或翘曲的平板件压平，以提高其平面度

三、冲压技术及其发展方向

随着科学技术的不断进步和工业生产的迅速发展，许多新技术、新工艺、新设备及新材料不断涌现，因而促进了冲压技术的不断革新和发展。

1. 冲压成形理论及冲压工艺

冲压成形理论的研究是提高冲压技术水平的基础。目前，国内外对冲压成形理论的研究非常重视，在材料冲压性能研究、冲压成形过程应力应变分析、板料变形规律研究及坯料与模具之间的相互作用研究等方面均取得了较大的发展。特别是随着计算机技术的飞跃发展和塑性变形理论的进一步完善，近年来国内外已开始应用塑性成形过程的计算机模拟技术，即利用有限元（FEM）等数值分析方法模拟金属的塑性成形过程，根据分析结果，设计人员可预测某一工艺方案成形的可行性及可能出现的质量问题，并通过在计算机上选择修改相关参数，可实现工艺及模具的优化设计。这样既节省了昂贵的试模费用，也缩短了制模周期。

提高劳动生产率及产品质量，降低成本以及扩大冲压工艺应用范围的各种冲压新工艺，是研究和推广冲压技术的大方向。目前，国内外相继出现了精密冲压工艺、超塑性成形工艺、软模成形工艺、高速高能成形工艺及无模多点成形工艺等精密、高效、经济的冲压新工艺。其中，精密冲裁是提高冲裁件质量的有效方法，它扩大了冲压加工范围，目前精密冲裁加工零件的厚度可达25mm，公差等级可达IT6～IT7；利用金属材料的超塑性进行超塑性成形，可以用一次成形代替多道普通的冲压成形工序；用液体、橡胶及聚氨酯等作柔软性凸模或凹模的软模成形工艺，能加工普通加工方法难以加工的材料和复杂零件，在特定生产条件下具有明显的经济效果；爆炸等高能高效成形方法对于加工尺寸大、形状复杂、批量小、强度高和精度高的板料零件，具有重要的实用意义。无模多点成形工艺是用高度可调的凸模代替传统模具进行板料曲面成形的一种先进工艺技术，我国已自主设计制造了具有国际领先水平的无模多点成形设备，解决了多点压机成形法，从而可随意改变变形路径和受力状态，提高了材料的成形极限，同时利用反复成形技术可消除材料内残余应力，实现无回弹成形。

2. 冲模的设计与制造

冲模是实现冲压生产的基本条件。冲模的设计与制造，目前正朝着以下两方面发展。一方面，为了适应高速、自动、精密、安全等现代化大批量生产的需要，冲模正向高效率、高精度、高寿命、自动化及多工位方向发展。在我国，工位数达100甚至更多的级进模，寿命达亿次的硬质合金模，精度和自动化程度相当高的冲模都已经应用在生产中。同时，由于这样的冲模对加工、装配、调整及维修要求很高，因此各种高效、精密、数控、自动化的模具加工机床和检测设备也正在迅速发展。另一方面，为了产品更新换代和试制或小批量生产的需要，锌合金冲模、聚氨酯橡胶冲模、薄板冲模、钢带冲模和组合冲模等各种简易冲模及其制造工艺也得到迅速发展。

模具材料及热处理与表面处理工艺对模具质量和寿命的影响很大，世界各主要工业国在此方面的研究取得了较大的进展，并开发了许多的新钢种，其硬度可达58～70HRC，而变形只有普通钢的1/5～1/2。如火焰淬火钢可局部硬化，且无脱碳；我国研制的65Nb、LD和CD等新钢种，具有热加工性能好、热处理变形小及抗冲击性能佳等特点。与此同时，还发展了一些新的热处理和表面处理工艺，主要有气体软氮化、离子氮化、渗硼、表面涂镀、化学气象沉积（CVD）、物理气象沉积（PVD）及激光表面处理等。这些方法能提高模具工作表面的耐磨性、硬度和耐腐蚀性，使模具寿命大大延长。

模具的标准化和专业化生产，已受到模具行业的广泛重视。这是由于模具标准化是组织模具专业化生产的前提，而模具的专业化生产是提高模具质量、缩短模具制造周期、降低成本的关键。我国已颁布了冲压术语、冲模零部件的国家标准。冲模的专业化生产正处在积极组织和实施之中。但总的来说，我国冲模的标准化和专业化水平还是比较低的。

模具 CAD/CAE/CAM 技术是改造传统模具生产方式的关键技术，它以计算机软件的形式为用户提供一种有效的辅助工具，使工程技术人员能借助计算机对产品、模具结构、成形工艺、数控加工及成本等进行优化设计，从而显著缩短模具设计与制造周期，降低生产成本，提高产品质量。随着功能强大的专业软件和高效集成制造设备的出现，以三维造型为基础，基于并行工程的模具 CAD/CAE/CAM 技术正成为发展方向，它能实现制造和装配的设计、成形过程的模拟和数控加工过程的仿真，还可对模具可制造性进行评价，使模具设计与制造一体化、智能化。

3. 冲压设备和冲压生产的自动化

性能良好的冲压设备是提高冲压生产技术水平的基本条件。高精度、高寿命、高效率的冲模需要高精度、高自动化的压力机与之相匹配。为了满足大批量高速生产的需要，目前冲压设备也由单工位、单功能、低速朝着多工位、多功能、高速和数控方面发展。加之机械手乃至机器人的大量使用，冲压生产效率得到了大幅度的提高。

冲压生产的自动化是提高劳动生产率和改善劳动条件的有效措施。由于冲压操作简单，坯料和工序件形状比较规则，一致性好，所以容易实现生产自动化。冲压生产的自动化包括原材料的运输、冲压工艺过程与检测、冲模的更换与安装以及废料处理等各个环节，但最基本的是压力机自动化和冲模自动化。除了上述自动压力机和数控压力机之外，适用于各种条件下自动操作的通用装置和检测装置，如带料、条料或工序件的自动送料装置，自动出件与理件装置、送料位置与加工检测装置以及安全保护装置等，都是高速压力机和实现冲模自动化的基本装置。

4. 冲压基本原理的研究

冲压工艺及冲模设计与制造方面的发展，均与冲压变形基本原理研究取得的进展是分不开的。例如，板料冲压工艺性能的研究，冲压成形过程应力应变分析和计算机模拟，板料变形规律的研究，从板料变形规律出发进行坯料与冲模之间相互作用的研究，在冲压变形条件下的摩擦、润滑机理方面的研究等，为逐步建立起紧密结合生产实际的先进的冲压工艺及冲模设计方法打下了基础。因此，可以说冲压成形基本理论的研究是提高冲压技术的基础。

5. 模具先进制造工艺及设备

模具制造技术现代化是模具工业发展的基础。计算机技术、信息化技术及自动化技术等先进技术正在不断向传统制造技术渗透、交叉、融合，形成先进制造技术。模具先进制造技术主要体现在如下方面：

1）高速铣削加工。普通铣削加工采用低的进给速度和大的切削参数，而高速铣削加工则采用高的进给速度和小的切削参数。

2）电火花铣削加工。电火花铣削加工是电火花加工技术的重大发展，这是一种替代传统用成形电极加工模具型腔的新技术。像数控铣削加工一样，电火花铣削加工采用高速旋转的杆状电极对工件进行二维或三维轮廓加工，无需制造复杂电极。

3）慢走丝线切割技术。目前，数控慢走丝线切割技术发展水平已相当高，功能相当完善，自动化程度已达到可无人看管运行的程度。最大切割速度已达 $300mm^2/min$，加工精度可达到 ±1.5μm，加工表面粗糙度 $Ra0.1 \sim 0.2\mu m$。直径 0.03 ~ 0.1mm 细丝线切割技术的开发，可实现凸、凹模的一次切割完成，并可进行 0.04mm 窄槽及半径 0.02mm 内圆角的切割加工；锥度切割技术已能进行30°以上锥度的精密加工。

4）精密磨削及抛光技术。精密磨削及抛光加工由于精度高、表面质量好等特点，在精密模具加工中应用广泛。目前，精密模具制造已开始使用数控成形磨床、数控光学曲线磨床、数控连续轨迹坐标磨床及自动抛光机等先进设备。

5）数控测量。伴随模具制造技术的进步，模具加工过程的检测手段也取得了很大发展。三坐标测量仪已开始在模具加工中使用，现代三坐标测量仪除了能高精度地测量复杂曲面的数据外，其良好的温度补偿装置、可靠的抗振保护能力、严密的除尘措施以及简便的操作步骤使得现场自动化检测成为可能。

6. 快速制模技术

为了适应工业生产中多品种、小批量生产的需要，加快模具的制造速度，降低模具生产成本，开发和应用快速经济制模技术越来越受到人们的重视。目前，快速制模技术主要有低熔点合金制模技术、锌基合金制模技术、环氧树脂制模技术及喷涂成形制模技术等。应用此项技术制造模具，能简化模具制造工艺、缩短制造周期、降低模具生产成本，在工业生产中取得显著的经济效益。

7. 先进生产管理模式

随着需求的个性化和制造的全球化、信息化，企业内部和外部环境的变化，改变了模具业的传统生产观念和生产组织方式。现代系统管理技术在模具企业中正得到逐步应用，主要表现在：

1）应用集成化思想，强调系统集成，实现了资源共享。

2）实现由金字塔式的多层次生产管理结构向扁平的网络结构转变，由传统的顺序工作方式向并行工作方式转变。

3）实现由以技术为中心向以人为中心的转变，强调协同和团队精神。先进生产管理模式的应用使得企业生产实现了低成本、高质量和快速度，提高了企业市场竞争能力。

【实训准备】

一、实训准备及安排

1. 认知冲压车间，制订计划，明确时间安排，以及实训内容、目的和目标。
2. 确定实训指导教师，明确指导任务。提供实训学生名册及男、女生人数。
3. 明确实训任务，强调实训的时间安排、安全保障、纪律要求及分组情况等。
4. 强调认知冲压车间时的安全，讲解设备、仪器的安全操作规程，检查劳保用品的穿戴情况。

二、对学生的实训要求

1. 按时上、下班，不迟到、不早退，执行请假制度。

2. 在工作现场按要求穿戴好工作服、工作帽。

3. 尊重实训指导教师和工人师傅，服从安排。

4. 在生产工艺实训现场不得相互追逐嬉闹。

5. 认真学习，细心体会，不懂就问，及时记录和整理笔记，认真填写学生工作页（表1-3）。

【任务实施】

1. 工艺准备

1）熟悉各类冲压制件的特点。

2）了解各种冲压设备。

2. 任务实施

1）对给定冲压制件确定基本冲压工序。

2）了解冲压车间的组成及功能。

3）描述冲压技术岗位的工作职责。

4）了解冲压技术的现状和发展方向。

【学生工作页】

表1-3　学生工作页（项目1）

<table>
<tr><td>班级</td><td></td><td>姓名</td><td></td><td colspan="2">学号</td><td>组号</td><td></td></tr>
<tr><td>任务名称</td><td colspan="7">冲压车间认知</td></tr>
<tr><td rowspan="2">任务资讯</td><td>识读任务</td><td colspan="6"></td></tr>
<tr><td>必备知识</td><td colspan="6"></td></tr>
<tr><td rowspan="7">任务计划</td><td rowspan="2">原材料准备</td><td>牌号</td><td>规格</td><td>数量</td><td>技术要求</td><td></td><td></td></tr>
<tr><td></td><td></td><td></td><td></td><td></td><td></td></tr>
<tr><td>资料准备</td><td></td><td></td><td></td><td></td><td></td><td></td></tr>
<tr><td>设备准备</td><td colspan="6"></td></tr>
<tr><td>劳动保护准备</td><td colspan="6"></td></tr>
<tr><td>工具准备</td><td colspan="6"></td></tr>
<tr><td>方案制订</td><td colspan="6"></td></tr>
<tr><td>决策情况</td><td colspan="7"></td></tr>
<tr><td>任务实施</td><td colspan="7"></td></tr>
<tr><td>检查评估</td><td colspan="7"></td></tr>
<tr><td>任务总结</td><td colspan="7"></td></tr>
</table>

【教学评价】

采用自检、互检、专检的方式检查操作成果，即各组学生对冲压件分类完成后，先自检，再互检，最后由指导教师进行专检。检查项目及内容见表1-4，任务完成情况的评分标准见表1-5。

表 1-4　成绩评定表（项目 1）

姓名			班级			学号	
任务名称			冲压车间认知				
考评类别	序号	考评项目	分值	考核办法		评价结果	得分
平时考核	1	出勤情况	5	教师点名，组长检查			
	2	书面答题质量	10	教师评价			
	3	小组活动中的表现	10	学生、小组、教师三方共同评价			
技能考核	4	任务完成情况	50	学生自检，小组交叉互检，教师终检			
	5	安全操作情况	10	自检、互检和专检			
素质考核	6	产品图样的阅读理解能力	5	自检、互检和专检			
	7	个人任务独立完成能力	5	自检、互检和专检			
	8	团队成员间协作表现	5	自检、互检和专检			
合计			100	总得分			

教师＿＿＿＿＿、＿＿＿＿＿　　　　日期＿＿＿＿

表 1-5　完成情况评分表（项目 1）

项目	序号	任务要求	配分	评分标准	检测结果	得分
任务完成情况	1	实训准备工作	10			
	2	确定冲压工序	30			
	3	冲压车间的组成及功能	20			
	4	遵守实训规章制度	20			
	5	描述冲压技术岗位工作职责	20			
		总分	100		总得分	

【思考与练习】

1. 简述冲压技术的现状和发展方向。

2. 分析冲压车间的组成及功能。

3. 冲压模具生产岗位职责要求工作人员应该具备怎样的工作态度？您愿意从事冲压工作的哪个岗位？

项目 2　冲压成形实训室生产实践

在本项目中，通过学习冲压变形基础、材料的冲压成形性能、冲压常用材料及其选用以及常用冲压设备的结构及操作，学生能够掌握板料塑性变形的基本规律，冲压材料的基本性能，能够使用剪板机进行下料，掌握曲柄压力机的操作技能，冲制合格的冲压件。

【学习目标】

知识目标

1. 掌握板料塑性变形的基本规律及材料的冲压成形性能。
2. 掌握冲压设备的分类及型号表示方法。
3. 了解典型压力机的结构。
4. 冲压安全操作规程。

技能目标

1. 能对不同冲压材料的基本性能进行比较。
2. 能正确使用剪板机下料。
3. 掌握曲柄压力机的操作技能。
4. 能正确使用冲压设备。

任务一　冲压材料及下料

【工作任务】

选用 1000mm × 1500mm 的钢板，按图 2-1 所示裁剪。

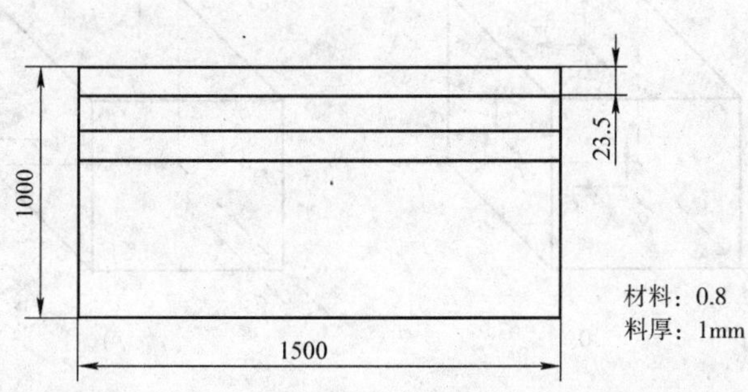

图 2-1　下料尺寸

【知识准备】

一、板料的塑性变形及其基本规律

冲压件的冲压成形过程，实质上是板料的塑性变形过程。关于塑性变形的基本理论，在有关塑性加工的著作中已有详尽、系统的论述，这里只对有关理论做简单描述，而不再做细致的评论。

1. 金属塑性变形的基本概念

（1）塑性　塑性是金属在外力作用下，能稳定地发生永久变形而不破坏其完整性的能力。塑性反映了金属的变形能力，是金属的一种重要的加工性能。塑性的大小可以用塑性指标来评定。如拉伸实验时，塑性指标可以用伸长率 δ 和断面收缩率 Ψ 来表示。金属的塑性不是固定不变的，它受金属的组织、变形温度、变形速度及制件尺寸等因素影响。

（2）塑性变形　物体在外力的作用下产生变形，当外力被取消后，物体不能恢复到原始的形状与尺寸，这样的变形称为塑性变形。

（3）变形抗力　变形抗力是指金属抵抗形状变化和残余变形的能力。变形抗力反映了材料塑性变形难易程度。一般来说，塑性好，变形抗力低，对冲压变形是有利的，但不能说某种材料塑性好，变形抗力就一定低。材料进行冷挤压时，在三向压应力作用下变形出很好的塑性，但冷挤压力同样也很大。

（4）应力　在外力作用下，物体内各质点之间会产生相互作用的力，称为内力。单位面积上的内力叫做应力。应力有正应力和切应力，正应力用 σ 表示，切应力用 τ 表示。

（5）应变　当物体受外力和内力作用时，要发生变形。表示物体变形大小的物理量称为应变。与应力一样，应变也有正应变和切应变。正应变用 ε 表示，切应变用 γ 表示。

（6）点的应力状态　材料内每一点的受力情况，通常称为点的应力状态。点的应力状态通过在该点所取的单元体上相互垂直的各个表面上的应力来表示。一般可沿坐标方向将这些力分解为 9 个应力分量，其中包括 3 个正应力和 6 个切应力，如图 2-2a 所示。

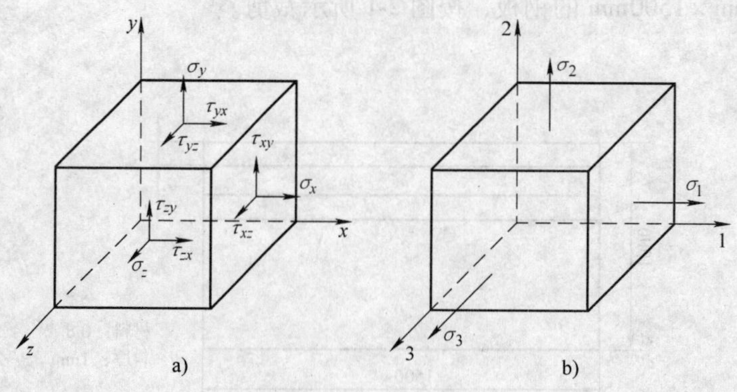

图 2-2　点的应力状态

（7）主应力与主应力图　任何一种应力状态，总是存在这样一组坐标系，使得单元体各表面只出现正应力，而没有切应力，如图 2-2b 所示。这三个正应力称为主应力，一般按其代数值大小依次用 σ_1、σ_2、σ_3 表示，即 $\sigma_1 \geqslant \sigma_2 \geqslant \sigma_3$。带正号的主应力表示拉应力，带负号的主应力表示压应力。

以主应力表示的应力状态称为主应力状态。表示主应力个数及符号的简图，称为主应力状态简图（简称主应力图）。可能出现的主应力图共有九种，其中四个三向主应力图，三个平面主应力图，两个单向主应力图，如图2-3所示。

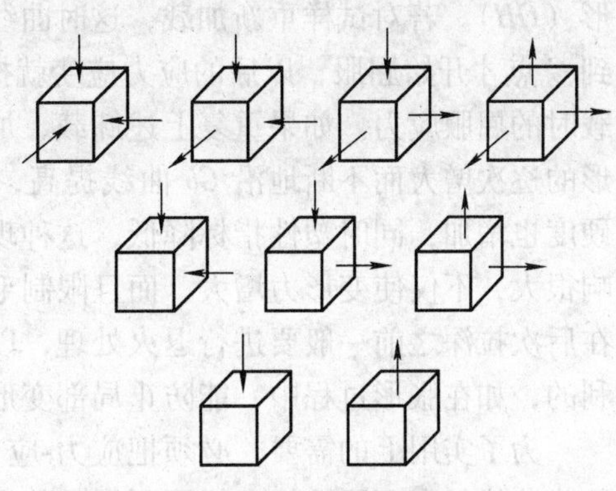

图2-3　主应力图

实验证明，应力状态对金属的塑性影响很大，压应力的数目越多，数值越大，金属的塑性越好；拉应力的数目越多，数值越大，金属的塑性就越差。

（8）主应变与主应变图　变形体内存在应力，必定伴随应变，点的应变状态也是通过单元体来表示的。与应力状态相似，点的应变状态也可以用应变状态图来表示，同样，也可以找到一组坐标系，使得单元体各表面只出现主应变分量 ε_1、ε_2、ε_3，而没有切应变分量，如图2-4所示。一种应变状态只有一组主应变，其可能的应变状态仅有三种，如图2-5所示。

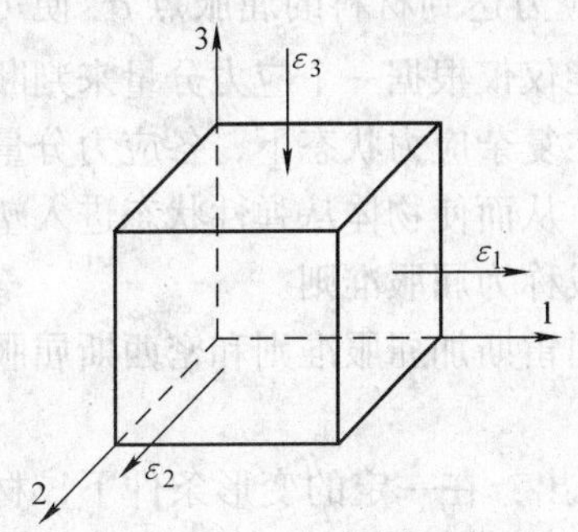

图2-4　点的应变状态

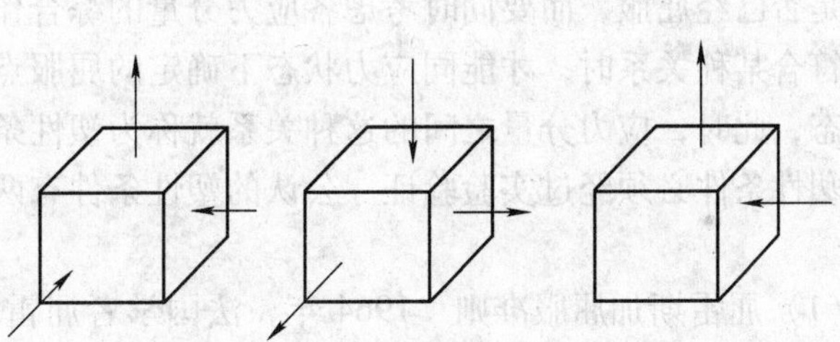

图2-5　主应变图

应变状态对金属塑性有很大的影响。同一种材料在同样的变形条件下，其应力状态虽然相同，但应变状态不同，其塑性也不一样。在材料的应变状态中，压应变的成分越多，拉应变的成分越少，越有利于材料塑性的发挥；反之，越不利于材料塑性的发挥。这是因为材料的裂纹与缺陷在拉应变的方向易于暴露和扩展，沿着压应变的方向则不易暴露和扩展。

2. 应力-应变曲线

图2-6所示为低碳钢拉深试验下的应力-应变曲线。从图中可以看出，材料的应力达到初始屈服点 σ_s 时开始塑性变形，此时，在应力增大不大的情况下能产生较大的变形，图上出现一个平台，这一现象称为屈服。经过一段屈服平台后，应力就开始随着应变的增大而上升（见图2-6中的 *cGb* 曲线）。如果在变形中途（见图中的 *G* 点）卸载，这时曲线就由 *GH* 直线返回，使弹性变形（*HJ*）恢复而保留其塑性变

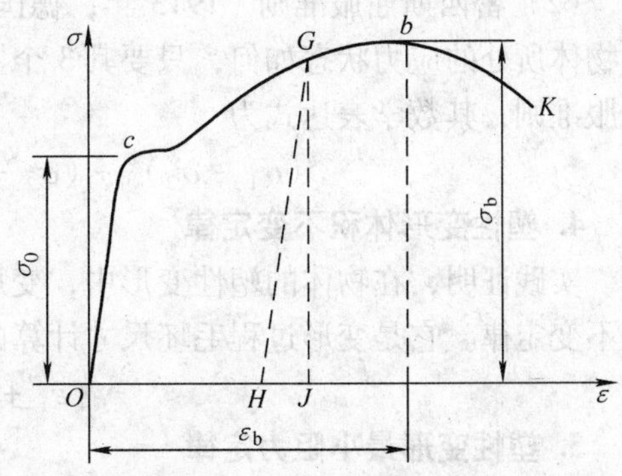

图2-6　低碳钢拉深试验下的应力-应变曲线

形（OH）。若对试样重新加载，这时曲线就由 H 出发，沿 HG 直线回升，进行弹性变形，直到 G 点才开始屈服，以后的应力应变就按照 GbK 曲线变化，可见 G 点处应力是试样重新加载时的屈服应力。如果重复上述卸载、加载过程，就会发现，重新加载时的屈服应力由于变形的逐次增大而不断地沿 Gb 曲线提高，这表明随变形程度的增加，所有强度指标均增加，硬度也增加，同时塑性指标降低，这种现象称为加工硬化。材料的加工硬化对板料的成形影响很大，不仅使变形力增大，而且限制毛坯的进一步变形。例如，拉深件进行多次拉深时，在后次拉深之前一般要进行退火处理，以消除前次拉深产生的加工硬化。但硬化有时也是有利的，如在胀形过程中，能防止局部变形过大，使变形趋向均匀。

为了实用上的需要，必须把应力-应变曲线用数学式表示出来。但是，由于各种材料的硬化曲线具有不同的特点，用同一个数学式精确地表示出来是不可能的，目前常用的几种硬化曲线的数学表达式都是近似的。例如，应力-应变曲线的线性表达式为

$$\sigma = \sigma_0 + D\varepsilon$$

式中　σ_0——近似的屈服极限，也是硬化直线在纵坐标轴上的截距；

D——硬化直线的斜率，称为硬化模式，表示材料硬化强度的大小。

3. 塑性条件

所谓塑性条件就是在单向应力状态下，如果拉伸或压缩应力达到材料的屈服点 σ_s 便可以屈服，从弹性状态进入塑性状态。但对复杂应力状态就不能仅仅根据一个应力分量来判断材料是否已经屈服，而要同时考虑各应力分量的综合作用。在复杂应力状态下，各应力分量之间符合某种关系时，才能同应力状态下确定的屈服点等效，从而使物体从弹性状态进入塑性状态，此时，应力分量之间的这种关系就称为塑性条件，或称为屈服准则。

塑性条件必须经过实验验证。公认的塑性条件有两种：屈雷斯加屈服准则和密西斯屈服准则。

（1）屈雷斯加屈服准则　1964 年，法国学者屈雷斯加提出：在一定的变形条件下，材料中最大切应力达到某一定值时就开始屈服。这里所指的某一定值，实际上就是材料单向拉伸时屈服点 σ_s 值的一半。屈雷斯加屈服准则的数学表达式为

$$\tau_{\max} = \left|\frac{\sigma_1 - \sigma_3}{2}\right| = \frac{\sigma_s}{2}$$

$$|\sigma_1 - \sigma_3| = \sigma_s$$

式中　σ_s——材料的屈服极限。

（2）密西斯屈服准则　1913 年，德国学者密西斯提出：在一定的变形条件下，无论变形物体所处的应力状态如何，只要其 3 个主应力满足以下条件，材料便可以屈服，即密西斯屈服准则，其数学表达式为

$$(\sigma_1 - \sigma_2)^2 + (\sigma_2 - \sigma_3)^2 + (\sigma_3 - \sigma_1)^2 = 2\sigma_s^2$$

4. 塑性变形体积不变定律

实践证明，在物体的塑性变形中，变形前的体积等于变形后的体积，这就是塑性变形体积不变定律。它是变形过程毛坯尺寸计算的依据，用公式表示为

$$\varepsilon_1 + \varepsilon_2 + \varepsilon_3 = 0$$

5. 塑性变形最小阻力定律

在塑性变形中，破坏了金属的整体平衡而强制金属流动，当变形体的质点有可能沿不同

方向移动时，每个质点将沿最小阻力方向移动，这就是最小阻力定律。坯料在模具变形中，其最大变形将沿最小阻力的方向进行。最小阻力定律在冲压工艺中有十分灵活和广泛的应用，能正确指导冲压工艺及模具设计，解决实际生产中的质量问题。

6. 应力与应变的关系

物体受力产生变形，所以应力与应变之间一定存在某种关系。当物体产生弹性变形时，应力与应变之间的关系是线性的，变形过程是可逆的，其变形可以恢复，与物体的加载过程无关。应力和应变之间的关系可以通过广义胡克定律来表示，但物体进入塑性变形后，其应力与应变的关系就不同了。在单向受拉或受压时，应力与应变关系可以用硬化曲线来表示，然而在受到双向或三向应力作用时，变形区的应力和应变关系相当复杂。研究表明，简单加载（加载过程中只加载不卸载），且应力分量之间按一定比例递增时，塑性变形的每一瞬间，主应力与主应变之间存在以下关系：

$$\frac{\sigma_1-\sigma_2}{\varepsilon_1-\varepsilon_2}=\frac{\sigma_2-\sigma_3}{\varepsilon_2-\varepsilon_3}=\frac{\sigma_3-\sigma_1}{\varepsilon_3-\varepsilon_1}=C$$

也可表示为

$$\frac{\sigma_1-\sigma_m}{\varepsilon_1}=\frac{\sigma_2-\sigma_m}{\varepsilon_2}=\frac{\sigma_3-\sigma_m}{\varepsilon_3}=C$$

式中　C——比例常数，

σ_m——平均应力。

在一定条件下，C 只与材料性质及变形程度有关，而与物体所处的应力状态无关，故 C 值也可由单向拉伸试验求出。

冲压生产中使用的材料相当广泛，为了满足不同产品的需要，必须选择合适的材料；而从冲压工艺本身出发，又对冲压材料提出冲压性能方面的要求。因此，在冲压工艺及模具设计中，懂得如何选用材料，并进一步了解材料的冲压成形性能是非常必要的。

二、材料的冲压成形性能

材料对各种冲压成形方法的适应能力称为材料的冲压成形性能。材料冲压成形性能好，就是指其便于冲压成形，单个冲压工序的极限变形程度和总的极限变形程度大，生产率高、成本低，容易得到高质量的冲压件，模具寿命长等。由此可见，冲压成形性能是一个综合性的概念，它涉及的因素很多，但就其主要内容来看，有两个方面：一是成形极限，二是成形质量。

1. 成形极限

成形极限是指材料在冲压成形过程中的最大变形程度。对于不同的冲压工序，成形极限是采用不同的极限变形系数来表示的，如弯曲时为最小相对弯曲半径，拉深时为极限拉深系数，翻孔时为极限翻孔系数等。由于冲压用材料主要是板料，冲压成形大多都是在板厚方向上的应力值近似为零的平面应力状态下进行的，因此不难分析：在变形坯料的内部，凡是受到过大拉应力作用的区域，坯料局部会严重变薄甚至拉裂；凡是受到过大压应力作用的区域，若压应力超过了临界应力就会使坯料失稳而起皱。因此，为了提高成形极限，从材料方面看，必须提高材料的抗拉和抗压的能力。若材料已确定，从冲压工艺参数的角度来看，必须严格控制坯料的极限变形系数。

当作用于坯料变形区的拉应力的绝对值最大时，在这个方向上的变形一定是伸长变形，故称这种冲压变形为伸长类变形，如胀形、扩口及翻孔等；当作用于坯料变形区的压应力为绝对值最大应力时，在这个方向上的变形一定是压缩变形，故称这种变形为压缩类变形，如拉深、缩口等。伸长变形的极限变形系数主要取决于材料的塑性；压缩变形的极限变形系数通常是受坯料传力区的承载能力的限制，有时则受变形区或传力区的失稳起皱的限制。

2. 成形质量

冲压件的成形质量是指材料经冲压成形以后所得到的冲压件能够达到的质量标准。包括尺寸精度、厚度变化、表面质量及物理力学性能等。影响冲压件质量的因素很多，不同冲压工序的情况又各不相同，这里只对一些共性的问题作简略介绍。

材料在塑性变形的同时总伴随着弹性变形，当载荷去除后，由于材料的弹性回复，造成冲压件的尺寸和形状偏离模具工作零件的尺寸与形状，从而影响冲压件的尺寸和形状精度。因此，掌握回弹规律、控制回弹量是非常重要的。

材料经过冲压成形后，一般厚度都发生变化，有的变厚，有的变薄。厚度变薄直接影响冲压件的强度和使用，对强度有要求时，往往要限制其最大变薄量。

材料经塑性变形后，除产生加工硬化现象外，还由于变形不均匀，材料内部将产生残余应力，从而引起工件尺寸及形状的变化，严重时还会导致工件自行开裂。消除硬化及残余应力的方法是冲压后及时安排退火工序。

影响工件表面质量的主要因素是原材料的表面状态、晶粒大小、冲压时材料粘模的情况以及模具对冲压件表面的擦伤等。原材料的表面状态直接影响工件的表面质量。晶粒粗大的钢板拉深时产生所谓“橘子皮”样的缺点。冲压易于粘模的材料，则会擦伤冲压件并降低模具寿命。此外，模具间隙不均匀，模具表面粗糙也会擦伤冲压件。

三、板料的冲压成形性能试验

板料的冲压成形性能是通过试验来测定的。板料冲压成形性能的试验方法很多，但概括起来可分为直接试验和间接试验。在直接试验中，板料的应力状态和变形情况与实际冲压基本相同，试验所得数据结果比较准确。而在间接试验中，板料的受力和变形特点都与实际冲压有一定区别，所得结果只能在分析的基础上间接反映板料的冲压成形性能。

1. 间接试验

间接试验有拉伸试验、剪切试验、硬度试验和金相试验等。其中拉伸试验简单易行，不需专用板料试验设备，而且所得的结果能从不同角度反映板料的冲压性能，是一种很重要的试验方法。

板料拉伸试验：在待试验板料的不同部位和方向上截取试样，按标准制成图 2-7 所示的拉伸试样，然后在万能材料试验机上进行拉伸。根据试验结果或利用自动记录装置，可得图 2-8 所示的应力与应变的关系曲线，即拉伸曲线。

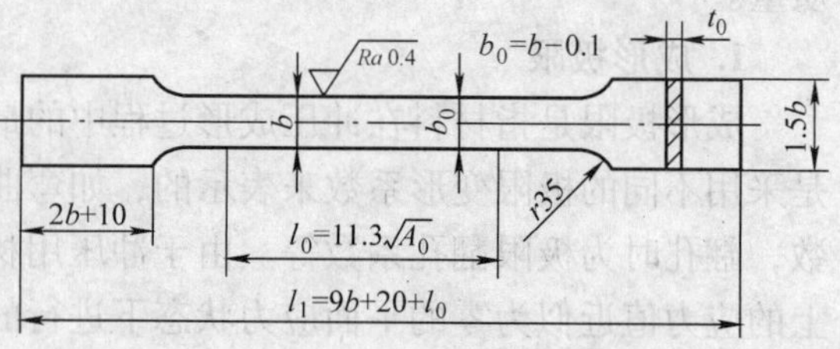

图 2-7　拉深试验用的试样

板料的拉伸试验可测得板料的各项力学性能指标。板料的力学性能与冲压成形性能有很紧密的关系，现就其中较为重要的几项说明如下。

(1) 伸长率　拉伸试验中，试样开始出现局部集中变形时的伸长率称为均匀伸长率 δ_b；试样拉断时的伸长率叫做总伸长率 δ。

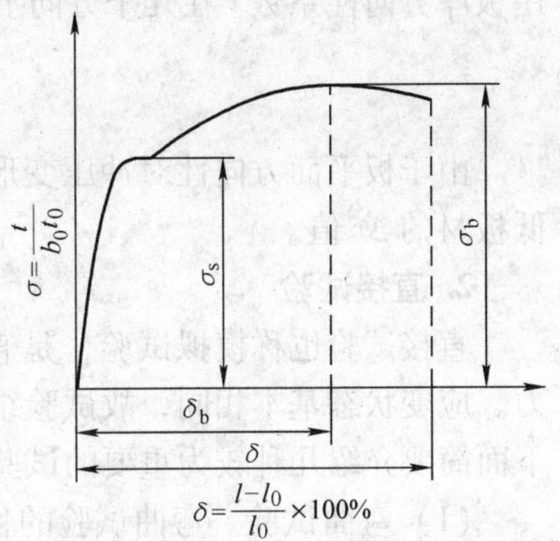

图 2-8　拉深曲线

δ_b 表示板料均匀变形或称稳定变形的能力。一般情况下，冲压成形都是在板料的均匀变形范围内进行的，故 δ_b 对冲压性能有较为直接的意义。δ_b 值和 δ 值大，板料允许的塑性变形程度就大，抗破裂性能也好。

(2) 屈强比（σ_s/σ_b）　σ_s/σ_b 是材料的屈服点与抗拉强度的比值，称为屈强比。屈强比对板料的冲压成形性能影响较大。屈强比小，板料由屈服到破裂前的塑性变形阶段长，有利于冲压成形。一般来讲，较小的屈强比对材料在各种成形工艺中的抗破裂性有利。此外，试验证明，屈强比与零件的回弹有关，屈强比小，则定形性好。

(3) 硬化指数 n　硬化指数 n 表示板料在冷塑性变形中的硬化程度。n 值大，硬化效应就大，在变形过程中材料的局部变形程度的增加就会使该处的变形抗力增大，这样就可以补偿该处因截面积减小而引起的承载能力的减弱，防止局部集中变形的进一步发展，有使变形均匀化和增大极限变形程度的作用。

(4) 板厚方向性系数 r　板厚方向性系数是指板料试样单向拉伸时，试样的宽度方向和厚度方向应变之比，即

$$r=\frac{\varepsilon_b}{\varepsilon_t}=\frac{\ln\dfrac{b}{b_0}}{\ln\dfrac{t}{t_0}} \tag{2-1}$$

式中，b_0、b、t、t_0 分别为变形前后试样的宽度和厚度。r 值的大小除取决于材料的性质外，也随拉伸试验中的伸长率的增大而变化。因此规定 r 值应按材料伸长率为 20% 时试样测量的结果进行计算。

材料拉伸时，纵向伸长而横截面收缩，如果无各向异性，则宽度方向收缩与厚度方向应变值相等。但实际往往不相等，r 值越大表示厚向应变小，即材料厚度越不易变薄，这一点对拉深很重要，它表示拉深危险断面抵抗变薄的能力，r 值越大越有利于拉深变形。同种材料按 r 值可评出拉深性能，r 值越大拉深性能越好，抗皱性能也好。各种材料的极限拉伸程度随 r 值的增大而增大。

(5) 板平面方向性　板料经轧制后其力学、物理性能在板平面内出现各向异性，称为板平面方向性。方向性越明显，对冲压成形性能的影响就越大。例如，当弯曲件的折弯线与板料的纤维方向垂直时，允许的极限变形程度较大；而折弯线平行于纤维方向时，允许的极限变形程度就小。又如筒形件拉深中，由于板平面方向性使拉深件筒口不齐，出现“突耳”，方向性越明显，则“突耳”的高度越大。

板平面方向性主要表现为力学性能在板平面不同方向上的差别，但在表示板材力学性能的各项指标中，板厚方向性系数对冲压件性能的影响比较明显，故板平面方向性的大小一般

用板厚方向性系数 r 在几个方向上的平均差值 Δr 来衡量，规定为

$$\Delta r = \frac{r_0 + r_{90} - 2r_{45}}{2} \tag{2-2}$$

由于板平面方向性对冲压变形和制件质量的影响都是不利的，所以生产中应尽量设法降低板材的 Δr 值。

2. 直接试验

直接试验也称模拟试验，是直接模拟某一实际成形方式来成形小尺寸的试样，由于应力、应变状态基本相同，故试验结果能更确切地反映这类成形方式下板料的冲压成形性能。下面简要介绍几种较为重要的试验方法。

（1）弯曲试验　弯曲试验的目的主要是为了鉴定板料对弯曲成形的适应性。图 2-9 所示的弯曲试验是将夹持在特制钳口的板条往复弯曲，依次向右侧及左侧弯曲 90°，直至断裂或达到技术条件中规定的弯曲次数。折弯的半径 r 越小，反复弯曲的次数越多，其成形性能越好。这种试验主要用于检验厚度在 2mm 以下的板料。

（2）胀形试验（杯突试验）　胀形试验的原理如图 2-10 所示。试验时将符合试验尺寸的板料放在凹模平面上，用压料圈压紧试样，使受压部分金属无法流动，然后用试验所规定的球形凸模将试样压入凹模，直至试样出现裂纹为止，将发生裂纹时凸模的压入深度作为试验结果。由于试验时试样外部不收缩，仅使板料的中间部分受到两向拉应力作用而胀形，试样的应力状态和变形特点与局部胀形时相同，故试验深度能够反映胀形类成形时的冲压性能。在曲面零件拉深时，板料中间部分的应力状态也属于这种情况，所以在生产中也常用胀形试验深度值表示曲面拉深件的冲压性能。

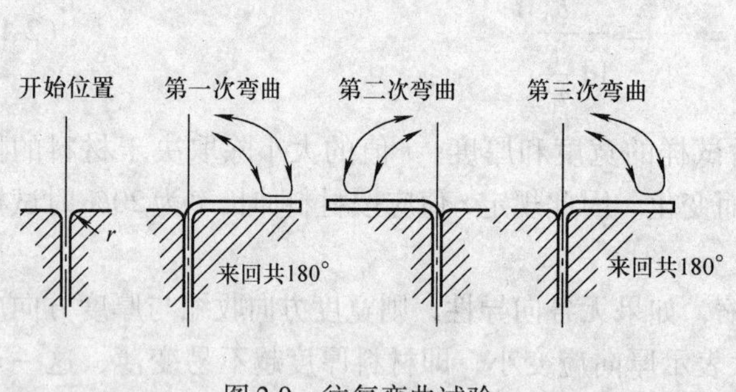

图 2-9　往复弯曲试验

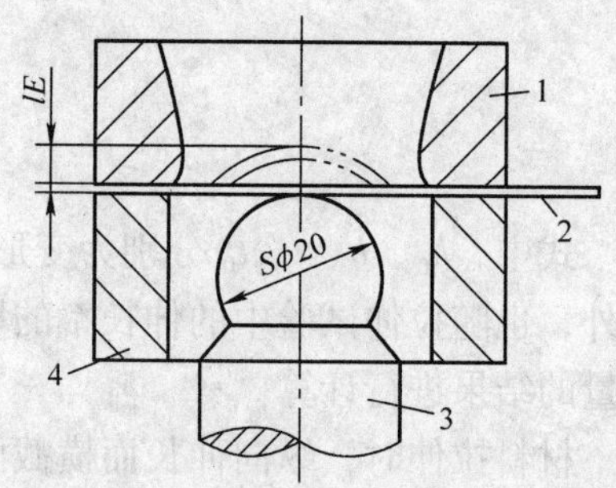

图 2-10　胀形试验

1—凹模　2—试样

3—球形凸模　4—压料圈

（3）拉深试验　测定或评价板料的拉深成形性能时，常采用筒形件拉深试验和球底锥形件拉深试验两种，图 2-11 所示为筒形件拉深试验（又称冲杯试验）的原理，依次用不同直径的圆形试样（直径级差为 1mm）放在带压边装置的试验用拉深模中进行拉深，在试样不破裂的条件下，取可能拉深成功的最大试样直径 D_{max} 与凸模直径 d_P 的比值 K_{max} 作为拉深性能指标，即

$$K_{max} = D_{max}/d_P \tag{2-3}$$

K_{max} 称为最大拉深程度。K_{max} 越大，则板料的拉深成形性能越好。

图2-12所示为球底锥形件拉深试验（又称福井试验）的原理，用球形凸模和60°角的锥形凹模，在不同压料的条件下对直径为D的圆形试样进行拉深，使之成为无凸缘的球底锥形件，然后测出试样底部刚刚开裂时的锥口直径d，并按下式算出CCV值

$$CCV = (D - d)/D \tag{2-4}$$

CCV的值越大，则板料的成形性能越好。

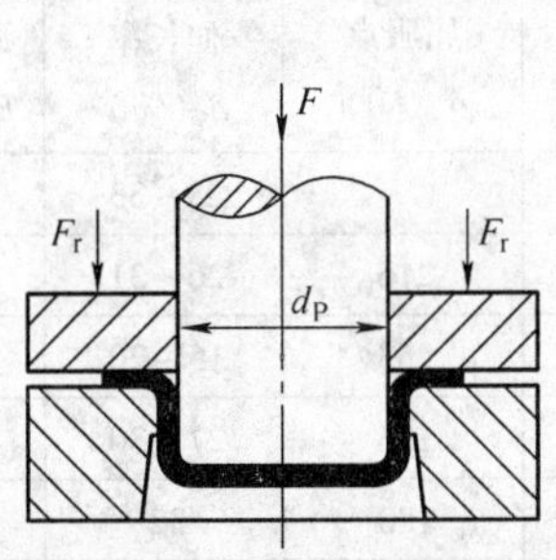

图2-11　筒形件拉深试验

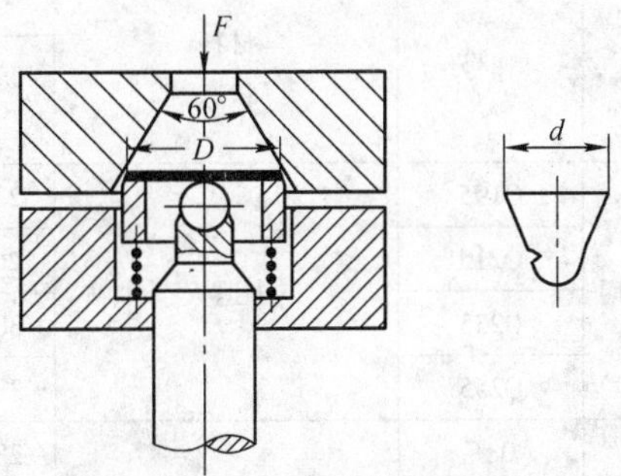

图2-12　球底锥形件拉深试验

与筒形件拉深试验相比，球底锥形件拉深试验不用压料装置，可避免压料条件对试验结果的影响，而且只用一个试样就能简便地完成试验。同时，因锥形件拉深时，凸缘区材料向内流动的拉深变形和传力区材料变薄的胀形变形是同时进行的，故试验还可以对板料的拉深性能和胀形性能同时进行综合鉴定。

四、冲压常用材料及其选用

1. 对冲压常用材料的基本要求

冲压所用的材料，不仅要满足使用要求，还应满足冲压工艺要求和后续加工要求（如切削加工、电镀及焊接等）。冲压工艺对材料的基本要求主要如下：

1）对冲压成形性能的要求。对于成形工序，为了有利于冲压变形和制件质量的提高，材料应具有塑性好、屈强比小、弹性模量高、板厚方向性系数大及板平面方向性系数小等性能。

2）对材料厚度公差的要求。材料的厚度公差应符合国家规定标准。因为一定的模具间隙适用于一定厚度的材料，材料厚度公差太大，不仅直接影响制件的质量，还可能导致模具和冲床损坏。

3）对表面质量的要求。材料的表面应光洁平整，无分层和机械性质的损伤、无锈斑和其他氧化皮及附着物。表面质量好的材料，冲压时不易破裂，不易擦伤模具，工件表面质量也好。

2. 冲压常用材料

冲压生产中最常用的材料是金属材料，分钢铁材料和非铁材料两种。有时也用非金属材料。其中，钢铁材料主要有普通碳素结构钢、优质碳素结构钢、合金结构钢、碳素工具钢、不锈钢及电工硅钢等；非铁材料有纯铜、黄铜、青铜及铝等；非金属材料有纸板、胶木板、橡胶板、塑料板、纤维板和云母等。

冲压用金属材料的供应状态一般是各种规格的板料或带料。板料的尺寸较大，可用于大型零件的冲压，也可将板料按排样尺寸剪裁成条料后用于中、小型零件的冲压；带料有各种

规格的宽度，展开长度可达几十米，成卷状供应，适用于大批大量生产的自动送料。材料厚度很小时也是做成带料供应。

关于材料的牌号、性能和规格，可查阅相关的设计手册和标准，表 2-1 、表 2-2 及表 2-3 分别列出了部分冲压常用金属材料、非金属材料的力学性能及轧制薄钢板的厚度公差。

表 2-1　冲压常用金属材料的力学性能

	牌号	材料状态	力学性能				
			抗剪强度 τ/MPa	抗拉强度 σ_b/MPa	屈服点 σ_s/MPa	伸长率 δ（%）	弹性模量 $E/10^3$ MPa
普通碳素钢	Q195	未退火	225 ~ 314	314 ~ 392		28 ~ 33	
	Q215		265 ~ 333	333 ~ 412	216	26 ~ 31	
	Q235		304 ~ 373	432 ~ 461	253	15 ~ 20	
	Q255		333 ~ 412	481 ~ 511	255	27 ~ 30	
碳素结构钢	08F	已退火	230 ~ 310	275 ~ 380	180	32	
	08		255 ~ 353	330 ~ 410	200	32	186
	10F		220 ~ 340	275 ~ 410	190	30	
	10		260 ~ 340	295 ~ 430	210	29	194
	15		270 ~ 380	335 ~ 470	230	26	198
	20		280 ~ 400	355 ~ 500	250	25	206
	35		400 ~ 520	490 ~ 635	320	20	197
	45		440 ~ 560	530 ~ 685	360	16	200
	50		440 ~ 570	540 ~ 715	380	14	216
不锈钢	1Cr13	已退火	320 ~ 380	400 ~ 470	410	21	206
	2Cr13		320 ~ 400	400 ~ 500	440	20	206
	3Cr13		400 ~ 480	500 ~ 600	480	18	206
	1Cr18Ni9	经热处理	460 ~ 520	580 ~ 640	200	35	200
铝	1060	已退火	80	701 ~ 10	50 ~ 80	20 ~ 28	70
	1200	冷作硬化	100	130 ~ 140	—	3 ~ 4	
硬铝	2A12	已退火	105 ~ 125	150 ~ 220		12 ~ 14	71
		淬火并经自然时效	280 ~ 310	400 ~ 435	368	10 ~ 13	
		淬硬后冷作硬化	80 ~ 310	400 ~ 465	340	8 ~ 10	
纯铜	T1，T2，T3	软	160	210	70	29 ~ 48	106
		硬	240	300	—	3	127
黄铜	H62	软	260	394 ~ 300		25 ~ 40	98
		半硬	300	343 ~ 460	200	20	
		硬	420	412		10	
	H68	软	240	294 ~ 300	100	40	108
		半硬	280	340 ~ 441		25	
		硬	400	392 ~ 400	250	13	113

表 2-2　非金属材料的力学性能

材料名称	抗剪强度 τ_b/MPa 用管状凸模冲裁	用普通凸模冲裁	材料名称	抗剪强度 τ_b/MPa 用管状凸模冲裁	用普通凸模冲裁
纸胶板	98~127	137~196	未硝过的皮革	—	78~98
布胶版	88~98	118~177	云母（0.5mm）	78	59~98
玻璃布胶板	118~137	157~181	云母（0.2mm）	19	59~98
金属箔布胶板	127~147	157~216	人造云母	118~147	137~177
金属箔纸胶板	108127	137~196	桦木胶合板	20	—
玻璃纤维丝胶板	98~108	137~157	松木胶合板	10	—
石棉纤维塑料	78~88	118~177	其他木板的胶合板	16~20	
有机玻璃	69~78	88~98	马粪纸	20~31	29~59
聚氯乙烯	59~78	98~127	硬马粪纸	69	59~98
赛璐珞	39~59	78~98	厚纸板	29~39	39~78
石棉橡胶	39	—	绝缘纸板	39~69	59~98
石棉板	39~49	—	红纸板	—	137~196
橡皮	16	20~78	纸（普通）	20~39	20~29
人造橡胶、硬橡胶	36~69	—	纸（硬质）	29~49	25~39
柔软皮革	—	29~49	漆布、绝缘漆布	29~59	177~235
硝过的及铬化的皮革	68	44~54	绝缘板	147~157	—

表 2-3　钢板厚度允许偏差（GB/T 708—2006）　（单位：mm）

公称厚度	厚度允许偏差 普通精度 公称宽度 ≤1200	>1200~1500	>1500	较高精度 公称宽度 ≤1200	>1200~1500	>1500
≤0.40	±0.04	±0.05	±0.06	±0.025	±0.035	±0.045
>0.40~0.60	±0.05	±0.06	±0.07	±0.035	±0.045	±0.050
>0.60~0.80	±0.06	±0.07	±0.08	±0.040	±0.050	±0.050
>0.80~1.00	±0.07	±0.08	±0.09	±0.045	±0.060	±0.060
>1.00~1.20	±0.08	±0.09	±0.10	±0.055	±0.070	±0.070
>1.20~1.60	±0.10	±0.11	±0.11	±0.070	±0.080	±0.080
>1.60~2.00	±0.12	±0.13	±0.13	±0.080	±0.090	±0.090
>2.00~2.50	±0.14	±0.15	±0.15	±0.100	±0.110	±0.110
>2.50~3.00	±0.16	±0.17	±0.17	±0.110	±0.120	±0.120
>3.00~4.00	±0.17	±0.19	±0.19	±0.140	±0.150	±0.150

五、冲压模具常用材料

1. 模具材料在模具工业中的地位

模具材料是模具制造的基础，模具材料及其热处理技术对模具的使用寿命、精度和表面粗糙度起着重要甚至决定性的作用。因此，根据模具的使用条件合理选用材料，采用适当的热处理和表面工程技术以便充分发挥模具材料的潜力，根据模具材料的性能特点选用合理的模具结构，根据模具材料的特性采用相应的维护措施等是十分重要的。只有这样，才能有效地提高模具的使用寿命，防止模具过早失效。

2. 冲模材料的选用原则

制造冲压模具用的材料有灰铸铁、铸钢、钢、硬质合金、低熔点合金、塑料及聚氨酯橡胶等。

模具材料与模具寿命、模具制造成本及模具总成本都有直接关系，在选择模具材料时应充分考虑以下几点。

1）根据被冲裁零件的性质、工序种类及冲模零件的工作条件和作用来选择模具材料。如冲模工作零件的工作条件，是否有应力集中、冲击载荷等，这就要求所选用的模具材料具有较高的强度、硬度和高耐磨性，以及足够的韧性；导向零件要求具有较好的耐磨性和韧性，一般常采用低碳钢，表面渗碳淬火。

2）根据冲压件的尺寸、形状和精度要求来选材。一般来说，对于形状简单、冲压件尺寸不大的模具，其工作零件常用高碳工具钢制造；对于形状复杂、冲压件尺寸较大的模具，其工作零件选用热处理变形较小的合金工具钢制造；而冲压件精度要求很高的精密冲模的工作零件，常选用耐磨性较好的硬质合金等材料制造。

3）根据冲压零件的生产批量来选择材料。对于大批大量生产的零件，其模具材料应采用质量较好的、能保证模具寿命的材料；反之，对于小批量生产的零件，可采用较便宜、耐用性较差的材料。

4）根据我国模具材料的生产和供应情况，兼顾本单位材料状况与热处理条件选材。

3. 冲模常用材料及其热处理

表 2-4 和表 2-5 所示为部分冲压模具的常用材料。由于制造凸、凹模的材料均为工具钢，价格较为昂贵，且加工困难，故常根据凸、凹模的工作条件和制件生产批量的大小选用最便宜的材料。

表 2-4　冲模工作零件常用材料及热处理要求

<table>
<tr><th colspan="3">零件名称</th><th rowspan="2">选用材料牌号</th><th rowspan="2">热处理</th><th colspan="2">硬度/HRC</th></tr>
<tr><th>模具类型</th><th colspan="2">凸、凹模工作情况</th><th>凸模</th><th>凹模</th></tr>
<tr><td rowspan="7">冲裁模</td><td rowspan="2">Ⅰ</td><td>形状简单、冲裁材料厚度 $t<3$mm 的凸模、凹模及凸凹模</td><td>T8A、T10A</td><td rowspan="2">淬火</td><td rowspan="2">58 ~ 62</td><td rowspan="2"></td></tr>
<tr><td>带台肩的、快换式的凸模、凹模和形状简单的镶块</td><td>9Mn2V、Cr6WV</td></tr>
<tr><td rowspan="3">Ⅱ</td><td>形状复杂的凸模、凹模及凸凹模</td><td>9CrSi、CrWMn</td><td rowspan="3">淬火</td><td rowspan="3">58 ~ 62</td><td rowspan="3"></td></tr>
<tr><td>冲裁材料厚度 $t>3$mm 的凸模、凹模及凸凹模</td><td>9Mn2V、Cr12、Cr12MoV</td></tr>
<tr><td>形状复杂的镶块</td><td>120Cr4W2MoV</td></tr>
<tr><td>Ⅲ</td><td>要求耐磨的凸、凹模</td><td>Cr12MoV、120Cr4W2MoV、GCr15、YG15</td><td>淬火</td><td>60 ~ 62</td><td></td></tr>
<tr><td>Ⅳ</td><td>冲裁薄材料用的凹模</td><td>T8A</td><td></td><td></td><td></td></tr>
</table>

（续）

零件名称			选用材料牌号	热处理	硬度/HRC	
模具类型	凸、凹模工作情况				凸模	凹模
弯曲模	Ⅰ	一般弯曲的凸、凹模及镶块	T8A、T10A	淬火	56～60	
	Ⅱ	要求高度耐磨的凸、凹模及镶块	CrWMn、Cr12、Cr12MoV	淬火	60～64	
		形状复杂的凸、凹模及镶块生产批量特别大的凸、凹模及镶块				
	Ⅲ	热弯曲的凸、凹模	5CrNiMo、5CrNiTi、5CrMnMo	淬火	52～56	
拉深模	Ⅰ	一般拉深的凸、凹模	T8A、T10A	淬火	58～62	60～64
	Ⅱ	连续拉深的凸、凹模	T10A、CrWMn			
	Ⅲ	要求耐磨的凹模	Cr12、YG15、Cr12MoV、YG8	淬火		62～64
	Ⅳ	不锈钢拉深用凸、凹模	W18Cr4V		62～64	
			YG15、YG8	淬火		
	Ⅴ	热拉深用凸、凹模	5CrNiMo、5 CrNiTi	淬火	52～56	52～56

表2-5　冲模一般零件的常用材料及热处理要求

零件名称	选用材料牌号	使用情况	硬度/HRC
上、下模板	HT200、HT250	一般负荷	
	ZG270-500、ZG310-570	用于大型模具	
	QT400-18、ZG310-570	用于滚珠式导柱模架	
	厚钢板加工而成45、Q255	负载特大	
模柄	45	浮动式模柄及球面垫块	
	Q255	压入式、旋入式或凸缘式	
导柱、导套	20	大量生产	60～62
	T10A、9Mn2V	单件生产	56～60
	GCr15、Cr12	用于滚动配合	62～64
凸、凹模固定板	Q235、Q255		
卸料板	Q235、45		
托料板	Q235		
导尺	45		淬硬43～48
挡料销、定位销	45		43～48
导正销	T10、9Mn2V	一般用途	56～62
	、Cr12MoV	高耐磨	60～62
垫板	45	一般用途	43～48
	T8A、9Mn2V	单位压力大	52～56

（续）

零件名称	选用材料牌号	使用情况	硬度/HRC
螺钉	45		头部淬硬 43～48
销钉	45、T7		淬硬 43～48（45 钢） 淬硬 52～54（T7）
推杆、顶杆	45	一般用途	43～48
	Cr6WV、CrWMn	重要用途	56～60
推板、顶板	Q255	一般用途	
	45	重要用途	43～48
拉深模压边圈	T8A		54～58
定距侧刃、废料切刀	T10A		58～62
侧刃定距	T8A、T10A、9Mn2V		56～60
定位板	45		43～48
	T8		52～54
斜楔与滑块	T8A、T10A		60～62
限位圈	45		43～48
弹簧	60Mn、60SiMnA		淬硬 40～45

六、剪板机

剪板机主要用于冷剪板料，常用于下料工序，用于将尺寸较大的板料或成卷的带料，按排样的要求裁剪成所需宽度的条料和卷料，如图 2-13、2-14 所示。

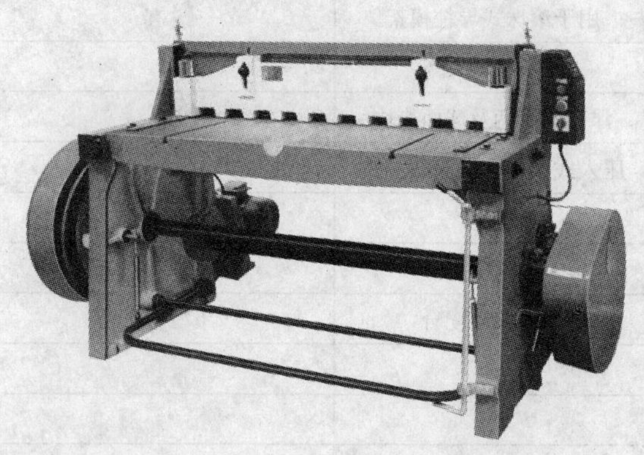

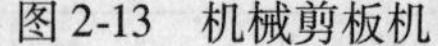

图 2-13　机械剪板机

图 2-14　数控液压摆式剪板机

普通的机械式剪板机根据传动装置配放位置的不同，分为顶部传动式（主传动轴安装在剪板机的顶部）和底部传动式（主传动轴安装在剪板机的下部）两种结构形式。剪板机由床身、床面、上下刀片、传动系统及压料装置等部件组成。下刀片固定在床面的前侧面上，上刀片固定在活动横梁上，主轴旋转时通过主轴上的两个曲柄带动两个连杆，从而带动横梁沿导轨上下运动。如今一种自动化程度高、噪声小的液压数控剪板机逐步取代了传统的机械式剪板机。

1. 结构与特点

1）机架、刀架采用整体式液压焊接结构，经振动消除应力，精度保持性好。

2）采用先进的集成式液压系统，可靠性高。

3）采用三点支承滚动导轨，消除支承间隙，提高剪切质量。

4）刀片间隙手轮调整迅速、准确、方便。

5）矩形刀片，四个刃口均可使用，使用寿命长。

6）剪切角可调，减少板料扭曲变形。

7）上刀架采用内倾结构，便于落料，提高了制件的精度。

8）具有分段剪切功能。

9）机动后挡料，数字显示。

2. 剪板机分类

（1）专用剪板机　专用剪板机多配合其他设备使用，完成特殊用途。

1）冷弯成形线剪板机，如汽车纵梁冷弯线、车厢侧挡板生产线、彩钢板成形线等生产线上配置的专用剪板机。

2）钢结构生产线剪板机：多用于角钢、H形钢自动生产线完成剪断工序。

3）板材开平线剪板机：用于板材开卷校平线上，为配合生产线剪切速度快而设计的高速剪板机，厚板线上多为液压高速剪板机，薄板线上多配气动剪板机。高速线上配有飞剪机，连续生产，效率高。

（2）多用途剪板机

1）联合冲剪机：既可完成板材的剪切，又可对型材进行剪切，多用于下料工序。

2）板料折弯剪切机：在同一台机械上可完成剪切和折弯两种工艺。

3）斜刃剪板机：剪板机的上、下两刀片成一定角度，一般上刀片是倾斜的，其倾斜角为1°~6°。斜刃剪板机的剪切力比平刃剪板机小，故电动机功率及整机重量等大大减小，实际应用最多。剪板机厂家多生产此类剪板机。

4）平刃剪板机：剪切质量好，扭曲变形小，但剪切力大，耗能大。机械传动的较多。该剪板机上、下两切削刃彼此平行，常用于轧钢厂热剪切初轧方坯和板坯；按其剪切方式又可分为上切式和下切式。

3. 技术参数

液压数控剪板机技术参数见表2-6。

表2-6 液压数控剪板机技术参数

机床型号	剪板厚度 /mm	剪板宽度 /mm	行程次数 /（次/mm）	后挡料行程 /mm	剪切角度	工作台高度 /mm	外形尺寸（长×宽×高）/mm×mm×mm
QC11Y-6×2500	6	2500	16~35	20~600	30′~1°30′	800	3180×1400×1920
QC11Y-6×3200	6	3200	14~35	20~600	30′~1°30′	800	3880×1450×1980
QC11Y-6×4000	6	4000	10~30	20~600	30′~1°30′	800	4680×1550×2035
QC11Y-6×5000	6	5000	10~30	20~800	30′~1°30′	900	5680×1700×2250
QC11Y-6×6000	6	6000	8~25	20~800	30′~1°30′	1000	6680×1850×2600

（续）

机床型号	剪板厚度 /mm	剪板宽度 /mm	行程次数 /（次/mm）	后挡料行程 /mm	剪切角度	工作台高度 /mm	外形尺寸（长×宽×高） /mm×mm×mm
QC11Y-8×2500	8	2500	14～30	20～600	30′～2°	800	3200×1550×2080
QC11Y-8×3200	8	3200	12～30	20～600	30′～2°	850	3900×1700×2250
QC11Y-8×4000	8	4000	10～25	20～600	30′～2°	900	4700×1700×2350
QC11Y-8×5000	8	5000	10～25	20～800	30′～2°	1000	5700×1900×2550
QC11Y-8×6000	8	6000	8～20	20～800	30′～2°	1050	6650×2050×2700
QC11Y-12×2500	12	2500	12～25	20～800	30′～2°	840	3240×1660×2215
QC11Y-12×3200	12	3200	12～25	20～800	30′～2°	900	3940×1800×2500
QC11Y-12×4000	12	4000	8～20	20～800	30′～2°	940	4790×1900×2555
QC11Y-12×5000	12	5000	8～20	20～1000	30′～2°	1000	5790×1950×2620
QC11Y-12×6000	12	6000	6～20	20～1000	30′～2°	1060	6670×2450×3100
QC11Y-16×2500	16	2500	12～20	20～800	30′～2°30′	840	3270×1770×2420
QC11Y-16×3200	16	3200	12～20	20～800	30′～2°30′	900	3960×1850×2530
QC11Y-16×4000	16	4000	8～15	20～800	30′～2°30′	940	4760×1900×2560
QC11Y-16×5000	16	5000	8～15	20～1000	30′～2°30′	1000	5760×3300×2750
QC11Y-16×6000	16	6000	6～15	20～1000	30′～2°30′	1100	6770×2450×3075
QC11Y-20×2500	20	2500	10～20	20～800	30′～3°	900	3300×1900×2510
QC11Y-20×3200	20	3200	10～20	20～800	30′～3°	50	4000×2000×2650
QC11Y-20×4000	20	4000	8～15	20～800	30′～3°	1100	4850×2150×2940
QC11Y-20×5000	20	5000	8～15	20～1000	30′～3°	1100	5860×2400×3150
QC11Y-20×6000	20	6000	6～15	20～1000	30′～3°	1200	6870×3650×3375
QC11Y-25×2500	25	2500	8～15	20～800	30′～3°30′	900	3330×2000×2650
QC11Y-25×3200	25	3200	8～15	20～800	30′～3°30′	950	3970×2100×2865
QC11Y-25×4000	25	4000	6～12	20～1000	30′～3°30′	1100	4100×2300×3200
QC11Y-32×2500	32	2500	6～12	20～1000	30′～4°	1000	4100×2300×3200
QC11Y-32×3200	32	3200	8～12	20～1000	30′～4°	1100	4900×2650×3450
QC11Y-40×2500	40	2500	4～10	20～1000	30′～4°	1200	4100×2550×3500
QC11Y-40×4000	40	4000	4～10	20～1000	30′～4°	1200	4900×2900×3750

【实训准备】

1. 设备：Q11-3×1500 型剪板机。
2. 板料：1000mm×1500mm 的 08 钢板。
3. 量具：游标卡尺、外径千分尺、金属直尺、钢卷尺、直角尺及划针。
4. 工具：扳手、钳子、油壶、螺钉旋具及锤子。

【任务实施】

1. 工艺准备

1）熟悉图样和有关工艺要求，充分了解所加工板料的几何形状和尺寸要求。

2）按图样要求的材料规格领料，并检查材料是否符合工艺要求。

3）将合格的材料整齐地堆放在机床旁。

4）给剪板机各油孔加油。

5）检查剪板机刀片是否锋利，紧固是否牢靠，并按板料厚度调整刀片间隙（见表2-7）。

表2-7　根据板料厚度调整刀片间隙　（单位：mm）

材料厚度/t	单面间隙/Z	材料厚度/t	单面间隙/Z
0.25	0.05	2.50	0.15
0.40	0.07	3.00	0.20
0.50	0.07	4.00	0.35
1.00	0.07	6.50	
1.50	0.12		

注：$Z=(6\sim7)\%\times t$。

2. 工艺过程

1）首先用金属直尺量出刀口与挡料板两端之间的距离（按工艺卡片的规定），反复测量数次。然后先试剪一块小料，核对尺寸正确与否，如尺寸公差在规定范围内，即可进行入料剪切；如不符合公差要求，应重新调整定位距离，直到符合规定要求为止。然后进行纵挡板调整，使纵挡板与横挡板或刀口成90°，并紧固牢靠。

2）开始试剪。进料时应注意板料各边互相垂直。首先要检查，符合工艺卡片规定后，方可进行生产，否则应重新调整纵、横挡板。

3）辅助人员应该配合好，在加工过程中要随时检查尺寸、毛刺及角度，并及时与操作人员联系。

4）剪裁好的半成品或成品按不同规格整齐堆放，不可随意乱放，以防止规格混料及受压变形。

5）为减少刀片磨损，钢板板面及台面要保持清洁，剪板机床面上严禁放置工具及其他材料。

3. 工艺规范

1）根据生产批量采取合理的剪裁方法，先下大料，后下小料，尽量提高材料的利用率。

2）零件为弯曲件或有料纹要求的，应按其料纹、轧展的方向进行裁剪。

3）钢板剪切截断的毛刺应符合表2-8 的规定。

表2-8　钢板剪切截断毛刺高度　（单位：mm）

料厚	毛刺高	料厚	毛刺高
0.1~0.7	≤0.05	1.9~2.5	≤0.18
0.8~1.2	≤0.08	3~4	≤0.25
1.3~1.8	≤0.12	5	≤0.3

4. 质量检查

1）对图样和工艺卡片未标注垂直度公差的零件，应测量对角线之差。在≤550mm 的对角线之差不大于 1. 5mm，在 >550mm 以上的对角线之差不大于 3mm（按短边长度确定）。

2）逐件检查所裁的板料，应符合工艺卡或图样的要求。

5. 安全及注意事项

1）严格遵守操作规程，穿戴好规定的劳保用品。

2）在操作过程中，精神应集中，送料时严禁将手伸进压板以内。

3）剪切所用的后挡板和纵挡板必须经过机加工，外形平直。

4）安装、更换、调整切削刃时必须切断电源，先用木板或其他垫板垫好切削刃，以防失手发生事故。操作过程中要经常停车检查刀片、紧固螺钉及定位挡板是否松动、移位。

5）上班工作前应空车运转 2～3min，检查机床是否正常，发现异常或杂音，应及时检修。运转过程要及时加注润滑油，保持机床性能好。

6）起动机床前必须拿掉机床上所有工具、量具及其他物件。

7）操作中严禁辅助工脚踏闸板，操作者离开机床时必须停车。

8）剪好的原材料应标记图号和规格，以防错乱。

【学生工作页】

表 2-9　任务一学生工作页（项目 2）

班级		姓名		学号		组号	
任务名称	冲压材料及下料						
任务资讯	识读任务						
	必备知识						
任务计划	原材料准备	牌号	规格	数量	技术要求		
	资料准备						
	设备准备						
	劳动保护准备						
	工具准备						
	方案制订						
决策情况							
任务实施							
检查评估							
任务总结							

【教学评价】

采用自检、互检、专检的方式检查操作成果，即各组学生操作实训完成后，先自检，再互检，最后由指导教师进行专检。检查项目及具体内容见表 2-10，任务完成情况的评分标准见表 2-11。

表2-10　任务一成绩评定表（项目2）

姓名			班级		学号	
任务名称			冲压材料及下料			
考评类别	序号	考评项目	分值	考核办法	评价结果	得分
平时考核	1	出勤情况	5	教师点名，组长检查		
	2	书面答题质量	10	教师评价		
	3	小组活动中的表现	10	学生、小组、教师三方共同评价		
技能考核	4	任务完成情况	50	学生自检，小组交叉互检，教师终检		
	5	安全操作情况	10	自检、互检和专检		
素质考核	6	产品图样的阅读理解能力	5	自检、互检和专检		
	7	个人任务独立完成能力	5	自检、互检和专检		
	8	团队成员间协作表现	5	自检、互检和专检		
		合计	100	任务一总得分		

教师__________、__________　　　　日期__________

表2-11　任务一完成情况评分表（项目2）

项目	序号	任务要求	配分	评分标准	检测结果	得分
任务完成情况	1	冲压前准备	10			
	2	操作姿势	20			
	3	制件外观检查	20			
	4	制件质量检查	20			
	5	废品率检查	20			
	6	安全文明生产	10			
		总分	100		总得分	

【思考与练习】

1. 什么是板厚方向性系数？它对冲压工艺有何影响？
2. 什么是板平面各向异性指数？它对冲压工艺有何影响？
3. 剪板机操作工艺规程是什么？

任务二　冲压生产

【工作任务】

冲制图2-15所示的落料件。

材料：08钢。

料厚：$t=(1\pm0.15)$ mm。

批量：中批量生产。

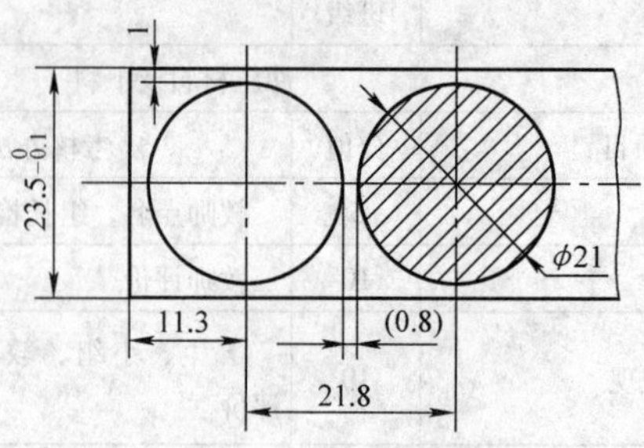

图 2-15　冲压制件

【知识准备】

一、冲压设备的分类

在冲压生产中，为了适应不同的冲压工作情况，采用不同类型的冲压设备。这些冲压设备都具有各自的结构特点及作用。根据冲压设备驱动方式和工艺用途的不同，可对冲压设备作如下分类。

1. 按冲压设备的驱动方式分类

（1）机械压力机　机械压力机是利用各种机械传动来传递运动和压力的一种冲压设备，包括曲柄压力机、摩擦压力机等。机械压力机在生产中最为常用，大部分冲压设备都是机械压力机。机械压力机中又以曲柄压力机应用最多。

（2）液压机　液压机是利用液压（油压或水压）传动来产生运动和压力的一种压力机。液压机容易获得较大的压力和工作行程，且压力和速度可在较大范围内进行无级调节，但能量损失较大，生产效率较低。液压机主要用来进行深拉深、厚板弯曲、压印及校形等工艺。

2. 按冲压设备的工艺用途分类

（1）板料冲压压力机

1）通用曲柄压力机，用来进行冲裁、弯曲、成形和浅拉深等工艺。

2）拉深压力机，用来进行拉深工艺。

3）板冲高速自动机，适用于连续级进送料的自动冲压工艺。

4）板冲多工位自动机，适用于连续传送工件的自动冲压工艺。

5）精密冲裁压力机，用于精密冲裁等工艺。

6）数控压力机，适用于自动冲压、换模、换料等冲压工作。

7）摩擦压力机，适应于弯曲、成形和拉深等工艺。

8）旋压机，用于旋压工艺。

9）板料成形液压机，用来进行深拉深、厚板弯曲、压印、校形等工艺。

（2）体积模压压力机

1）冷挤压机，用来进行冷挤压工艺。

2）精压机，用来进行平面精压、体积精压和表面压印等工艺。

（3）剪板机（剪床）

1）板料剪切机，用于裁剪板料。

2）棒料剪切机，用于裁剪棒料。

二、冲压设备的型号表示方法

锻压机械基本型号是由一个汉语拼音字母和几个阿拉伯数字组成的。字母代表锻压机械的大类，称为类别。同一类锻压机械中分为若干列，称为列别。由第一个数字之后的数字代表锻压机械的主要规格。第二位数字与规格部分的数字以一短横线“-”隔开。

类、列、组和主要规格完全相同，只是次要参数不同的锻压机械，按变型处理，即在原型号的字母后加一个字母 A、B、C 等，依次表示为第一次、第二次、第三次……改型。例如，JA31-160A 曲柄压力机的型号意义是：

J——压力机的类别代号

A——压力机的变型设计代号

3——压力机的列别代号

1——压力机的组别代号

160——压力机的规格代号

A——压力机的改进设计代号

锻压机械类别代号见表 2-12。

表 2-12　锻压机械类别代号

类别名称	拼音代号	类别名称	拼音代号
机械压力机	J	锻机	D
液压机	Y	剪切机	Q
线材成形自动机	Z	弯曲校正机	W
锤	C	其他	T

1. 机械压力机

机械压力机属于锻压机械类。

其型号表示方法中：第一个字母为类代号，用汉语拼音字母表示。在锻压设备中，与机械压力机有关的有 5 类：机械压力机、线材成形自动机、锻机、剪切机和弯曲校正机。

第二个字母代表同一型号产品的变型顺序号。凡主参数与基本型号相同，但其他某些基本参数与基本型号不同的，称为变型。用字母 A、B、C……表示。

第三、第四个数字代表锻压机械的主要规格。前面一个数字代表“组”，后一个数字代表“型”。每类锻压设备分为 10 组，每组分为 10 型。

横线后面的数字代表主参数。一般用压力机的标称压力作为主参数。型号中的标称压力用工程单位制的“tf”表示，转化为国际单位制的“kN”时，应把此数乘以 10。

最后一个字母代表产品的重大改进顺序号，凡型号已确定的锻压机械，若结构和性能上与原产品有显著不同，则称为改进型，用字母 A、B、C……表示。

有些锻压设备在紧接组、型代号后面还有一个字母，代表设备的通用特性，例如 J21G-20 中的“G”代表“高速”，J92K-250 中的“K”代表“数控”。

通用曲柄压力机型号见表 2-13。

表 2-13　通用曲柄压力机的型号

组		型号	名　称	组		型号	名　称
特征	号			特征	号		
开式单柱	1	1 2 3	单柱固定台压力机 单柱升降台压力机 单柱柱形台压力机	开式双柱	2	8 9	开式柱形台压力机 开式底传动压力机
开式双柱	2	1 2 3 4 5	开式双柱固定台压力机 开式双柱升降台压力机 开式双柱可倾压力机 开式双柱转台压力机 开式双柱双点压力机	闭式	3	1 2 3 6 7 9	闭式单点压力机 闭式单点切边压力机 闭式侧滑块压力机 闭式双点压力机 闭式双点切边压力机 闭式四点压力机

注：1. 开式压力机：操作者可以从前、左、右三个方向接近工作台，床身为整体型的压力机。
2. 闭式压力机：操作者只能从前、后两个方向接近工作台，床身为左右封闭的压力机。
3. 单点压力机：压力机的滑块由一个连杆带动，用于台面比较小的压力机。
4. 双点压力机：压力机的滑块由两个连杆带动，用于左、右台面较宽的压力机。
5. 四点压力机：压力机的滑块由四个连杆带动，用于前、后、左、右台面尺寸都比较大的压力机。

2. 液压机

液压机在锻压机械标准中属于第二类，代号为“Y”。液压机的组型代号见表 2-14。

表 2-14　部分液压机的组型代号

组型	名　称	组型	名　称	组型	名　称
Y11	单臂式锻压液压机	Y26	精密冲裁液压机	Y32	四柱液压机
Y12	下拉式锻压液压机	Y27	单动薄板冲压液压机	Y33	双柱上移液压机
Y13	正装式锻压液压机	Y28	双动厚板冲压液压机	Y41	单柱校正压装液压机
Y14	模锻液压机	Y29	橡胶囊冲压液压机	Y63	轻合金管材挤压液压机
Y23	单动厚板冲压液压机	Y30	单柱液压机	Y71	塑料制品液压机
Y24	双动厚板冲压液压机	Y31	双柱液压机	Y98	模具研配液压机

三、压力机的典型结构

1. 曲柄压力机

曲柄压力机是以曲柄传动的锻压机械，能完成各种冲压工序，如冲裁、弯曲、拉深、胀形、挤压和模锻，是冲压车间的主要设备。下面通过两种典型的曲柄压力机来说明它的工作原理和结构。

（1）开式双柱可倾式压力机　图 2-16 所示为 JB23-63 型压力机的结构，图 2-17 所示为该压力机的工作原理图，其工作原理如下：

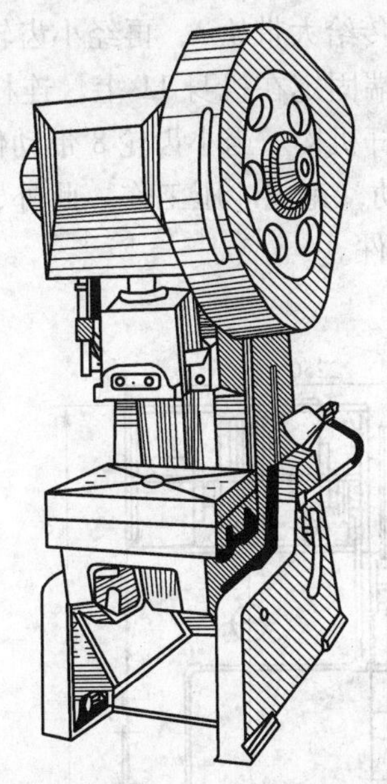

图 2-16　JB23-63 型压力机的结构

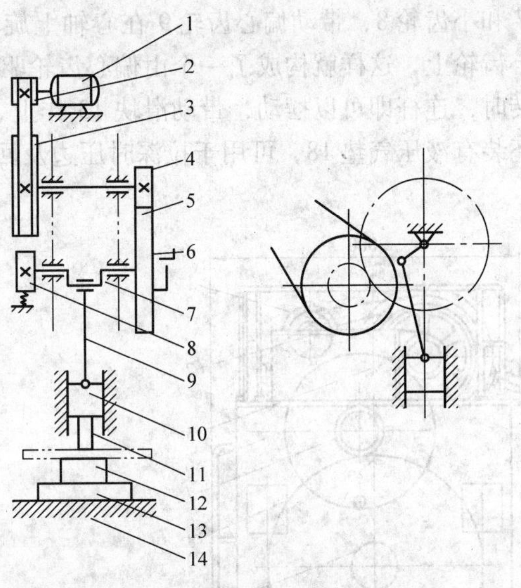

图 2-17　JB23-63 压力机工作原理

1—电动机　2—小带轮　3—大带轮　4—小齿轮　5—大齿轮　6—离合器　7—曲轴　8—制动器　9—连杆　10—滑块　11—上模　12—下模　13—垫板　14—工作台

电动机 1 通过 V 带把运动传给大带轮 3，再经过小齿轮 4、大齿轮 5 传给曲轴 7。连杆 9 上端装在曲轴上，下端与滑块 10 连接，把曲轴的旋转运动变为滑块的直线往复运动。滑块运动的最高位置称为上死点位置，最低位置称为下死点位置。冲压模具的上模 11 装在滑块上，下模 12 装在垫板 13 上。因此，当板料放在上、下模之间时，滑块向下移动进行冲压，即可获得需要的工件。

在使用压力机时，电动机始终在不停地运转，但由于生产工艺的需要，滑块间歇运动，所以装有离合器 6 和制动器 8。压力机在整个周期内进行工艺操作的时间很短，大部分是无负荷运转。为均匀、有效地利用能量，大带轮 3 又起到起飞轮的作用。

曲柄压力机一般由下面几个部分组成：

1）工作机构：一般为曲柄连杆机构，由曲轴、连杆、滑块及导轨等零件组成。

2）传动机构：包括电动机、带传动及齿轮传动等机构。

3）操纵系统：如离合器、制动器。

4）支承部件：如床身、工作台等。

5）辅助系统：如润滑系统、保护装置及气垫等。

该压力机是操作空间三面敞开的开式压力机。操作者能从压力机的前面、左面或右面接近模具，因而操作比较方便。但是，这种机身敞开式结构，机床刚度较差，故一般适用于公称压力为 1000kN 以下的小型压力机。而公称压力为（1000 ~ 3000）kN 的中型压力机和 3000kN 以上的大型压力机大多采用闭式结构。闭式压力机操作时只能从前、后方向接近模具，但机床刚度较强，精度较高。

（2）闭式单点压力机　图 2-18 所示为 J31-315 型压力机的结构图，图 2-19 所示为该压力机的工作原理图。其工作原理为：电动机 1 通过 V 带把运动传给大带轮 3，再经小齿轮 6、大齿轮 7 和小齿轮 8，带动偏心齿轮 9 在心轴上旋转，心轴两端固定在机身 11 上。连杆 12 套在偏心齿轮上，这样就构成了一个由偏心齿轮驱动的曲柄连杆机构。当小齿轮 8 带动偏心齿轮旋转时，连杆即可以摆动，带动滑块 13 作上、下往复运动，完成冲压工作。此外，此压力机还装有液压气垫 18，可用于拉深时压边及回程时顶出工件。

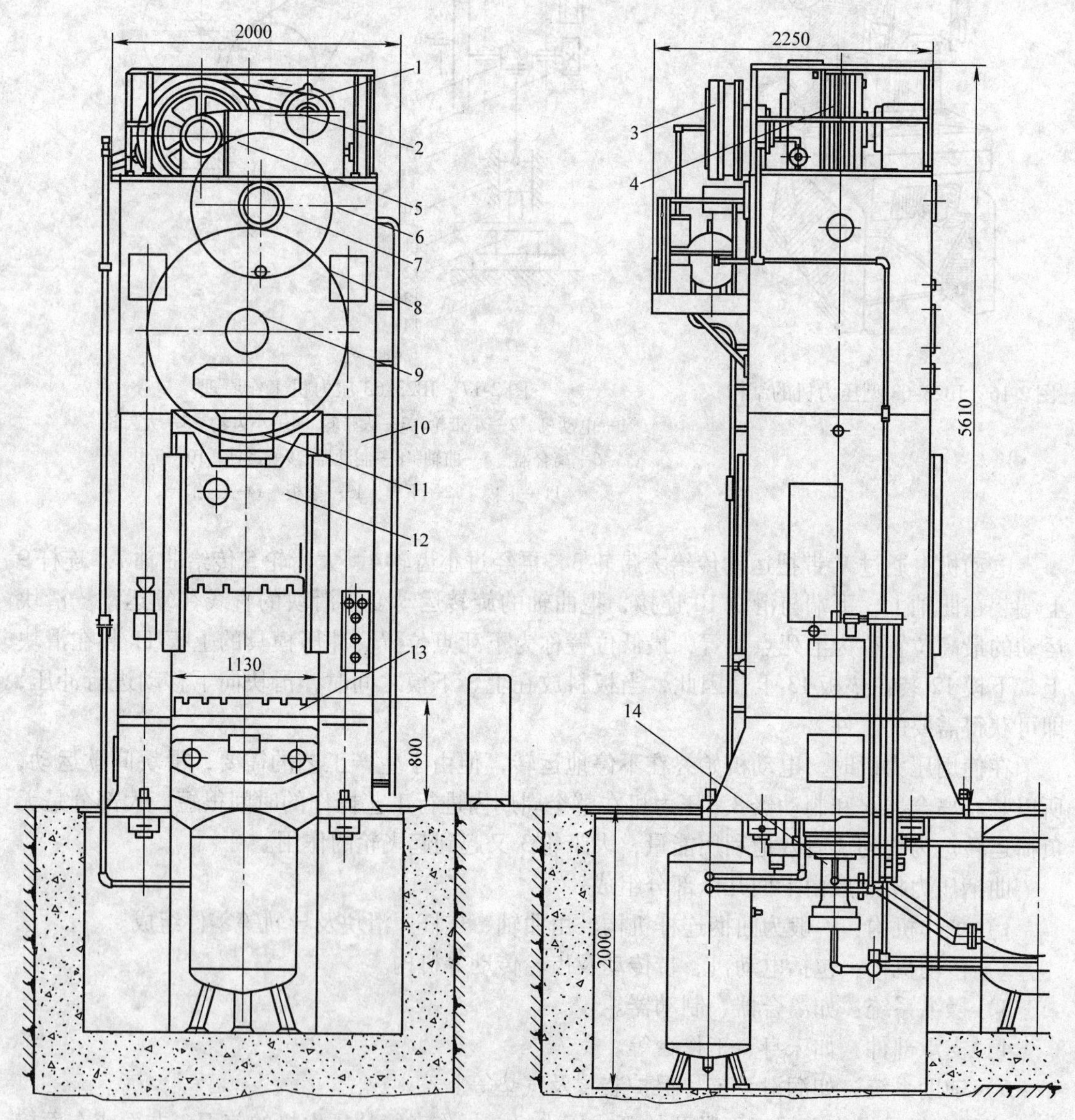

图 2-18　J31-315 压力机的结构图

1—小带轮　2—大带轮　3—制动器　4—离合器　5、7—小齿轮　6—大齿轮
8—偏心齿轮　9—心轴　10—机身　11—连杆　12—滑块　13—垫板　14—气垫

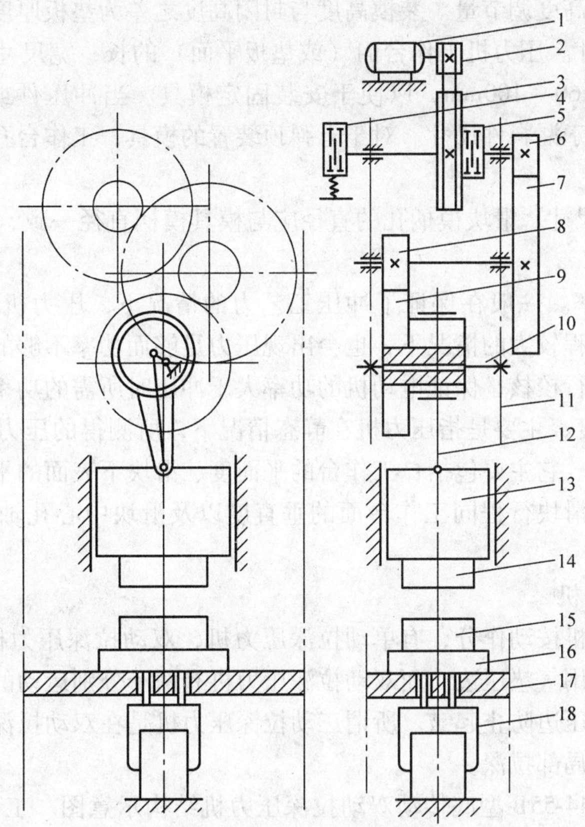

图 2-19　J31-315 压力机的工作原理

1—电动机　2—小带轮　3—大带轮　4—制动器　5—离合器　6、8—小齿轮　7—大齿轮　9—偏心齿轮　10—心轴　11—机身　12—连杆　13—滑块　14—上模　15—下模　16—垫板　17—工作台　18—液压气垫

（3）曲柄压力机的主要技术参数

1）公称压力。曲柄压力机的公称压力是指滑块离下死点前某一特定距离或曲柄旋转到离下死点前某一特定角度，滑块上所允许承受的最大作用力。例如，J31-315 压力机的公称压力为 3150kN，它是指滑块离下死点前 10.5mm 或曲柄旋转到离下死点前 20°时，滑块上所允许承受的最大作用力为 3150kN。

公称压力是压力机的主要参数，我国压力机的公称压力已经系列化。

2）滑块行程，指滑块从上死点到下死点所经过的距离，其值等于曲柄半径的 2 倍。其大小随工艺用途和公称压力的不同而不同。例如，冲裁用的曲柄压力机行程较小，拉深用的压力机行程较大。

3）行程次数，指滑块每分钟往复运动的次数。一般小型压力机和用于冲裁的压力机行程次数较多，大型压力机和用于拉深的压力机行程次数较少。

4）装模高度，指滑块在下死点时，滑块下平面到工作台垫板上表面的距离。当装模高度调节装置将滑块调整到最上位置时，装模高度达到最大值，称为最大装模高度；将滑块调整到最下位置时，装模高度达到最小值，称为最小装模高度。装模高度从最大到最小可以调节的范围，称为装模高度调节量。装模高度与封闭高度之差为垫板厚度。

5）工作台面尺寸。压力机工作台面（或垫板平面）的长、宽尺寸一般应大于模具下模座尺寸，且每边留出 60 ~ 100mm，以便于安装固定模具。当冲压件或废料从下模漏料时，工作台孔尺寸必须大于漏料件尺寸。对于有弹顶装置的模具，工作台孔还应大于弹顶器的外形尺寸。

6）滑块模柄孔尺寸。滑块模柄孔的直径应与模具模柄直径一致，模柄孔的深度应大于模柄夹持部分长度。

7）电动机的功率。一般在保证了冲压工艺力的情况下，压力机的电动机功率是足够的。但在某些施力行程较大的情况下，也会出现压力足够而功率不够的现象，此时必须对压力机的电动机功率进行校核，保证电动机的功率大于冲压时所需的功率。

8）压力机的精度，主要是指压力机在静态情况下，所测得的压力机应达到的各种精度指标，称为静态精度。它主要包括：工作台的平面度、滑块下表面的平面度、工作台面同滑块下平面的平行度、滑块行程同工作台面的垂直度以及滑块中心孔轴线与滑块行程的平行度等。

2. 双动拉深压力机

专用的拉深压力机按动作分，有单动拉深压力机、双动拉深压力机及三动拉深压力机。单动拉深压力机常利用气垫压边。而双动拉深压力机有两个分别运动的滑块，内滑块用于拉深成形，外滑块用于压边防止起皱。所谓三动拉深压力机是在双动拉深压力机的工作台上增设气垫，气垫可进行局部拉深。

图 2-20 所示为 J44-55B 型底传动双动拉深压力机结构示意图。工作部分由拉深滑块 1、压边滑块 3 及活动工作台 4 组成。主轴 7 通过偏心齿轮 8 和连杆 2 带动拉深滑块 1 作上、下移动，凸模装在拉深滑块上。压边滑块固定不动，它与活动工作台的距离可通过丝杠调节。凹模装在活动工作台上，活动工作台的顶起与降落是靠凸轮 6 实现的。

拉深时，凸模下降至还未伸出压边滑块之前，活动工作台就被凸轮顶起，把板料压紧在凹模与压边滑块之间，并停留在这一位置，直至凸模继续下降，拉深结束。然后凹模上升，活动工作台下降，顶件装置 5 把工件从凹模内顶出。

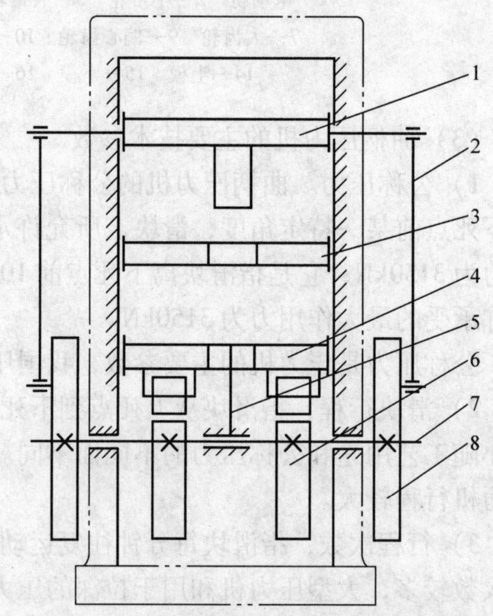

图 2-20　J44-55B 型双动拉深压力机结构示意图
1—拉深滑块　2—连杆　3—压边滑块　4—活动工作台
5—顶件装置　6—凸轮　7—主轴　8—偏心齿轮

双动拉深压力机具有以下可满足拉深工艺要求的特点：

（1）内、外滑块的行程与运动配合　拉深压力机具有较大的压力行程，可适应具有一定高度的工件的拉深。内、外滑块的运动有特殊的规律，外滑块（压边滑块）的行程要小于内滑块（拉深滑块）的行程，在内滑块开始拉深之前，外滑块首先要压紧毛坯的边缘，在内滑块拉深过程中，外滑块应以不变的压力保持压紧状态，提供可靠的压边力。拉深完毕，内滑块在回程到一定行程后，外滑块（或活动工作台）才回程。其目的是，外滑块在拉深过程中起压边作用，在拉深结束后起卸料作用，以免拉深件卡在凸模上。

（2）内、外滑块的速度　外滑块在到达下死点压边时，在压力机主轴转动的大约100°～110°的范围内，它在下死点速度几乎为零。实际上外滑块在下死点尚有微小的波动位移，位移的值不大于0.05mm。内滑块在拉深工作行程中要求速度慢，并且近似于匀速运动，对材料的冲击小，有利于材料在拉深中的流动，提高拉深的质量。内、外滑块这些优良的运动性能是通过压力机主轴采用多连杆机构分别驱动内、外滑块实现的。

（3）外滑块的压边力可调　形状复杂的拉深件，在拉深时要求在周边的不同区段，具有不同的变形阻力，以控制拉深时金属的流动。这种各向不同的阻力是通过相应部位的不同压边力得到的。双动拉深压力机的外滑块可用机械或液压的方法，使各点的压边力得到调节，形成有利于金属各向均匀流动的变形条件。

综上所述，目前形状复杂的拉深零件一般应在双动拉深压力机上拉深。

3. 摩擦压力机

摩擦压力机是利用摩擦盘与飞轮之间相互接触传递动力，并根据螺杆与螺母的相对运动，使滑块产生上、下往复运动的锻压机械。

图2-21所示为摩擦压力机的传动示意图。其工作原理如下：电动机1通过V带2及大带轮把运动传给横轴4及左、右摩擦盘3和5，使得横轴与左、右摩擦盘始终在旋转。并且横轴可在轴承内作一定范围的水平横向运动。工作时，压下手柄13，横轴右移，使左摩擦盘3与飞轮6的轮缘相压紧，迫使飞轮与螺杆9顺时针旋转，带动滑块向下作直线运动，进行冲压加工。反之，手柄向上，滑块上升。

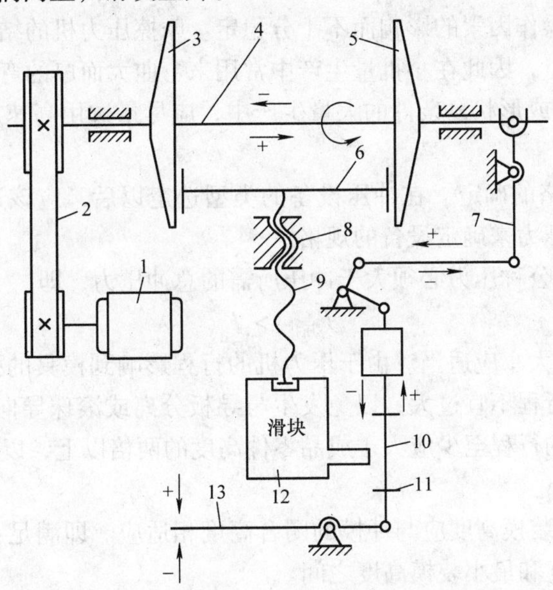

图2-21　摩擦压力机的传动示意图

1—电动机　2—传动带　3、5—摩擦盘　4—横轴　6—飞轮　7—杠杆　8—螺母　9—螺杆　10—连杆　11—挡块　12—滑块　13—手柄

滑块的行程用安装在连杆 10 上的两个挡块 11 来调节。压力的大小可通过手柄压下多少控制飞轮与摩擦盘的接触松紧来调整。实际压力允许超过公称压力 25% ~100%，超负荷时，由于飞轮与摩擦盘之间产生滑动，所以不会因过载而损坏机床。

由于摩擦压力机有较好的工艺适应性，结构简单，制造和使用成本较低，因此特别适用于校正、压印及成形等冲压工作。

四、冲压设备的选择

(1) 冲压设备类型的选择　冲压设备类型主要根据所要完成的冲压工艺性质、生产批量、冲压件的尺寸大小和精度要求等来选择。

1) 对于中、小型冲裁件、弯曲件或拉深件等，主要选用开式机械压力机。开式压力机虽然刚度不高，在较大冲压力的作用下床身的变形会改变冲模间隙分布，降低模具寿命和冲压件表面质量，但是由于它提供了极为方便的操作条件和易于安装及机械化附属装置的特点，所以目前仍是中、小型冲压件生产的主要设备。另外，在中、小型冲压生产中，若采用导板模或者工作时要求导柱导套不脱离的模具，应选用行程较小的偏心压力机。

2) 对于大、中型冲压件，多选用闭式机械压力机，包括一般用途的通用压力机、专用的精密压力机以及双动或三动拉深压力机等。其中，薄板冲裁或精密冲裁时，选用精度和刚度较高的精密压力机；大型复杂拉深件生产中，应尽量选用双动或三动压力机，可使所用模具结构简单，调整方便。

3) 在小批量生产中，多采用液压机或摩擦压力机。液压机没有固定的行程，不会因为板料厚度变化而超载，而且在需要很大的施力行程加工时，与机械压力机相比具有明显的优势，因此特别适合大型厚板冲压件的生产。但液压机的速度低，生产效率不高，而且冲压件的尺寸精度有时受到操作因素的影响而不十分稳定。摩擦压力机的结构简单，造价低廉，不易发生超载破坏等特点，因此在小批量生产中常用来弯曲大而厚的弯曲件。

4) 在大批量生产或形状复杂件的大量生产中，应尽量选用高速压力机或多工位自动压力机。

(2) 冲压设备规格的确定　在冲压设备的类型选定以后，应该进一步根据冲压件的尺寸、模具的尺寸和冲压力来确定设备的规格。

1) 所选压力机的公称压力必须大于冲压所需的总冲压力，即

$$F_{压机} > F_{总}$$

2) 压力机的行程大小应适当。由于压力机的行程影响到模具的张开高度，因此对于冲裁、弯曲等模具，其行程不宜过大，以免发生与导板分离或滚珠导向装置脱开的不良后果。对于拉深模，压力机的行程至少应大于成品零件高度的两倍以上，以保证毛坯的放进和成形零件的取出。

3) 所选压力机的装模高度应与冲模的闭合高度相适应。即满足：冲模的闭合高度介于压力机的最大装模高度和最小装模高度之间。

4) 压力机工作台面的尺寸必须大于模具下模座的外形尺寸，并还要留有安装固定的余地。但在过大的工作台面上安装过小尺寸的冲模时，对工作台的受力也是不利的。

(3) 常用冲压设备规格　表 2-15 ~ 表 2-18 分别列出了部分冲压设备的主要技术规格。

表 2-15 开式固定台压力机（部分）主要技术规格

型　　号		YA21-35	JS21-100	JA21-160	J21-400A
公称压力/kN		350	1000	1600	4000
滑块行程/mm		130	可调 10～120	160	200
滑块行程次数/（次/min）		50	75	40	25
最大闭合高度/mm		280	400	450	550
闭合高度调节量/mm		60	85	130	150
滑块中心线至床身距离/mm		205	325	380	480
立柱间距/mm		428	480	530	896
工作台尺寸/mm	前后	380	600	710	900
	左右	610	1000	1120	1400
工作台孔尺寸/mm	前后	200	300		480
	左右	290	420		750
	直径	260		460	600
垫板尺寸/mm	厚度	60	100	130	170
	直径	22.5	200		300
模柄孔尺寸/mm	直径	50	60	70	100
	深度	70	80	80	120
滑块底面尺寸/mm	前后	210	380	460	
	左右	170	500	650	

表 2-16 开式双柱可倾式压力机（部分）主要技术规格

型　　号		J23-6.3	J23-10	J23-16	J23-25	J23-63	J23-80	J23-100	J23-250
公称压力/kN		63	100	160	250	630	800	1000	2500
滑块行程/mm		35	45	55	65	100	130	130	145
滑块行程次数/（次/min）		170	145	120	55	40	45	38	38
最大闭合高度/mm		150	180	220	270	400	380	480	480
型　　号		J23-6.3	J23-10	J23-16	J23-25	J23-63	J23-80	J23-100	J23-250
闭合高度调节量/mm		35	35	45	55	80	90	100	110
立柱间距/mm		150	180	220	270	420	380	530	530
工作台尺寸/mm	前后	200	240	300	370	570	540	710	710
	左右	310	370	450	560	860	800	1080	1080
工作台孔尺寸/mm	前后	110	130	160	200	310	230	380	340
	左右	160	200	240	290	450	360	560	500
	直径	140	170	210	260	400	280	500	450
垫板尺寸/mm	厚度	30	35	40	50	80	100	100	100
	直径						200		250
模柄孔尺寸/mm	直径	30	30	40	40	50	60	60	60
	深度	55	55	60	60	70	80	75	80
滑块底面尺寸/mm	前后					360	350	360	
	左右					400	370	430	
床身最大可倾角/（°）		45	35	35	30	25	30	30	25

表 2-17　闭式压力机（部分）主要技术规格

型　号		J31-100	J31-160A	J31-250	J31-315	J31-400A	J31-630
公称压力/kN		100	1600	2500	3150	4000	6300
滑块行程/mm		165	160	315	315	400	400
滑块行程次数/（次/min）		35	32	20	25	20	12
最大闭合高度/mm		280	480	630	630	710	850
闭合高度调节量/mm		100	120	200	200	250	250
最大装模高度/mm		155	370	490	490	550	650
床身两立柱间距离/mm		660	750	1020	1130	1270	1230
工作台尺寸/mm	前后	635	790	350	1100	1200	1500
	左右	635	710	1000	1100	1250	1200
垫板尺寸/mm	前后	125	105	140	140	160	200
	左右	250	430				
气垫工作压力/kN				400	250	630	1000
气垫行程/mm				150	160	200	200
主电动机功率/kW		7.5	10	30	30	40	55

表 2-18　液压机（部分）主要技术规格

名　称		YB32-63	YB32-100	YB32-200	YB32-300
公称压力/kN		630	1000	2000	3000
主活塞回程最大压力/kN		133	230	620	400
顶出活塞最大顶出力/kN		95	150	300	300
顶出活塞最大回程压力/kN		47	80	150	150
活动横梁至工作台面的最大距离/mm		600	900	1100	1240
主活塞最大行程/mm		400	600	700	800
顶出活塞最大行程/mm		150	180	250	250
立柱中心距离/mm	前后	350	400	500	900
	左右	650	750	950	1400
工作台有效尺寸/mm	前后	490	580	760	1140
	左右	520	580	730	1210

五、合理使用冲压设备

（1）液压机的安全操作规程

1）工作人员必须培训合格后方可使用压力机。

2）作业场地必须宽敞，整洁，光线充足，模具及工件摆放有序。

3）操作人员应严格遵守压力机所规定的技术参数，熟知压力机的构造和工作原理。

4）工作前应检查液压油油面高度，操纵系统是否安全可靠。

5）模具、工件须牢固平衡才能使用，防止受力时弹出伤人，严禁将手伸入工作面中。

6）工作完毕后，工作人员应使油缸回位，切断电源，清理工作场地。

（2）液压机的操作规程

1）使用前应先检查油箱内油液是否充足，可以从右侧面油箱外的油标观察。如油液不足，可打开后盖向油箱内灌油至油标处。

2）检查电源接地、熔丝等安全防护措施是否有效。

3）根据不同试验或试件的不同规格，调整丝杠及空载高度，并选择量程。

4）将试件表面擦拭干净，检查外观有无明显缺损。如有影响试验数值的试件，需更换无损试件。

5）查看表盘指针是否在零位，如有偏移，需拧动控制箱上的调零按钮，使主动指针对准零位。

6）开始时，将左侧回油阀旋至慢速位置，然后按下面板上的启动按钮接通电源。

7）起动油泵电动机，拧动送油阀，使试件与上压板接触前较快上升，待与上升板外表面最低点将接触时，使活塞缓慢上升，直至试件破碎为止。

8）试验后，清除破碎试块，将被动针拨回零位，以待下次试验。

【实训准备】

1. 设备：J23-63开式双柱可倾式压力机。

2. 原材料：23.5mm × 1500mm 的08钢条料。每张条料可以冲裁 1500/21.8 = 68 个制件。

3. 量具：游标卡尺、外径千分尺、金属直尺、钢卷尺、直角尺、划针。

4. 工具：模具、扳手、钳子、油壶、螺钉旋具及锤子。

【任务实施】

（1）使用前检查

1）开机前，应先将各运动部位充分给予润滑油，并详细检查。

2）检查模具安装是否良好无异状。

3）检查离合器是否为脱离状态。

4）检查手用工具、小零件及其他不必要的物品是否确实移离工作台或冲模附近。

5）合上总电源开关，查看操作电源灯是否点亮。

（2）开车步骤

1）主电动机起动。打开操作电源，按下主电动机起动按钮，使电动机运转于正常状态，并注意运转时是否有杂音、飞轮回转是否正常。

2）运转方式选择。依作业需要，本冲床可选择为手动、单次行程及连续行程运转方式。将主电动机停止按钮按下即可作手动操作；将电动机起动按钮按下，即可作单次行程、连续行程的操作。

3）操作方法选择。依作业需要，本冲床可选择为手动操作、脚踏操作、双手操作。手动操作时，将离合器结合，用手扳动飞轮，使冲床运转；将电盘上的旋钮置于脚踏位置时，即可用脚踏操作器使冲床运转；将操作旋钮置于双手操作位置，用双手按下操作按钮即可操作。

4）手动运转操作。按下主电动机停止按钮，用手将操作器上的拉杆拉下，凸轮回转一个角度离开键尾，使离合器结合，再用手攀动飞轮致使冲头作寸动式运动。

5）脚踏运转操作。将运转旋钮置于“脚踏”位置，用脚压下脚踏开关，立即离开则刚性离合器使冲床作单次行程冲压，如不离开则作连续行程冲压。

6）双手运转操作。将运转旋钮置于“双手操作”位置，用双手按下左、右按钮后立即放开，此时冲床为单次行程；若不放开双手，冲压则为连续行程。

7）无负荷试冲。按照上述4）~6）项操作要领，试冲无异状后方可放置坯料实施负荷试冲。

8）负荷试冲。试冲数次，若一切正常则可正式作业。

(3) 使用中应注意事项

1）运转作业

① 手动运转用于合模等需冲头断续运动的场合；单次行程运转用于试冲或单模冲压作业；连续行程运转则用于高效率作业。

② 使用单次行程运转时，应注意作业安全，在选用脚踏操作时，要随时保持警觉状态，以免造成不必要的损失。

③ 操作者切勿以疲劳或浮躁的心情从事作业，应适当休息，以保证作业安全。

④ 作业时，如需将手伸入模具内操作，应双手操作，必要时须配置安全装置和手动工具确保作业安全。

⑤ 如需两人以上共同作业时，彼此要配合，切勿同时操作以免造成意外事故。

2）模具高度调整

① 合模之后使用手动运转操作，使冲头至下死点位置，检查作业时模具高度是否适当。

② 手动调整。松开冲头上方固定螺钉，开口扳向左或右，使冲头上升或下降，调至适当高度后将冲头上各螺钉锁紧，以固定作业高度。

③ 随时注意机台各部位的固定螺钉有无松动。

④ 注意生产时有无异声出现。

(4) 停车步骤

1）每次停止作业时，应使机器置于安全停止状态。

2）操作停止。按下停止按钮，使冲头停止于行程上死点位置。

3）停止主电动机运转。按下主电动机停止按钮，使其停止。

4）切断电源。将操作电源开关置于 OFF 位置，并将总电源开关拉下。

(5) 使用后应注意事项

1）停车后，将模具表面等各部位擦拭干净，并涂上少许机油。

2）待一切后续工作处理完成后，方可离开工作岗位。

(6) 常见故障排除

1）脚踏、双手操作时离合器不结合

① 如按钮开关损坏，需更换开关。

② 如操作器上的电磁线圈损坏，则更换电磁线圈。

③ 如工作键的拉力弹簧断裂或太松，更换拉力弹簧。

④ 脚踏板与拉杆固定螺比松动，应予以紧锁。

2）离合器不脱离

① 操作器上的电磁线圈不脱磁，应予以更换。

② 操作器上的弹簧断或过松，使凸轮无法恢复至原来位置，应予以更换。

③ 脚踏板上的拉簧断或过松，使凸轮不能恢复至原来位置，应予以更换。

3）曲轴停止超过上死点。制动带过松或磨损，应调节弹簧或更换制动带。

4）冲模击合夹死后脱离

① 首先应确定冲头停止位置为行程下死点之前或行程下死点之后。

② 选择主电动机回转方向。若为下死点之后，则应以手动操作使主电动机正转；若为下死点之前，则主电动机应逆转。

【学生工作页】

表2-19　任务二学生工作页（项目2）

班级		姓名		学号		组号	
任务名称	冲压生产						
任务资讯	识读任务						
	必备知识						
任务计划	原材料准备	牌号	规格	数量	技术要求		
	资料准备						
	设备准备						
	劳动保护准备						
	工具准备						
	方案制订						
决策情况							
任务实施							
检查评估							
任务总结							

【教学评价】

采用自检、互检、专检的方式检查操作成果，即各组学生操作实训完成后，先自检，再互检，最后由指导教师进行专检。检查项目及内容具体见表2-20，任务完成情况的评分标准见表2-21。

表 2-20 任务二成绩评定表（项目 2）

姓名			班级		学号	
任务名称	冲压生产					
考评类别	序号	考评项目	分值	考核办法	评价结果	得分
平时考核	1	出勤情况	5	教师点名，组长检查		
	2	书面答题质量	10	教师评价		
	3	小组活动中的表现	10	学生、小组、教师三方共同评价		
技能考核	4	任务完成情况	50	学生自检，小组交叉互检，教师终检		
	5	安全操作情况	10	自检、互检和专检		
素质考核	6	产品图样的阅读理解能力	5	自检、互检和专检		
	7	个人任务独立完成能力	5	自检、互检和专检		
	8	团队成员间协作表现	5	自检、互检和专检		
合计			100	任务二总得分		

教师＿＿＿＿＿、＿＿＿＿＿　　　　　　　　日期＿＿＿＿＿

表 2-21 任务二完成情况评分表（项目 2）

项目	序号	任务要求	配分	评分标准	检测结果	得分
任务完成情况	1	冲压前准备	10			
	2	操作姿势	20			
	3	制件外观检查	20			
	4	制件质量检查	20			
	5	废品率检查	20			
	6	安全文明生产	10			
		总分	100		总得分	

【思考与练习】

1. 常用的冲压设备有哪几种？
2. 简述通用曲柄压力机的工作原理。
3. 选用冲压设备的基本原则是什么？
4. 如何正确使用压力机？

项目3　冲压模具拆装与结构分析

本项目通过冲压模具（简称冲模）的拆装实训，按照由易到难的顺序分别介绍单工序模、级进模及复合模三种冲压模具的结构、动作原理、特点及应用场合，并介绍冲压模具零部件的类型、作用及应用等。

【学习目标】

知识目标

1. 了解冲压模具的分类，掌握单工序模、级进模和复合模的结构及动作原理。

2. 了解冲压模具组成零件的名称及作用。

3. 熟悉单工序模、级进模和复合模的零部件装配过程和装配要求。

技能目标

1. 通过单工序模、级进模和复合模的拆装训练，能正确使用模具拆卸和装配的工具。

2. 通过单工序模、级进模和复合模的拆装训练，培养学生的动手能力，使学生熟练掌握单工序模拆卸和装配的正确操作顺序与方法。

3. 通过单工序模、级进模和复合模拆装后的计算机绘图，能正确按照制图方法绘制冲压模具结构简图。

4. 通过观察单工序模、级进模和复合模的结构，能正确描述出所拆模具的动作过程。

任务一　单工序模拆装与结构分析

【工作任务】

本任务要求在指导教师的单工序模结构讲解和拆装操作过程演示的基础上，学生利用模具拆装工具对指定的单工序模（见图3-1）进行拆卸和装配，以了解单工序模的结构及零部件的装配关系。可借助一些必要的量具，对模具的轮廓尺寸及零件之间的配合关系进行实测。最后，在充分了解单工序模的结构组成、工作过程、零件的作用以及装配关系的基础上，利用计算机绘制所拆单工序模的结构简图。

【知识准备】

一、冲模的分类

冲模的形式很多，一般可按下列不同特征分类。

（1）按工序性质分类　冲模可分为落料模、冲孔模、切断模、切边模、切舌模、剖切模、整修模、精冲模、弯曲模、拉深模及成形模等。

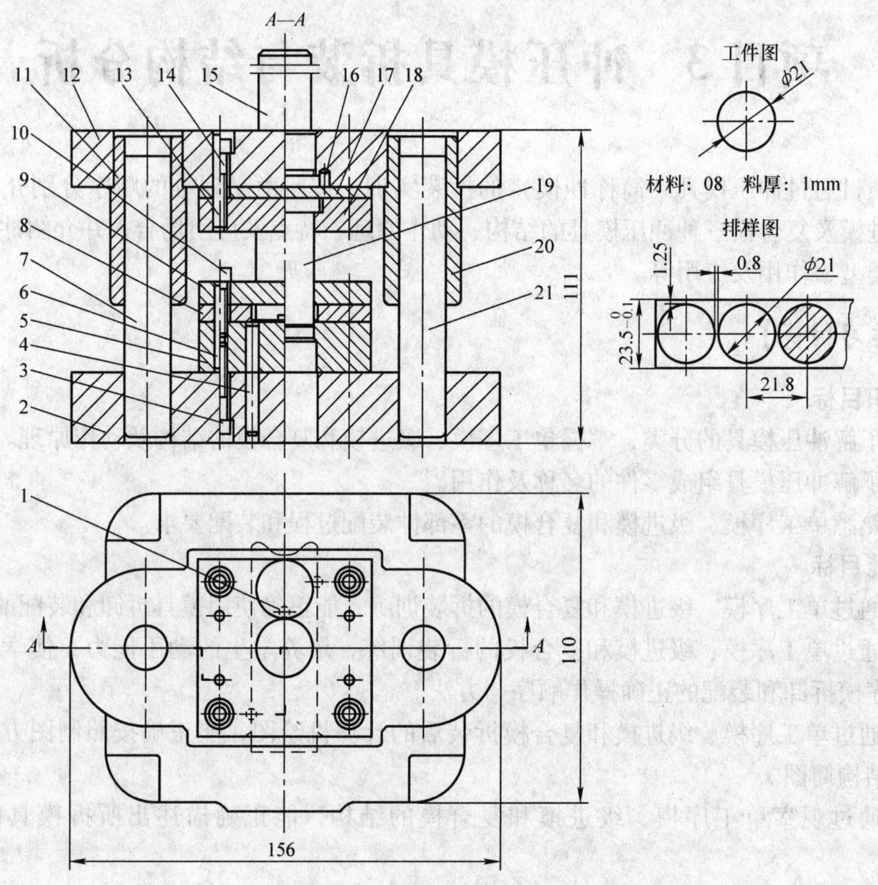

图 3-1　单工序模

1—固定挡料销　2—下模座　3、10、14—螺钉　4、6、13—销钉　5—凹模　7、21—导柱　8—导料板　9—卸料板　11、20—导套　12—上模座　15—模柄　16—防转销　17—垫板　18—凸模固定板　19—凸模

（2）按工序组合程度分类

1）单工序模（也称简单模），即在一副模具中只完成一种工序，如落料、冲孔及切边等。单工序模可以由一个凸模和一个凹模洞口组成，也可以由多个凸模和多个凹模洞口组成。

2）级进模（也称连续模），在压力机一次行程中，在模具的不同位置上同时完成数道冲压工序。级进模所完成的同一零件的不同冲压工序是按一定顺序、相隔一定步距排列在模具的送料方向上的，压力机一次行程得到一个或数个冲压件。

3）复合模，在压力机的一次行程中，在一副模具的同一位置上完成数道冲压工序。压力机一次行程一般得到一个冲压件。

（3）按有无导向装置和导向方法分类　冲模可分为无导向的开式模和有导向的导板模、导柱模。

（4）按送料、出件及排除废料的自动化程度分类　冲模可分为手动模、半自动模和自动模。

另外，按送料步距定位方法不同，冲模可分为挡料销式、导正销式及侧刃式等模具；按卸料方法不同，冲模可分为刚性卸料式和弹性卸料式等模具；按凸、凹模材料不同，冲模可分为钢模、硬质合金模、钢带模、锌基合金模及橡胶冲模等。

对于一副冲模，上述几种特征可能兼有，如导柱导套导向、固定卸料及侧刃定距的冲孔落料级进模等。

二、冲模零件的分类及作用

冲模的组成零件分类及作用如下：

（1）工艺零件

1）工作零件，包括凸模、凹模及刃口镶件等，复合模中的工作零件还包括凸凹模。这类零件是直接进行冲裁工作的零件，是冲压模具中最重要的零件。

2）定位零件，包括挡料销、侧刃挡块、导正销、挡料销、导料板、侧压板及定位板等。这类零件用于确定条料或工序件在冲压模具中的正确位置。

3）压料、卸料和送料零件，包括压料板、卸料板、顶件块、推件块及废料切断刀等。这类零件起压料作用，并可以将卡在凸模上和凹模孔内的废料或冲件卸掉或推（顶）出，以保证冲压工作能够继续进行。

（2）结构零件

1）导向零件，包括导柱、导套及导板等，主要用来保证在冲裁过程中凸模与凹模之间间隙均匀，保证模具各部分保持良好的运动状态。

2）支承零件，包括上模座、下模座、模柄、固定板、垫板及其他限位支承装置，主要用来将上述各类零件固定在一定的部位上或将冲模与压力机连接，是冲模的基础零件。

3）紧固零件，包括螺钉、销钉，在冲压模具中起紧固和安装定位的作用。

4）其他零件，包括弹性件和自动模传动零件等。

上述各类零件在冲压过程中相互配合，保证冲压工作正常进行，从而冲出合格的冲压件。不是所有的冲压模具都具备上述各类零件，尤其是单工序冲压模。但是工作零件和必要的支承零件总是不可缺少的。

三、单工序模的结构分析

1. 无导向单工序模

图 3-2 所示为一副无导向落料模。其工作零件为凸模 2 和凹模 5，定位零件为两个导料板 4 和定位板 7，导料板对条料送进起导向作用，定位板限制条料的送进距离；卸料零件为两个固定卸料板 3；支承零件为上模座（带模柄）1 和下模座 6；此外还有紧固螺钉等。上、下模之间没有直接导向关系。

该模具的动作原理为：条料沿导料板送至定位板后进行冲裁，分离后的冲裁件靠凸模直接从凹模洞口依次推出。箍在凸模上的废料由固定卸料板刮下来。照此循环，完成冲裁工作。

无导向冲裁模的特点是结构简单，重量轻，尺寸小，制造简单，成本低；但使用时安装、调整凸、凹模之间的间隙较麻烦，冲裁件质量较差，模具寿命较低，操作不够安全。因

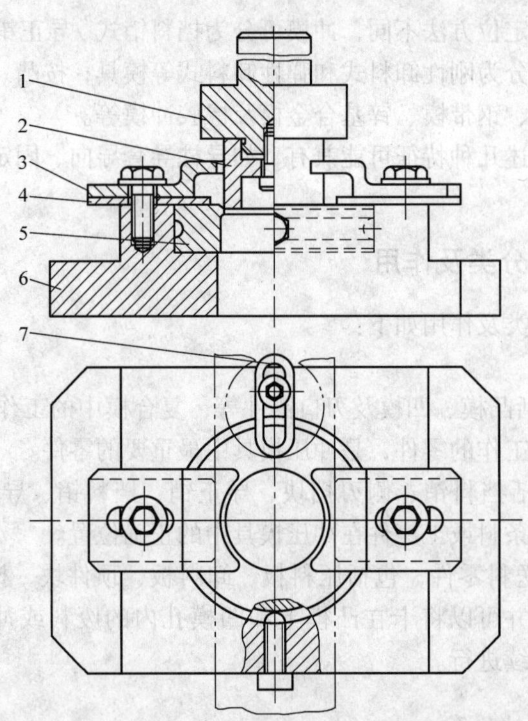

图 3-2 无导向单工序落料模

1—上模座 2—凸模 3—卸料板 4—导料板 5—凹模 6—下模座 7—定位板

此，无导向简单冲裁模适用于精度要求不高、形状简单、批量小的冲压件的生产。

2. 导板式单工序模

图 3-3 所示为一副导板式落料模。其上、下模的导向靠导板 9 和凸模 5 的间隙配合（一般为 H7/h6）实现，故称导板模。该模具的工作零件为凸模 5 和凹模 13；定位零件为导料板 10 和固定挡料销 16、始用挡料销 20；导向零件是导板 9（兼起固定卸料板的作用）；支承零件是凸模固定板 7、垫板 6、上模座 3、模柄 1 及下模座 15；此外还有紧固螺钉、销钉等。

根据排样的需要，这副模具的固定挡料销所设置的位置对首次冲裁起不到定位作用，为此采用了始用挡料销 20。其动作原理为：当条料沿导料板 10 送到始用挡料销 20 时，凸模 5 由导板 9 导向而进入凹模，完成首次冲裁，冲下一个零件。条料继续送至固定挡料销 16 时，进行第二次冲裁，第二次冲裁是落下两个零件。此后，条料继续送进，其送进距离就由固定挡料销 16 来控制了，而且每一次都是同时落下两个零件，分离的零件靠凸模从凹模洞口中依次推出。

这种冲模的主要特征是凸、凹模的正确配合依靠导板导向。为了保证导向精度和导板的使用寿命，工作过程不允许凸模离开导板，为此，要求压力机行程较小。根据这个要求，选用行程较小且可调节的偏心式压力机比较合适。在结构上，为了拆装和调整间隙的方便，固定导板的两排螺钉和销钉内缘之间（见俯视图）应大于上模相应的轮廓宽度。另外，为使

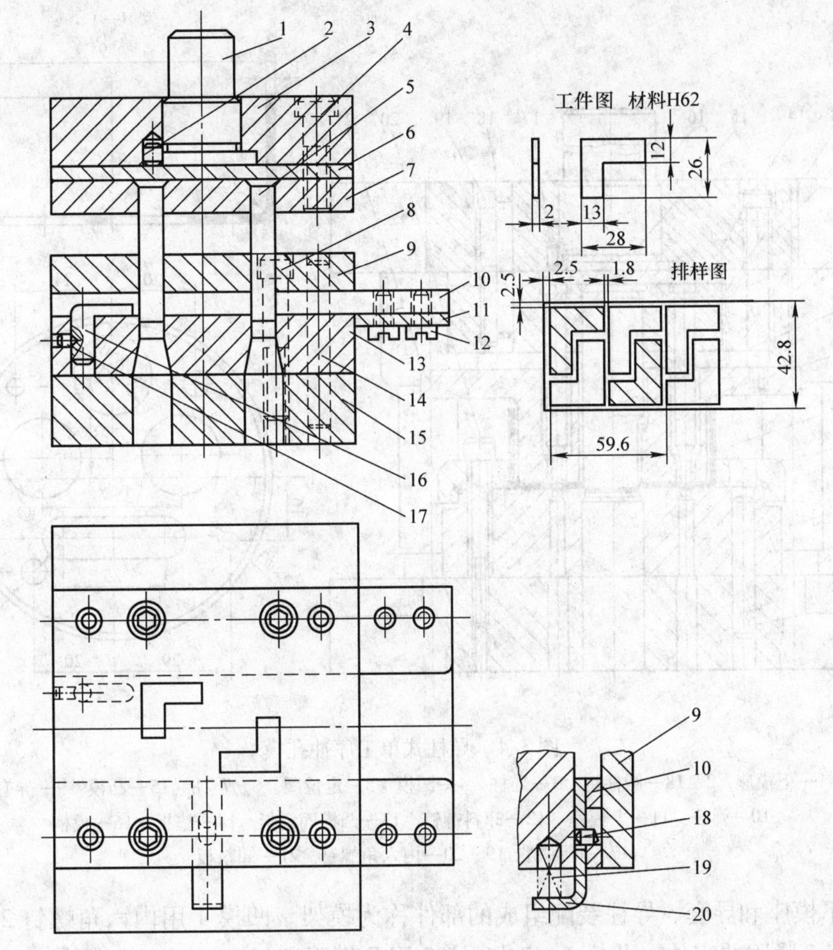

图3-3　导板式单工序落料模

1—模柄　2—止动销　3—上模座　4、8—内六角螺钉　5—凸模　6—垫板　7—凸模固定板　9—导板　10—导料板　11—承料板　12—螺钉　13—凹模　14—圆柱销　15—下模座　16—固定挡料销　17—止动销　18—限位销　19—弹簧　20—始用挡料销

送料平稳，导料板10伸出一定长度，下面装一块承料板11。该模具所用的固定挡料销是钩形的，钩形挡料销的安装孔离凹模刃口较远，因而凹模强度较高。

导板模比无导向单工序模的精度高，寿命也较长，使用时安装较容易，卸料可靠，操作较安全，轮廓尺寸也不大。导板模一般用于生产形状比较简单、尺寸不大、厚度大于0.3mm的冲裁件。

3. 导柱式单工序模

图3-4所示为一副导柱式单工序冲孔模。冲件上的所有孔一次全部冲出，是多凸模的单工序冲裁模。这种模具的上、下模的正确位置利用导柱3和导套9的导向来保证。凸、凹模在进行冲孔之前，导柱已经进入导套，从而保证了在冲孔过程中凸模6、7、8、15和凹模4之间间隙的均匀性。

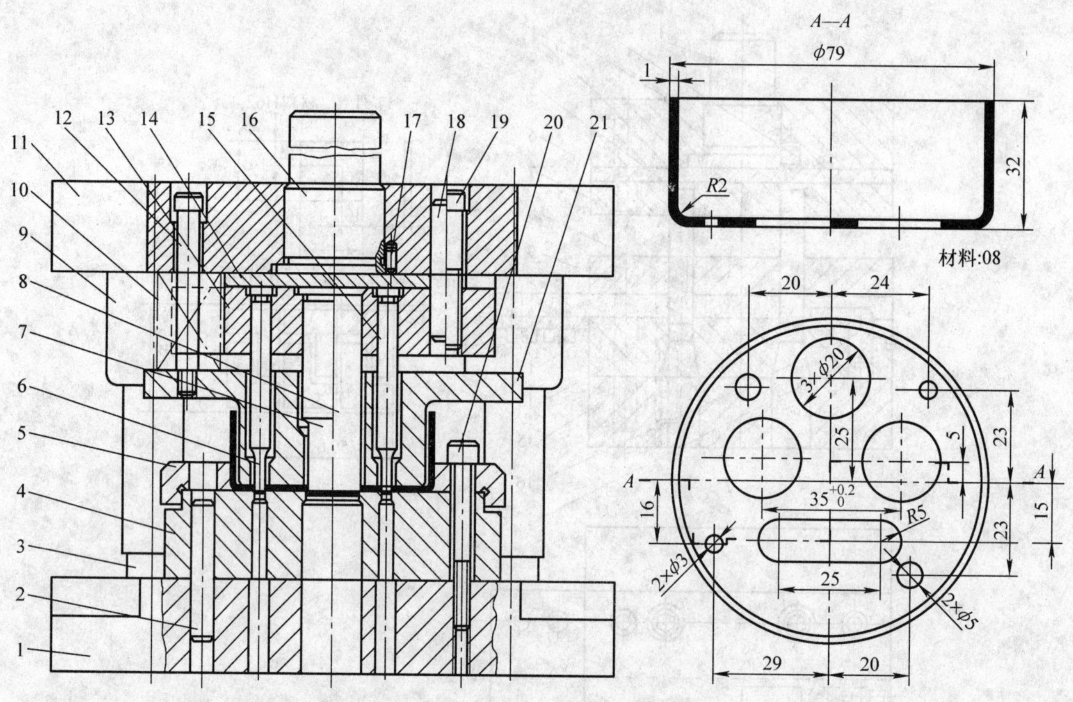

图 3-4　导柱式单工序冲孔模

1—下模座　2、18—圆柱销　3—导柱　4—凹模　5—定位圈　6、7、8、15—凸模　9—导套　10—弹簧　11—上模座　12—卸料螺钉　13—凸模固定板　14—垫板　16—模柄　17—止动销　19、20—内六角螺钉　21—卸料板

上、下模座和导套、导柱装配组成的部件称为模架。凹模 4 用内六角螺钉 20 和圆柱销 2 与下模座 1 紧固并定位。凸模 6、7、8、15 用凸模固定板 13、内六角螺钉 19、圆柱销 18 与上模座 11 紧固并定位，各凸模背面垫上垫板 14。压入式模柄 16 装入上模座 11 并以止动销 17 防止其转动。

由于工序件是经过拉深的空心件，而且孔边与侧壁距离较近，因此使工序件口部朝上，用定位圈 5 进行外形定位，以保证凹模有足够强度。由于凸模长度较长，设计时必须注意凸模的强度和稳定性问题。如果孔边与侧壁距离较大，则可使工序件口部朝下，利用凹模进行内形定位。该模具采用弹性卸料装置。冲孔模常采用弹压卸料装置是为了保证冲孔零件的平整，提高零件的质量。如果卸料力较大或为了便于自动出件，也可以采用刚性卸料结构。

导柱式单工序模的导向比导板式单工序模的导向可靠，精度高，寿命长，使用安装方便；但轮廓尺寸较大，模具较重，制造工艺复杂，成本较高。导柱式单工序模广泛用于生产批量大、精度要求高的冲裁件。

【任务实施】

1. 模具拆卸前的准备

（1）熟悉任务要求　复习相关的理论知识，了解单工序模拆装的基本操作步骤及安全操作注意事项，清楚本任务的进度安排（见表 3-1）。

表 3-1　任务进程计划表

序　号	任务内容	时间安排/h	备　注
1	布置任务，冲模类型、零部件分类及单工序冲模相关知识准备	2	讲解
2	了解模具拆装基本操作步骤及安全操作注意事项，制订拆装方案	1	讲解、演示、学生讨论
3	拆卸和装配模具，了解模具组成零部件，分析模具的结构及动作原理	3	训练
4	绘制模具结构简图	2	训练

（2）工具准备　领用并清点拆卸和测量所用的工具，了解工具的正确使用方法及使用要求，将工具摆放整齐。

1）工具：台虎钳、锤子、铜棒、螺钉旋具及内六角扳手等。

2）量具：钢直尺、游标卡尺、千分尺及塞尺等。

（3）仔细观察模具　清理模具外观的尘土及油渍，记住所拆单工序模各类零件的结构特征及名称，明确它们的安装位置及安装方向（位），明确各零件的位置关系及工作特点。

2. 单工序模的拆卸与装配

图 3-1 所示的单工序模的拆卸与装配操作步骤如下：

（1）分开上、下模　用铜棒轻轻敲击上、下模座，从导柱 7、21 和导套 11、20 处将模具分为上、下模两部分，勿使上、下模座平面发生偏斜。

（2）拆卸上模

1）用内六角扳手松开并取出紧固凸模固定板 18 的螺钉 14。

2）用锤子打出销钉 13，取下凸模固定板 18 及垫板 17。

3）用台虎钳夹紧凸模固定板 18，再用锤子轻轻敲击凸模 19 的端面，取出凸模 19。

4）用台虎钳夹紧上模座 12，然后用锤子敲击模柄 15 上端面，使模柄 15 和防转销 16 从下面退出。

（3）拆卸下模

1）松开并取出紧固凹模 5 的螺钉 3，用锤子打出销钉 4，从下模座 2 上取出凹模 5。

2）松开并取出紧固卸料板 9 的螺钉 10，用锤子打出销钉 6，从凹模 5 上取下卸料板 9 和导料板 8。

3）用锤子打出安装在凹模 5 上端面的固定挡料销 1。

（4）模具装配　一般情况下，模具的装配顺序与拆卸顺序正好相反，即先拆的零件后装，后拆的零件先装，由里至外依次完成每个零件的装配。各模板的装配应先打入销钉，再插入并拧紧紧固螺钉；模柄 15 在压入上模座 12 之后，应打入防转销 16 防转。装配时应注意零件之间的装配关系及装配位置。

3. 模具的结构分析

1）详细列出所拆单工序模上全部零件的名称、数量及所用的材料；若选用的是标准件，则需列出标准代号，见表 3-2。

表 3-2 单工序模零件明细表

序号	名 称	数量	材 料	标 准	备 注
1	固定挡料销	1	45	JB/T 7649. 10—2008	A6
2	下模座	1	HT200	GB/T 2855. 2—2008	63 × 63 × 25
3	螺钉	4	45	GB/T 70. 1—2008	M5 × 28
4	销钉	2	45	GB/T 119. 2—2000	A5 × 40
5	凹模	1	Cr12		60 ~ 64HRC
6	销钉	2	45	GB/T 119. 2—2000	A4 × 30
7	导柱	1	20	GB/T 2861. 1—2008	A16h5 × 100
8	导料板	2	45		43 ~ 48HRC
9	卸料板	1	Q235		
10	螺钉	4	45	GB/T 70. 1—2008	M5 × 20
11	导套	1	20	GB/T 2861. 3—2008	A16H6 × 60 × 18
12	上模座	1	HT200	GB/T 2855. 1—2008	63 × 63 × 20
13	销钉	2	45	GB/T 119. 2—2000	A5 × 30
14	螺钉	4	45	GB/T 70. 1—2008	M5 × 28
15	模柄	1	Q235	JB/T 7646. 1—2008	A20 × 60
16	防转销	1	45	GB/T 119. 2—2000	A4 × 8
17	垫板	1	45		43 ~ 48HRC
18	凸模固定板	1	Q235		
19	凸模	1	Cr12		58 ~ 62HRC
20	导套	1	20	GB/T 2861. 3—2008	A18H6 × 60 × 18
21	导柱	1	20	GB/T 2861. 1—2008	A18h5 × 100

2）分析模具的结构组成及工作过程。图 3-1 所示为一副导柱式单工序落料模。其工作零件分别为凸模 19 和凹模 5；定位零件为两个导料板 8 和固定挡料销 1；卸料零件为一块固定卸料板 9；导向零件为导柱 7、21 和导套 11、20，并靠导柱和导套的间隙配合（H6/h5）保证凸、凹模间隙的均匀性；模具的模架采用中间滑动导柱模模架，包括下模座 2、上模座 12、导柱 7、21 和导套 11、20，并采用不同尺寸的导柱和导套来防止上、下模的误装操作。

该模具的凸模 19 采用台肩式固定方法固定于凸模固定板 18，凹模 5 用螺钉 3 和销钉 4 紧固于下模座 2，固定卸料板 9 用螺钉 10 和销钉 6 紧固于下模部分，模柄 15 压入上模座 12。

该模具工作时，条料由前向后沿导料板 8 送入模具，导料板 8 对条料的送进起导向作用，固定挡料销 1 用来控制条料的送进步距，完成冲裁后的冲件靠凸模 19 下端面从凹模 5 的漏料孔依次推出。开模时，固定卸料板 9 刮下箍在凸模 19 上的料边废料。

4. 绘制单工序模结构简图

利用绘图软件，完成所拆单工序模的结构简图绘制，如图 3-1 所示。要求投影正确，视图选择和配置恰当，模具结构表达清楚，画法符合机械制图国家标准，制图规范。零件序号与零件明细表（见表 3-2）对应。

【学生工作页】

表 3-3　任务一学生工作页（项目3）

班级		姓名		学号		组号	
任务名称	单工序模拆装与结构分析						
任务资讯	识读任务						
	必备知识						
任务计划	原材料准备	牌号	规格	数量	技术要求		
	资料准备						
	设备准备						
	劳动保护准备						
	工具准备						
	方案制订						
决策情况							
任务实施							
检查评估							
任务总结							

【教学评价】

采用自检、互检、专检的方式检查学生模具拆装的学习效果，即学生完成本学习任务后，先自检，再互检，最后由指导教师进行专检。另外，指导教师应在学生实际操作过程中巡回指导，及时检查并纠正学生操作中的错误。最后根据学生的任务完成质量和在本任务中的表现作出综合评价。检查项目及内容见表3-4，任务完成情况的评分标准见表3-5。

表 3-4　任务一成绩评定表（项目3）

姓名			班级		学号	
任务名称		单工序模拆装与结构分析				
考评类别	序号	考评项目	分值	考核办法	评价结果	得 分
平时考核	1	出勤情况	5	教师点名，组长检查		
	2	答题质量	10	教师评价		
	3	小组活动中的表现	10	学生、小组、教师三方共同评价		
技能考核	4	任务完成情况	50	学生自检，小组交叉互检，教师终检		
	5	安全操作情况	10	自检、互检和专检		

（续）

姓名			班级		学号	
任务名称		单工序模拆装与结构分析				
考评类别	序号	考评项目	分值	考核办法	评价结果	得 分
素质考核	6	产品图样的读图能力	5	自检、互检和专检		
	7	个人任务独立完成能力	5	自检、互检和专检		
	8	团队成员间协作表现	5	自检、互检和专检		
合计			100	任务一总得分		

教师＿＿＿＿＿＿、＿＿＿＿＿＿　　　　日期＿＿＿＿＿＿

表 3-5　任务一完成情况评分标准（项目 3）

项目	序号	任务要求	配分	评分标准	检测结果	得分
任务完成情况	1	模具拆装方案正确	5			
	2	零件明细表填写正确	10			
	3	零件配合关系判断及配合尺寸测量正确	5			
	4	模具结构及动作过程表述正确	10			
	5	模具结构简图中零件位置及装配关系表达清楚	20			
		总分	50		总得分	

【思考与练习】

1. 冲压模具有哪些基本结构类型？一般冲压模具的组成零件有哪些类型？
2. 什么是单工序模具？单工序模具的三种结构形式各有什么特点？
3. 有导向的单工序模具中，导向装置的作用是什么？
4. 导板式单工序模具中的导板与凸模是什么配合？其间隙值与凸、凹模的间隙值相比，哪个更小？
5. 冲压模具的拆卸和装配常用哪些工具？
6. 采用螺钉、销钉紧固的模具零件拆卸和装配时的正确操作顺序是什么？

任务二　级进模拆装与结构分析

【工作任务】

本任务要求在指导教师的级进模结构讲解和拆装操作过程演示的基础上，学生利用模具拆装工具对指定的级进模（如图 3-5 所示）进行拆卸和装配，以了解级进模的结构及零件的装配关系。可借助一些必要的量具，对模具的轮廓尺寸及零件之间的配合关系进行实测。最后，在充分了解级进模的结构组成、工作过程、零件的作用以及装配关系的基础上，利用计算机绘制所拆级进模的结构简图。

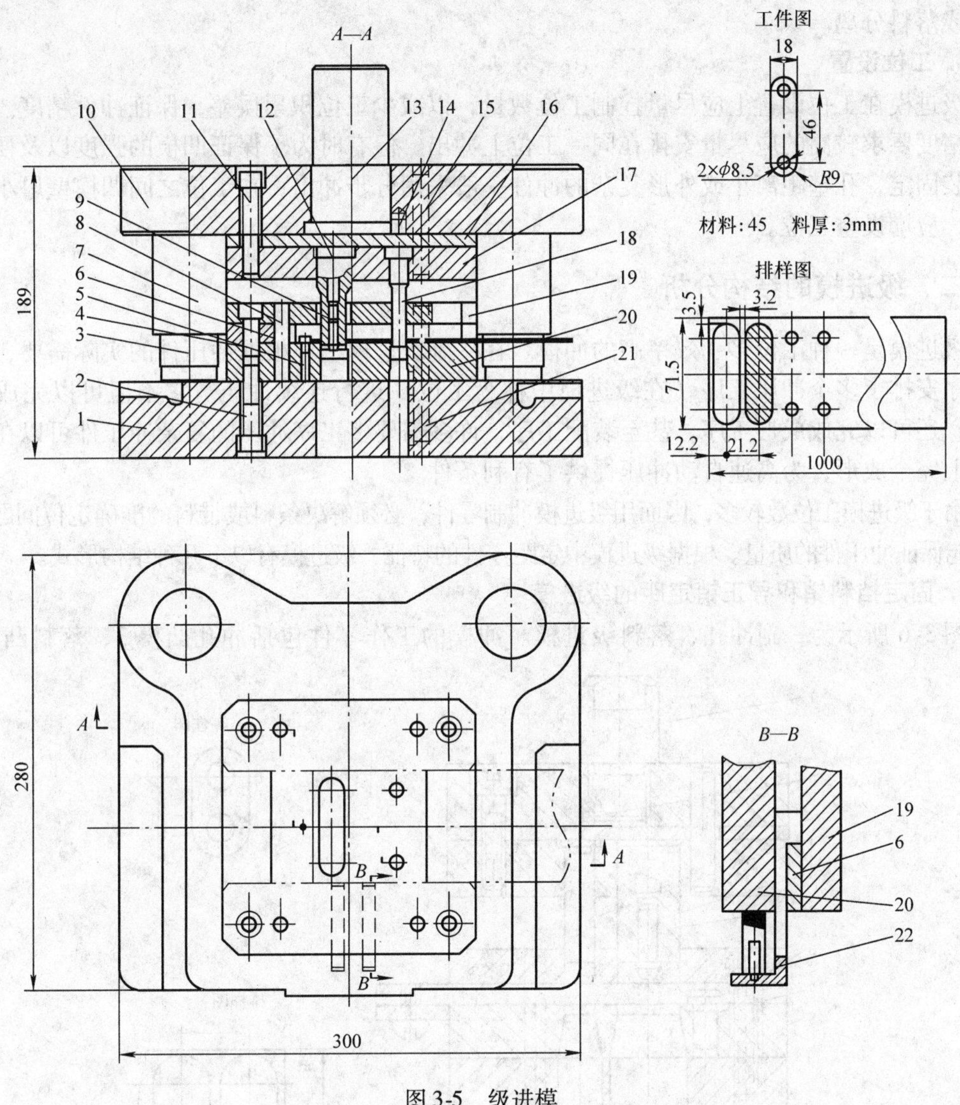

图3-5　级进模

1—下模座　2、4、11—螺钉　3—导柱　5—固定挡料销　6—导料板　7—导套　8、15、21—销钉　9—导正销　10—上模座　12、18—凸模　13—模柄　14—防转销　16—垫板　17—凸模固定板　19—卸料板　20—凹模　22—始用挡料销

【知识准备】

一、级进模工位排列基本原则

1. 排列数

级进模的工位排列数根据产量、零件的形状与尺寸、模具制造与维修水平以及材料利用率等确定。对于产量大、形状简单且尺寸小、材料利用率高的零件，模具制造与维修水平高的级进模，可采用双排或多排；否则，应采用单排。

2. 工序顺序安排

原则上宜先安排冲孔、切口及切槽等冲裁工序，再安排弯曲、拉深及成形等工序，最后切断或落料分离。

3. 工位设置

级进模在工位设置上应尽量控制工位数量，以减少工位积累误差，保证冲件精度。对于孔距精度要求较高的应尽量安排在同一工位上冲出。但有时为了保证凹模的强度以及便于凸模安装固定，孔壁距离小或外形复杂的冲件一般采用分步冲出；在工位之间凹模壁厚小的情况下，应增设空工位。

二、级进模的结构分析

级进模是一种工位多、效率高的冲模。在一副级进模上，根据冲压件的实际需要，按一定顺序安排了多个冲压工序（在级进模中称为工位）进行连续冲压。它不但可以完成冲裁工序，还可以完成成形工序，甚至装配工序，许多需要多工序冲压的复杂冲压件可以在一副模具上完全成形，为高速自动冲压提供了有利条件。

由于级进模工位数较多，因而用级进模冲制零件，必须解决条料或带料的准确定位问题，才有可能保证冲压件的质量。根据级进模中定距零件的特征，级进模有以下几种结构形式。

1. 固定挡料销和导正销定距的级进模

图 3-6 所示为一副冲孔、落料级进模。冲模的工作零件包括冲孔凸模 3、落料凸模 4、

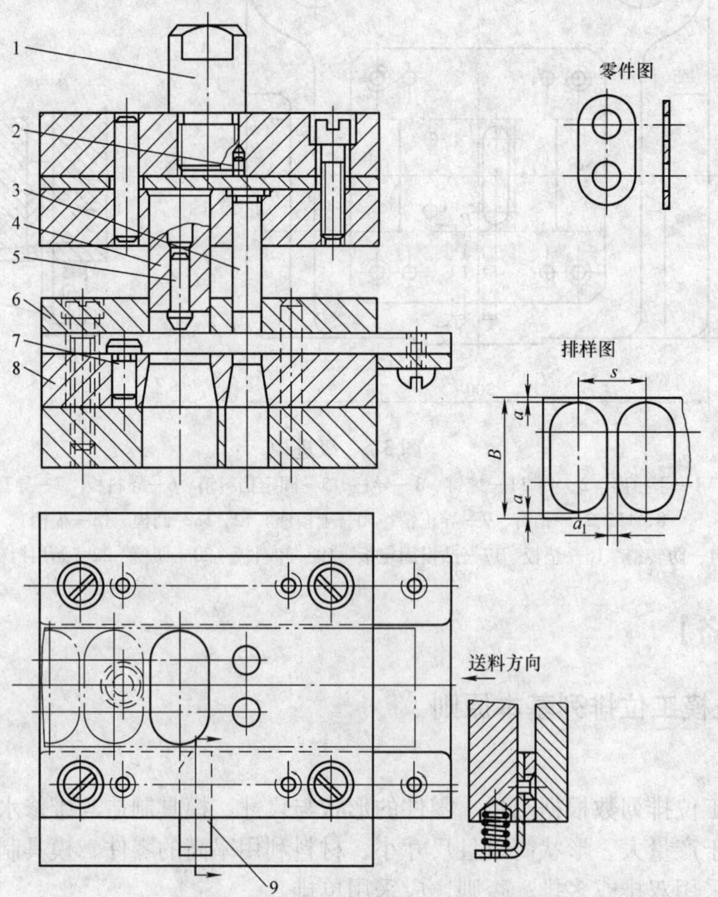

图 3-6　挡料销和导正销定距的级进模

1—模柄　2—螺钉　3—冲孔凸模　4—落料凸模　5—导正销　6—导板兼导料板　7—固定挡料销　8—凹模　9—始用挡料销

凹模 8，定位零件包括导料板 6（与导板为一整体）、始用挡料销 9、固定挡料销 7、导正销 5。工作时，以始用挡料销限定条料的初始位置，进行冲孔。始用挡料销在弹簧作用下复位后，条料再送进一个步距，以固定挡料销定位，落料时以装在落料凸模端面上的导正销进行精确定位，以保证零件上的冲孔与外圆的相对位置精度。在落料的同时，在冲孔工位上又冲出孔，这样连续进行冲裁直至条料或带料冲完为止。采用这种级进模，当冲压件的形状不适合用导正销定位时（如孔径太小或孔距太小等），可在条料的废料部分冲出工艺孔，利用装在凸模固定板上的导正销进行导正。

级进模一般都有导向装置，该模具是用导板 6 与凸模间隙配合导向，并用导板进行卸料。

为了便于操作，进一步提高生产率，可采用自动挡料销定位或自动送料装置加定位零件定位。图 3-7 所示为一种具有自动挡料的级进模。自动挡料销装置由挡料杆 3、冲搭边的凸模 1 和凹模 2 组成。冲孔和落料的两次送进，由两个始用挡料销分别定位，第三次及以后送进由自动挡料装置定位。由于挡料杆始终不离开凹模的上平面，所以送料时，挡料杆挡住搭边，在冲孔、落料的同时，凸模 1 和凹模 2 把搭边冲出一个缺口，使条料可以继续送进一个步距，从而起到自动挡料的作用。在实际生产中，还有其他结构形式的自动送料装置。另外，该模具设有侧压装置，通过侧压簧片 5 和侧压板 4 的作用，把条料压向对边，使条料送进方向更为准确。

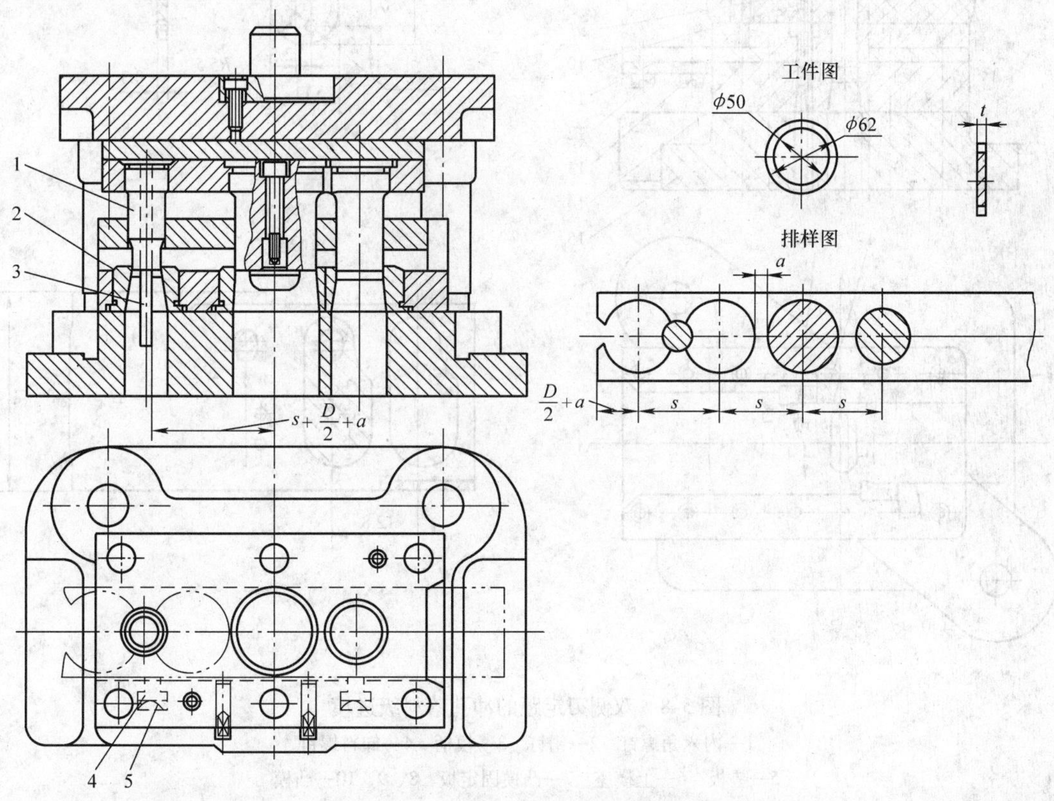

图 3-7　具有自动挡料装置的级进模

1—凸模　2—凹模　3—挡料杆　4—侧压板　5—侧压簧片

2. 侧刃定距的级进模

图 3-8 所示为双侧刃定距的冲孔落料级进模。它以侧刃 16 代替了始用挡料销、挡料销和导正销控制条料送进距离（进距或俗称步距）。侧刃是特殊功用的凸模，其作用是在压力机每次冲压行程中，沿条料边缘切下一块长度等于步距的料边。由于沿送料方向上，在侧刃前后，两导料板间距不同，前宽后窄形成一个凸肩，所以条料上只有切去料边的部分方能通过，通过的距离即等于步距。采用两个侧刃前后对角排列形式有利于减少料尾损耗，尤其是工位较多的级进模。此外，由于该模具冲裁的板料较薄（0.5mm），又是侧刃定距，所以需要采用弹压卸料代替刚性卸料。

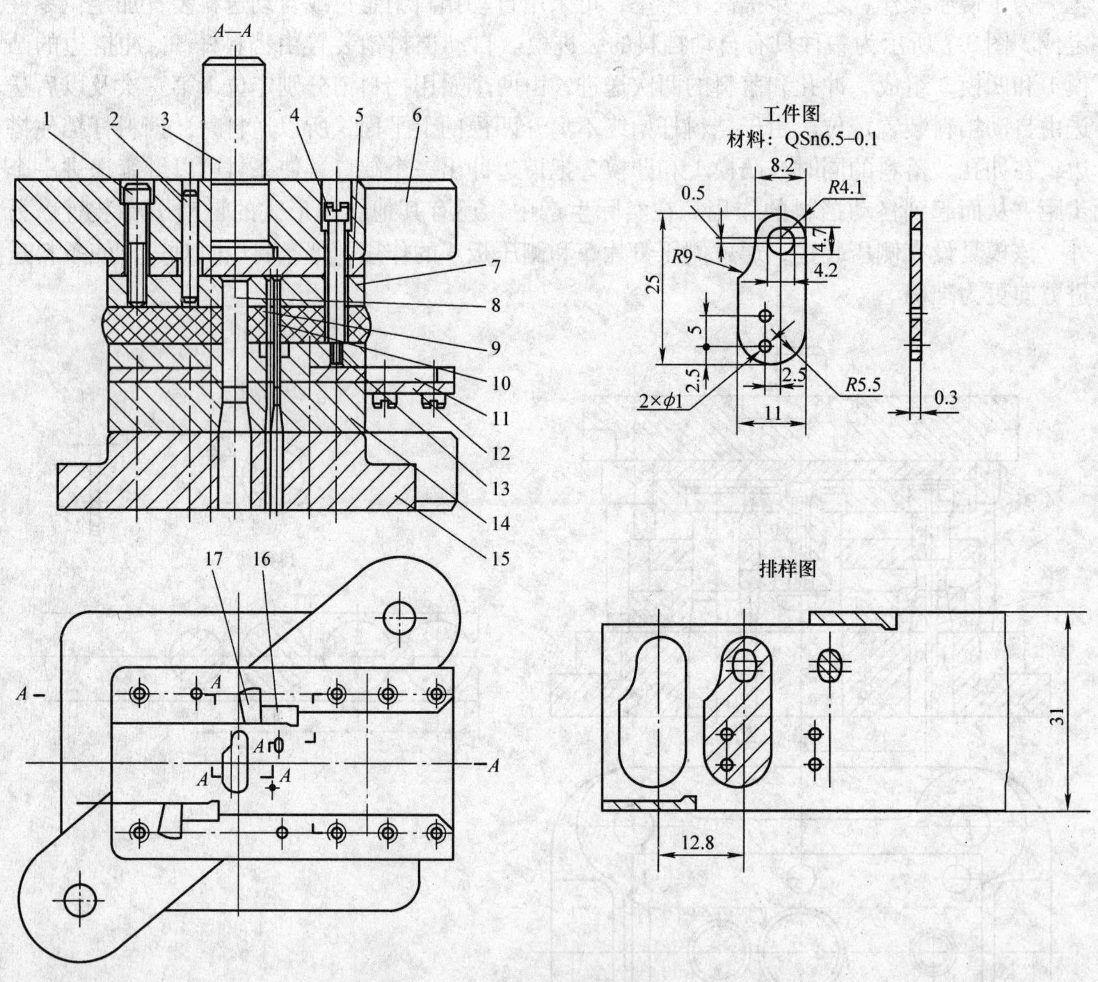

图 3-8　双侧刃定距的冲孔落料级进模

1—内六角螺钉　2—销钉　3—模柄　4—卸料螺钉
5—垫板　6—上模座　7—凸模固定板　8、9、10—凸模
11—导料板　12—承料板　13—卸料板　14—凹模
15—下模座　16—侧刃　17—侧刃挡块

图3-9所示为侧刃定距的弹压导板式级进模，该模具除了具有上述侧刃定距级进模的特点外，还具有如下特点：

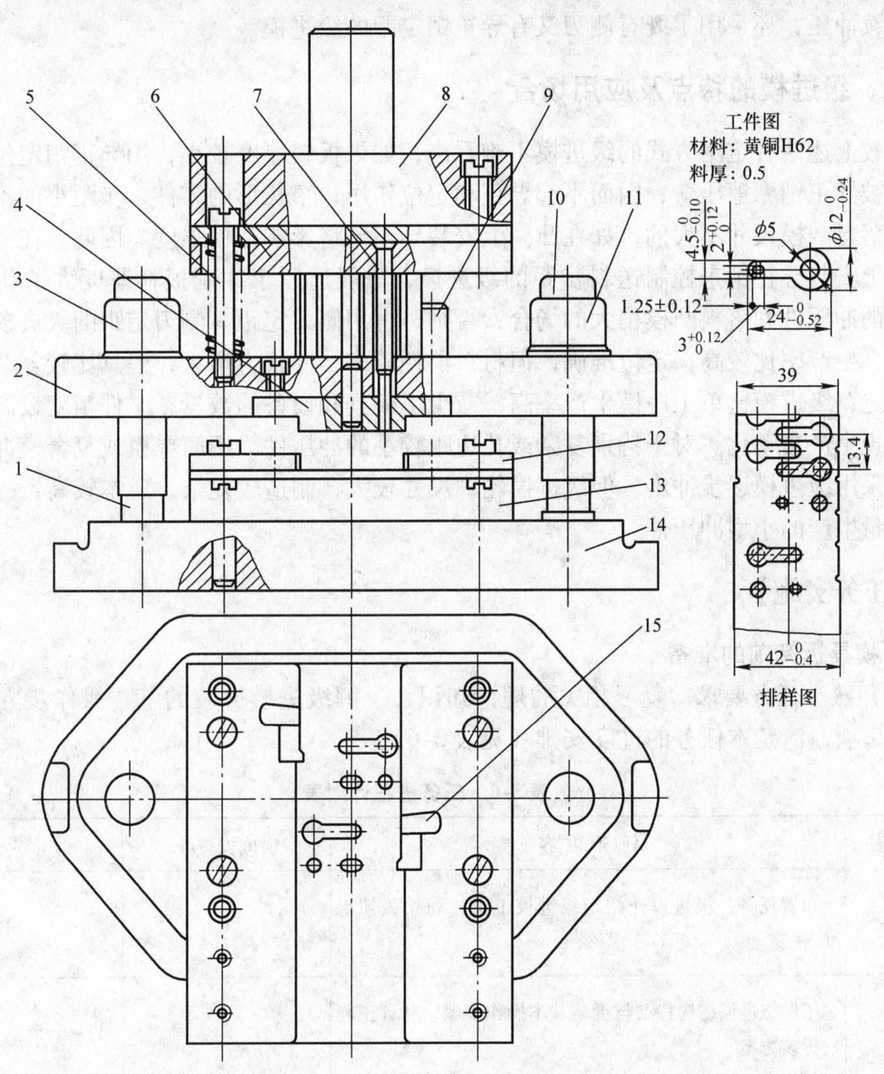

图3-9　侧刃定距的级进模

1、10—导柱　2—弹压导板　3、11—导套　4—导板镶块　5—卸料螺钉　6—凸模固定板　7—凸模　8—上模座　9—限位柱　12—导料板　13—凹模　14—下模座　15—侧刃挡块

1）凸模以装在弹压卸料板2中的导板镶块4导向，弹压卸料板以导柱1、10导向，导向准确，可保证凸模与凹模正确配合，并且加强了凸模纵向的稳定性，避免小凸模产生纵弯曲。

2）凸模与固定板为间隙配合（H7/h6或H8/h7），凸模装配调整和更换较方便。

3）弹压导板用卸料螺钉与上模连接，加上凸模与固定板是间隙配合，因此能消除压力机导向误差对模具的影响，对延长模具的寿命有利。

4）冲裁排样采用直对排，一次冲裁获得两个零件，但两件的落料工位离开一定距离，以增强凹模强度，也便于加工和装配。

这种模具用于冲压零件尺寸小而复杂、需要保护凸模的场合。

除以上两种基本定距方式的级进模外，在冲压生产中，对于精度要求高的冲压件和多工位的连续冲压，还采用了既有侧刃又有导正销定距的级进模。

三、级进模的特点及应用场合

比较上述两种定距方式的级进模不难看出，如果板料厚度较小，用导正销定位时孔的边缘可能被导正销摩擦压弯，因而不起导正和定位作用；窄长形的零件，步距小的不宜安装挡料销；落料凸模尺寸不大的，如在凸模上安装导正销将影响凸模强度。因此，在挡料销加落料凸模上安装导正销来控制送料步距的级进模，一般适用于冲制板料厚度大于0.3mm、材料较硬的冲压件和落料凸模稍大的场合；否则，宜用侧刃定距。侧刃定距的级进模不存在上述问题，生产率比较高，定位准确，但材料消耗较多，冲裁力增大，模具比较复杂。

总之，级进模比单工序模生产率高，减少了模具和设备的数量，工件精度较高，便于操作和实现生产自动化。对于特别复杂或孔边距较小的冲压件，用简单模或复合模冲制有困难时，可采用级进模逐步冲出。但级进模轮廓尺寸较大，制造较复杂，成本较高，一般适用于大批大量生产的小型冲压件。

【任务实施】

1. 模具拆卸前的准备

（1）熟悉任务要求　复习相关的理论知识，了解级进模拆装的基本操作步骤及安全操作注意事项，清楚本任务的进度安排（见表3-6）。

表3-6　任务进程计划表

序　号	任务内容	时间安排/h	备　注
1	布置任务，级进模介绍与级进模工位排列相关知识准备	1	讲解
2	了解级进模结构特点与拆装基本操作步骤，制订正确的拆装方案	2	讲解、演示、学生讨论
3	拆卸和装配级进模，了解级进模组成零部件，分析级进模结构及动作原理	3	训练
4	绘制级进模结构简图	2	训练

（2）工具准备　领用并清点拆卸和测量所用的工具，将工具摆放整齐。

1）工具：台虎钳、锤子、铜棒、螺钉旋具及内六角扳手等。

2）量具：钢直尺、游标卡尺、千分尺及塞尺等。

（3）仔细观察模具　清理模具外观的尘土及油渍，记住所拆级进模各类零部件的结构特征及名称，明确它们的安装位置及安装方向（位），明确各零部件的位置关系及工作特点。

2. 级进模的拆卸与装配

图3-5所示级进模的拆卸与装配操作步骤如下：

（1）分开上、下模　用铜棒轻轻敲击上、下模座，从导柱3和导套7处将模具分为上、下模两部分，勿使上、下模座平面发生偏斜。

（2）拆卸上模

1）用内六角扳手松开并取出紧固凸模固定板17的螺钉11。

2）用榔头打出销钉15，取下凸模固定板17及垫板16。

3）用台虎钳夹紧凸模固定板17，再用锤子轻轻敲击凸模12、18的端面，取出凸模12、18。

4）用台虎钳夹紧上模座10，然后用锤子敲击模柄13上端面，使模柄13和防转销14从下面退出。

5）从凸模12内退出导正销9。

（3）拆卸下模

1）松开并取出紧固凹模20的螺钉2，用锤子打出销钉21，从下模座1上取下凹模20。

2）松开并取出紧固卸料板19的螺钉4，用锤子打出销钉8，从凹模20上取下卸料板19和导料板6。

3）用锤子打出安装在凹模20上端面的固定挡料销5。

（4）模具装配　模具装配按照“先拆的零件后装，后拆的零件先装”的基本装配顺序，由里至外按照正确的装配方法依次完成每个零件的装配。值得注意的是，由于一般级进模零件数量和种类较多，有些零件形状也相似，为避免误装，模具拆卸后最好将每个零件按所属上、下模分开摆放，并按拆卸顺序进行编号。

3. 模具结构分析

1）详细列出所拆级进模上全部零件的名称、数量、用途及所用的材料；若选用的是标准件，则列出标准代号（见表3-7）。

表3-7　级进模零件明细表

序号	名称	数量	材料	标准	备注
1	下模座	1	HT200	GB/T 2855.2—2008	200×200×50
2	螺钉	4	45	GB/T 70.1—2008	M10×45
3	导柱	2	20	GB/T 2861.1—2008	B32h5×160
4	螺钉	4	45	GB/T 70.1—2008	M10×25
5	固定挡料销	1	45	JB/T 7649.10—2008	A8
6	导料板	2	45		43~48HRC
7	导套	2	20	GB/T 2861.3—2008	A32H6×105×43
8	销钉	2	45	GB/T 119.2—2000	A10×50
9	导正销	2	T10A	JB/T 7647.3—2008	C6×22

（续）

序号	名 称	数量	材 料	标 准	备 注
10	上模座	1	HT200	GB/T 2855. 1—2008	200×200×45
11	螺钉	4	45	GB/T 70. 1—2008	M10×55
12	凸模	1	Cr12		58～62HRC
13	模柄	1	Q235	JB/T 7646. 1—2008	A50×105
14	防转销	1	45	GB/T 119. 2—2000	A8×12
15	销钉	2	45	GB/T 119. 2—2000	A10×60
16	垫板	1	45		43～48HRC
17	凸模固定板	1	Q235		
18	凸模	2	Cr12		58～62HRC
19	卸料板	1	Q235		
20	凹模	1	Cr12MoV		62～64HRC
21	销钉	2	45	GB/T 119. 2—2000	A10×80
22	始用挡料销	2	45	JB/T 7649. 1—2008	63×10

2）分析模具结构组成及工作过程。图 3-5 所示为一副固定挡料销和导正销定距的冲孔、落料级进模。其工作零件分别为冲孔凸模 18、落料凸模 12 和凹模 20；定位零件为两个导料板 6、固定挡料销 5、导正销 9 和始用挡料销 22；卸料零件为一块固定卸料板 19；导向零件为导柱 3 和导套 7，并靠导柱和导套的间隙配合（H6/h5）保证凸、凹模间隙的均匀性；模具的模架采用后侧滑动导柱模模架，包括下模座 1、上模座 10、导柱 3 和导套 7。

该模具的凸模 12、18 均采用台肩式固定方法固定于凸模固定板 17，凹模 20 采用螺钉 2 和销钉 21 紧固于下模座 1，固定卸料板 19 用螺钉 4 和销钉 21 紧固于下模部分，模柄 13 压入上模座 10。

该模具工作时，条料由右向左沿导料板 6 送入模具，导料板 6 对条料的送进起导向作用，用始用挡料销 22 限定条料的初始位置，进行冲孔。始用挡料销 22 在弹簧作用下复位后，条料再送进一个步距 21. 2mm，为了减少条料上冲件之间的废料损耗、保证凹模刃口强度以及便于凸模安装固定，仍以始用挡料销定位，但不完成任何工序（空工位）。然后条料继续送进一个步距，以固定挡料销 5 粗定位，用安装在落料凸模下端面上的导正销 9 插入已冲出的孔内，实现精定位（以保证冲件上两个孔与外轮廓的相对位置精度），进行落料。完成冲裁后的冲件和冲孔废料分别靠落料凸模和冲孔凸模的下端面从凹模 20 的漏料孔依次推出，开模时固定卸料板 19 刮下箍在凸模 12、18 上的料边废料。

4. 绘制级进模结构简图

利用绘图软件，完成所拆级进模的结构简图绘制，如图 3-5 所示。要求投影正确，视图选择和配置恰当，模具结构表达清楚，画法符合机械制图国家标准。零件序号与零件明细表（见表 3-7）对应。

【学生工作页】

表 3-8　任务二学生工作页（项目 3）

班级		姓名		学号		组号	
任务名称	级进模拆装与结构分析						
任务资讯	识读任务						
	必备知识						
任务计划	原材料准备	牌号	规格	数量	技术要求		
	资料准备						
	设备准备						
	劳动保护准备						
	工具准备						
	方案制订						
决策情况							
任务实施							
检查评估							
任务总结							

【教学评价】

本任务采用自检、互检、专检的方式检查学生模具拆装的学习效果，即学生完成本任务后，先自检，再互检，最后由指导教师进行专检。另外，指导教师应在学生实际操作过程中巡回指导，及时检查并纠正学生操作中的错误。最后根据学生的任务完成质量和在本任务中的表现作出综合评价。检查项目及内容见表 3-9，任务完成情况的评分标准见表 3-10。

表 3-9　任务二成绩评定表（项目 3）

姓名			班级		学号	
任务名称		级进模拆装与结构分析				
考评类别	序号	考评项目	分值	考核办法	评价结果	得 分
平时考核	1	出勤情况	5	教师点名，组长检查		
	2	答题质量	10	教师评价		
	3	小组活动中的表现	10	学生、小组、教师三方共同评价		
技能考核	4	任务完成情况	50	学生自检，小组交叉互检，教师终检		
	5	安全操作情况	10	自检、互检和专检		

（续）

姓名			班级		学号	
任务名称	级进模拆装与结构分析					
考评类别	序号	考评项目	分值	考核办法	评价结果	得 分
素质考核	6	产品图样的读图能力	5	自检、互检和专检		
	7	个人任务独立完成能力	5	自检、互检和专检		
	8	团队成员间协作表现	5	自检、互检和专检		
合计			100	任务二总得分		

教师＿＿＿＿＿＿、＿＿＿＿＿＿　　　　日期＿＿＿＿＿＿

表 3-10　任务二完成情况评分标准（项目 3）

项目	序号	任务要求	配分	评分标准	检测结果	得分
任务完成情况	1	模具拆装方案正确	5			
	2	零件明细表填写正确	10			
	3	零件配合关系判断及配合尺寸测量正确	5			
	4	模具结构及动作过程表述正确	10			
	5	模具结构简图中零件位置及装配关系表达清楚	20			
		总分	50		总得分	

【思考与练习】

1. 什么是级进模？级进模相对其他基本类型的冲压模具有什么特点？
2. 级进模的定距方式有哪些？各应用在什么场合？
3. 简述挡料销与导正销定距的级进模的冲压过程。
4. 简述侧刃定距的级进模的冲压过程。
5. 在挡料销与导正销定距的级进模中，导正销和始用挡料销的作用分别是什么？
6. 级进模中的凸模有哪些固定方法？
7. 级进模工位排列的基本原则有哪些？
8. 如何判断级进模的工位数？
9. 侧刃定距式级进模中，一般使用几个侧刃？侧刃前后对角排列的优点是什么？
10. 通过级进模拆装操作训练，谈一谈在级进模拆装过程中应该注意些什么。

任务三　复合模拆装与结构分析

【工作任务】

本任务要求在指导教师的复合模结构讲解和拆装操作过程演示的基础上，学生利用模具拆装工具对指定的复合模（见图 3-10）进行拆卸和装配，以了解复合模的结构及零件的装配关系。可借助一些必要的量具，对模具的轮廓尺寸及零件之间的配合关系进行实测。最后，在充分了解复合模的结构组成、工作过程、零件的作用以及装配关系的基础上，利用计算机绘制所拆复合模的结构简图。

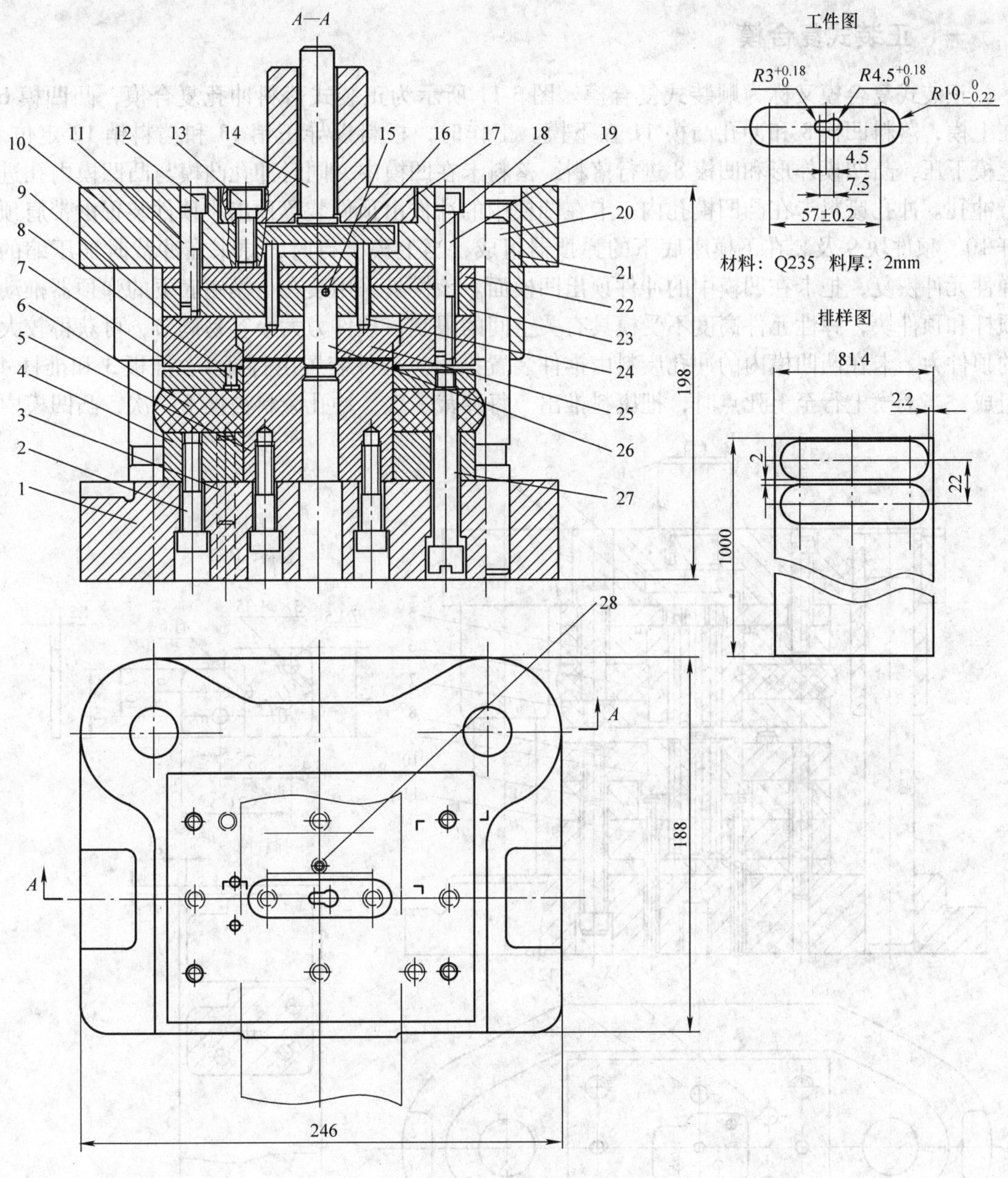

图 3-10　复合模

1—下模座　2、12、13、19—螺钉　3、11、18—销钉　4—凸凹模固定板　5—凸凹模　6—橡胶弹性体　7—卸料板　8—导料销　9—落料凹模　10—上模座　14—打杆　15—横销　16—推板　17—凸缘模柄　20—导柱　21—导套　22—垫板　23—凸模固定板　24—推杆　25—推件块　26—冲孔凸模　27—卸料螺钉　28—挡料销

【知识准备】

复合模是一种多工序的冲模，它在结构上的主要特征是有一个既是落料凸模又是冲孔凹

模的凸凹模。按照复合模工作零件的安装位置不同，分为正装式复合模和倒装式复合模两种。

一、正装式复合模

正装式复合模又称为顺装式复合模。图 3-11 所示为正装式落料冲孔复合模，凸凹模 6 在上模，落料凹模 8 和冲孔凸模 11 在下模。工作时，板料以导正销 13 和挡料销 12 定位。上模下压，凸凹模外形和凹模 8 进行落料，落料卡在凹模中，同时冲孔凸模与凸凹模内孔进行冲孔。冲孔废料卡在凸凹模孔内。卡在凹模中的冲件由顶件装置顶出。顶件装置由带肩顶杆 10、顶件块 9 及装在下模座底下的弹顶器组成，当上模上行时，原来在冲裁时被压缩的弹性元件恢复，把卡在凹模中的冲件顶出凹模面。该模具采用装在下模座底下的弹顶器推动顶杆和顶件块，弹性元件高度不受模具有关空间的限制，顶件力大小容易调节，可获得较大的顶件力。卡在凸凹模内的冲孔废料由推件装置推出。推件装置由打杆 1、推板 3 和推杆 4 组成。当上模上行至上死点时，把废料推出。每冲裁一次，冲孔废料被推下一次，凸凹模内

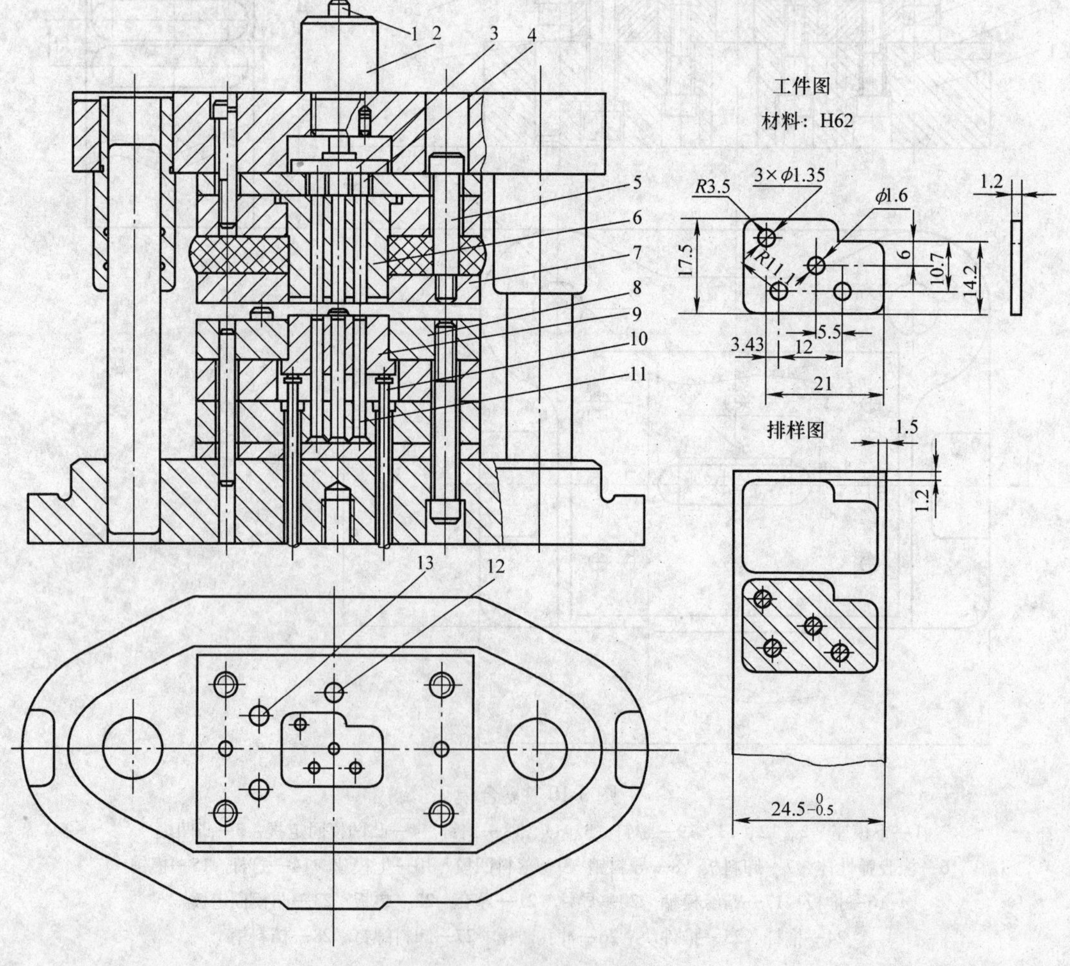

图 3-11　正装式复合模

1—打杆　2—模柄　3—推板　4—推杆　5—卸料螺钉　6—凸凹模　7—卸料板　8—落料凹模　9—顶件块　10—带肩顶杆　11—冲孔凸模　12—挡料销　13—导正销

孔不积存废料，胀力小，不易破裂。但冲孔废料落在下模工作面上，清除废料麻烦，尤其是孔较多时。边料由弹压卸料装置卸下，由于采用固定挡料销和导正销，在卸料板上需钻出让位孔，或采用活动导正销或挡料销。

从上述工作过程可以看出，正装式复合模工作时，板料是在压紧的状态下分离，冲出的冲件平直度较好。但由于弹顶器和弹压卸料装置的作用，分离后的冲件容易被嵌入边料中影响操作，从而影响了生产率。

二、倒装式复合模

图3-12所示为倒装式复合模。凸凹模18装在下模，落料凹模17和冲孔凸模14、16装

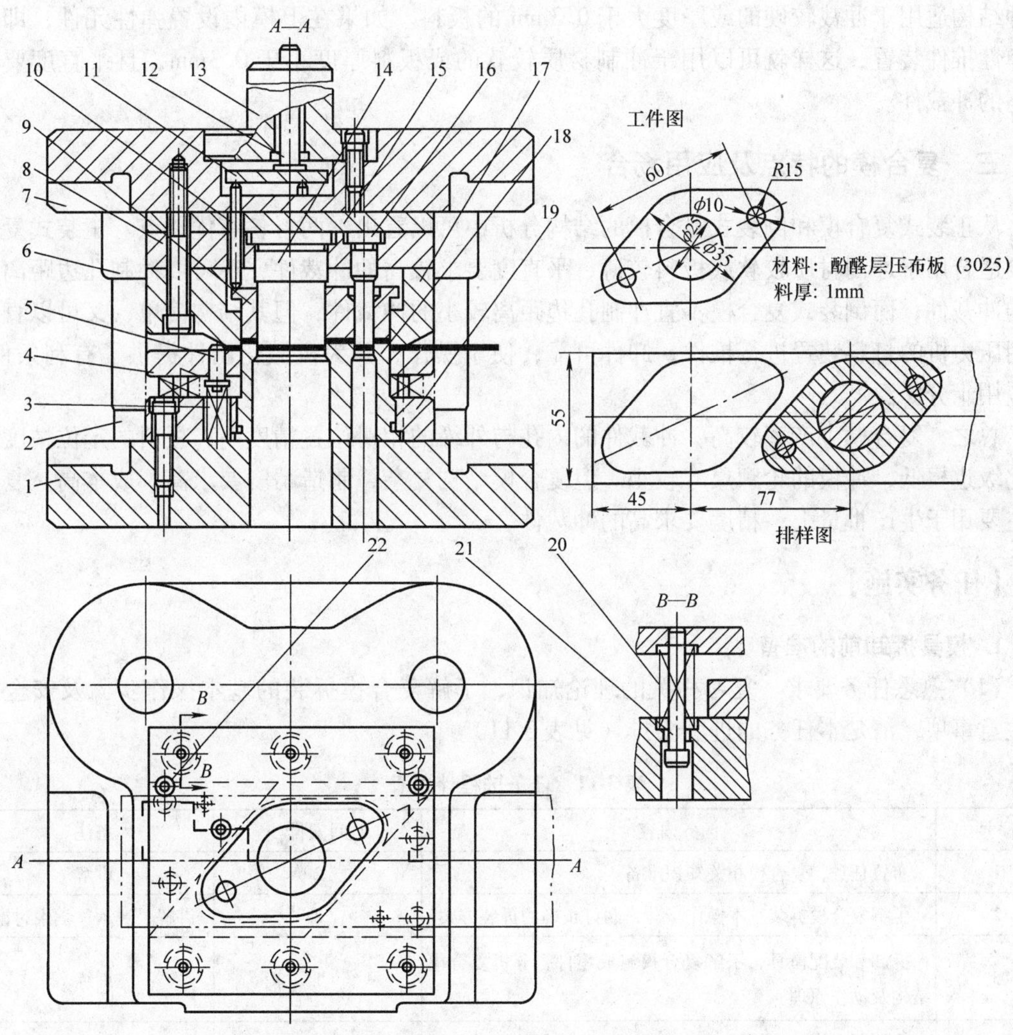

图3-12　倒装式复合模

1—下模座　2—导柱　3、20—弹簧　4—卸料板　5—活动挡料销　6—导套　7—上模座　8—凸模固定板　9—推件块　10—连接推杆　11—推板　12—打杆　13—模柄　14、16—冲孔凸模　15—垫板　17—落料凹模　18—凸凹模　19—固定板　21—卸料螺钉　22—导正销

在上模。

倒装式复合模通常采用刚性推件装置把卡在凹模中的冲件推下，刚性推件装置由打杆12、推板11、连接推杆10和推件块9组成。冲孔废料直接由冲孔凸模从凸凹模内孔推下，无顶件装置，结构简单，操作方便。但如果采用直刃壁凹模洞口，凸凹模内有积存废料，张力较大，当凸凹模壁厚较小时，可能导致凸凹模破裂。

板料的定位靠导正销22和弹簧弹顶的活动挡料销5来实现。非工作行程时，挡料销5由弹簧3顶起，可供定位；工作时挡料销被压下，上端面与板料平齐。由于采用弹簧顶挡料销装置，所以在凹模上不必钻相应的让位孔。但实践证明，这种挡料装置的工作可靠性较差。

采用刚性推件的倒装式复合模，板料不是处在被压紧的状态下冲裁，因而平直度不高。这种结构适用于冲裁较硬的或厚度大于0.3mm的板料。如果在上模内设置弹性元件，即采用弹性推件装置，这样就可以用于冲制材质较软的或板料厚度小于0.3mm，且平直度要求较高的冲裁件。

三、复合模的特点及应用场合

从正装式复合模和倒装式复合模的结构分析中可以看出，两者各有优缺点。正装式复合模较适合用于冲制材质较软或板料较薄、平直度要求较高的冲裁件，还可以冲制孔边距离较小的冲裁件；而倒装式复合模不宜冲制孔边距离较小的冲裁件，但其结构简单，又可以直接利用压力机的打料装置进行推件，卸件可靠，便于操作，并为机械化出件提供了有利条件，故应用十分广泛。

总之，复合模生产率较高，冲裁件的内孔与外缘的相对位置精度高，板料的定位精度要求比级进模低，冲模的轮廓尺寸较小。但复合模结构复杂，制造精度要求高，成本高。复合模主要用于生产批量大、精度要求高的冲裁件。

【任务实施】

1. 模具拆卸前的准备

（1）熟悉任务要求　复习相关的理论知识，了解复合模拆装的基本操作步骤及安全操作注意事项，清楚本任务的进度安排（见表3-11）。

表3-11　任务进程计划表

序号	任务内容	时间安排/h	备注
1	布置任务，复合模相关知识准备	2	讲解
2	了解复合模拆装基本操作步骤，制订正确的拆装方案	2	讲解、演示、学生讨论
3	拆卸和装配模具，了解复合模组成零件，分析复合模结构及动作原理	1	训练
4	绘制复合模结构简图	3	训练

（2）工具准备　领用并清点拆卸和测量所用的工具，将工具摆放整齐。

1）工具：台虎钳、锤子、铜棒、螺钉旋具及内六角扳手等。

2）量具：钢直尺、游标卡尺、千分尺及塞尺等。

(3) 仔细观察模具　清理模具外观的尘土及油渍，记住所拆复合模各类零件的结构特征及名称，明确它们的安装位置及安装方向（位），明确各零件的位置关系及其工作特点。

2. 复合模的拆卸与装配

图3-10所示复合模的拆卸与装配操作步骤如下：

(1) 分开上、下模　用铜棒轻轻敲击上、下模座，从导柱20和导套21处将模具分为上、下模两部分，勿使上、下模座平面发生偏斜。

(2) 拆卸上模

1）用内六角扳手松开并取出紧固落料凹模9的螺钉19。

2）用锤子打出销钉18，取下凹模9，并取出推杆24和推件块25。

3）用内六角扳手松开并取出紧固凸模固定板23的螺钉12，并用锤子打出销钉11，取下凸模固定板23和垫板22。

4）用内六角扳手松开并取出紧固凸缘模柄17的螺钉13，取出凸缘模柄17、打杆14及推板16。

5）用台虎钳夹紧凸模固定板23，然后用锤子轻轻敲击冲孔凸模26的下端面，使冲孔凸模26从凸模固定板23中退出，并取出固定凸模的横销15，至此完成上模的拆卸。

(3) 拆卸下模

1）松开并取出卸料螺钉27，取下卸料板7及橡胶6。

2）松开并取出螺钉2，用锤子打出销钉3，从下模座1上取下凸凹模固定板4。

3）用内六角扳手松开并取出固定凸凹模5的螺钉2，取下凸凹模5。如果凸凹模在凸凹模固定板内采用铆接或粘结等一次性固定方法，可不必将凸凹模与凸凹模固定板分开。

4）用锤子打出安装在卸料板7上端面的挡料销28和两个导正销8，完成下模部分的拆卸。

(4) 模具装配

模具装配按照“先拆的零件后装，后拆的零件先装”的基本装配顺序，由里至外按照正确的装配方法依次完成每个零件的装配。

3. 模具结构分析

1）详细列出所拆复合模上全部零件的名称、数量、用途及所用的材料。若选用的是标准件则列出标准代号（见表3-12）。

表3-12　复合模零件明细表

序号	名　称	数量	材　料	标　准	备　注
1	下模座	1	HT200	GB/T 2855.2—2008	160×125×35
2	螺钉	6	45	GB/T 70.1—2008	M10×45
3	销钉	2	45	GB/T 119.2—2000	A10×40
4	凸凹模固定板	1	Q235		
5	凸凹模	1	Cr12		60~64HRC

（续）

序号	名 称	数量	材 料	标 准	备 注
6	橡胶弹性体	1	聚氨酯橡胶	JB/T 7650. 9—1995	
7	卸料板	1	Q235		
8	导正销	2	45	JB/T 7649. 9—2008	6 × 14
9	落料凹模	1	Cr12		60 ~ 64HRC
10	上模座	1	HT200	GB/T 2855. 1—2008	160 × 125 × 35
11	销钉	2	45	GB/T 119. 2—2000	A10 × 40
12	螺钉	2	45	GB/T 70. 1—2008	M10 × 40
13	螺钉	4	45	GB/T 70. 1—2008	M10 × 25
14	打杆	1	45	JB/T 7650. 1—2008	43 ~ 48HRC
15	横销	1	45	GB/T 119. 2—2000	A4 × 16
16	推板	1	45		43 ~ 48HRC
17	凸缘模柄	1	Q235	JB/T 7646. 3—2008	B50 × 100
18	销钉	2	45	GB/T 119. 2—2000	A10 × 60
19	螺钉	4	45	GB/T 70. 1—2008	M10 × 60
20	导柱	2	20	GB/T 2861. 1—2008	B25h5 × 130
21	导套	2	20	GB/T 2861. 3—2008	A25H6 × 85 × 33
22	垫板	1	45		43 ~ 48HRC
23	凸模固定板	1	Q235		
24	推杆	2	45		43 ~ 48HRC
25	推件块	1	45		43 ~ 48HRC
26	冲孔凸模	1	Cr12		56 ~ 60HRC
27	卸料螺钉	4	45	JB/T 7650. 6—2008	M10 × 80
28	挡料销	1	45	JB/T 7649. 9—2008	6 × 14

2）分析模具结构组成及其工作过程。图 3-10 所示为一副倒装式冲孔、落料复合模。其工作零件分别为冲孔凸模 26、落料凹模 9 和凸凹模 5（安装在模具的下模部分）；定位零件为两个导正销 8 和挡料销 28；卸料装置为弹压式卸料装置，包括卸料板 7、橡胶弹性体 6 及卸料螺钉 27；刚性推件装置由打杆 14、推板 16、推杆 24 和推件块 25 组成；导向零件为导柱 20 和导套 21，靠间隙配合（H6/h5）保证凸、凹模间隙的均匀性；该模具的模架采用后侧滑动导柱模模架，包括下模座 1、上模座 10、导柱 20 和导套 21。

该模具的冲孔凸模 26 采用横销固定方法固定于凸模固定板 23，落料凹模 9 用螺钉 19 和销钉18紧固于上模座10，凸凹模5采用螺钉固定于凸凹模固定板4，卸料板7用卸料螺钉27和下模部分连接，模柄17为凸缘式模柄，用螺钉13和上模座10连接。

该模具工作时，条料由前向后沿导正销8送入模具，安装在条料左侧的两个导正销8对条料的送进起导向作用，挡料销28用来控制条料的送进步距。上模下压，弹压式卸料装置中的橡胶弹性体6压缩，从而使卸料板7压紧条料；凸凹模5的内孔与冲孔凸模26进行冲孔，冲孔废料由冲孔凸模直接从凸凹模5的内孔推下；同时，凸凹模5的刃口外形和落料凹模9的刃口进行落料，落下的冲件卡在落料凹模9内。开模时，安装在下模部分的弹压卸料装置中被压缩的橡胶弹性体6恢复，使卸料板7由下向上卸除箍在凸凹模5上的条料边废料；冲件靠刚性推件装置在上模上行至上死点时从落料凹模9内推出。

4. 绘制模具结构简图

利用绘图软件，完成所拆复合模的结构简图绘制，如图3-10所示。要求投影正确，视图选择和配置恰当，模具结构表达清楚，画法符合机械制图国家标准。零件序号与零件明细表（见表3-12）对应。

【学生工作页】

表3-13　任务三学生工作页（项目3）

<table>
<tr><td>班级</td><td></td><td>姓名</td><td></td><td>学号</td><td></td><td>组号</td><td></td></tr>
<tr><td>任务名称</td><td colspan="7">复合模拆装与结构分析</td></tr>
<tr><td rowspan="2">任务资讯</td><td>识读任务</td><td colspan="6"></td></tr>
<tr><td>必备知识</td><td colspan="6"></td></tr>
<tr><td rowspan="7">任务计划</td><td rowspan="2">原材料准备</td><td>牌号</td><td>规格</td><td>数量</td><td>技术要求</td><td></td><td></td></tr>
<tr><td></td><td></td><td></td><td></td><td></td><td></td></tr>
<tr><td>资料准备</td><td colspan="6"></td></tr>
<tr><td>设备准备</td><td colspan="6"></td></tr>
<tr><td>劳动保护准备</td><td colspan="6"></td></tr>
<tr><td>工具准备</td><td colspan="6"></td></tr>
<tr><td>方案制订</td><td colspan="6"></td></tr>
<tr><td>决策情况</td><td colspan="7"></td></tr>
<tr><td>任务实施</td><td colspan="7"></td></tr>
<tr><td>检查评估</td><td colspan="7"></td></tr>
<tr><td>任务总结</td><td colspan="7"></td></tr>
</table>

【教学评价】

本任务采用自检、互检、专检的方式检查学生模具拆装的学习效果，即学生完成本任务后，先自检，再互检，最后由指导教师进行专检。另外，指导教师应在学生实际操作过程中巡回指导，及时检查并纠正学生操作中的错误。最后根据学生的任务完成质量和在本任务中的表现作出综合评价。检查项目及内容见表3-14，任务完成情况的评分标准见表3-15。

表 3-14　任务三成绩评定表（项目 3）

姓名			班级		学号	
任务名称	复合模拆装与结构分析					
考评类别	序号	考评项目	分值	考核办法	评价结果	得 分
平时考核	1	出勤情况	5	教师点名，组长检查		
	2	答题质量	10	教师评价		
	3	小组活动中的表现	10	学生、小组、教师三方共同评价		
技能考核	4	任务完成情况	50	学生自检，小组交叉互检，教师终检		
	5	安全操作情况	10	自检、互检和专检		
素质考核	6	产品图样的读图能力	5	自检、互检和专检		
	7	个人任务独立完成能力	5	自检、互检和专检		
	8	团队成员间协作表现	5	自检、互检和专检		
合计			100	任务二总得分		

教师＿＿＿＿＿、＿＿＿＿＿　　　　　　　　日期＿＿＿＿＿

表 3-15　任务三完成情况评分标准（项目 3）

项目	序号	任务要求	配分	评分标准	检测结果	得分
任务完成情况	1	模具拆装方案正确	5			
	2	零件明细表填写正确	10			
	3	零件配合关系判断及配合尺寸测量正确	5			
	4	模具结构及动作原理表述正确	10			
	5	模具结构简图中零件位置及装配关系表达清楚	20			
		总分	50		总得分	

【思考与练习】

1. 什么是复合模？复合模相对其他基本类型的冲压模具有什么特点？主要应用在什么场合？
2. 正装复合模与倒装复合模结构如何区分？
3. 倒装复合模比正装复合模结构简单，为什么？
4. 正装复合模和倒装复合模各应用在什么场合？
5. 复合模中的出件、除料装置有哪些？分别由哪些零件组成？
6. 复合模中定位零件的选择和级进模有什么不同？
7. 通过复合模拆装操作训练，谈一谈在复合模拆装过程中应该注意些什么。

项目 4　冲压模具设计

任务一　冲裁模设计

【学习目标】

知识目标

1. 了解冲裁变形规律、冲裁件质量及其影响因素。

2. 掌握冲裁件工艺性分析与冲裁工艺的设计方法，掌握冲裁模间隙确定、刃口尺寸计算、排样设计、冲裁力计算及压力中心确定等工艺计算。

3. 掌握冲裁模具零部件的设计方法。

4. 了解弯曲变形特点及影响弯曲件质量的因素。

5. 掌握弯曲工艺计算方法、弯曲工艺性分析及工序安排方法。

6. 了解弯曲模典型结构及特点，掌握弯曲模工作部分的设计方法。

7. 了解拉深变形特点及拉深件质量影响因素。

8. 掌握拉深工艺性分析与工序安排方法，掌握拉深工艺计算方法。

9. 了解拉深模典型结构及特点，掌握拉深模工作部分的设计方法及标准零件的选用。

10. 了解模具标准，掌握模具零部件设计及模具标准的应用方法。

11. 掌握冲压模具设计的方法和步骤。

12. 掌握模具装配图、零件图的绘制方法及冲压工序卡片的填写方法。

技能目标

1. 能判断各种冲压件的冲压成形方法。

2. 能进行冲压件的工艺性分析、并制订合理的冲压工艺方案。

3. 会确定冲裁模间隙，会计算凸凹模刃口尺寸，能合理设计排样，会计算冲裁力，能确定模具压力中心。

4. 能正确分析冲裁件、弯曲件及拉深件的常见质量问题，并提出控制质量的合理措施。

5. 能正确地进行冲压件的工艺计算，初步具备冲压工艺设计和一般复杂程度的冲压模设计的能力。

6. 能通过查阅模具标准手册设计模具零部件。

7. 能绘制模具装配图及零件图。

8. 能编制冲压设计说明书及冲压工序卡片。

【工作任务】

本任务以图 4-1 所示垫片的冲裁模具设计为载体，综合训练学生初步确定冲裁工艺和设计冲裁模具的能力。

零件名称：垫片

生产批量：100000 件/年

材料：08 钢

料厚：1mm

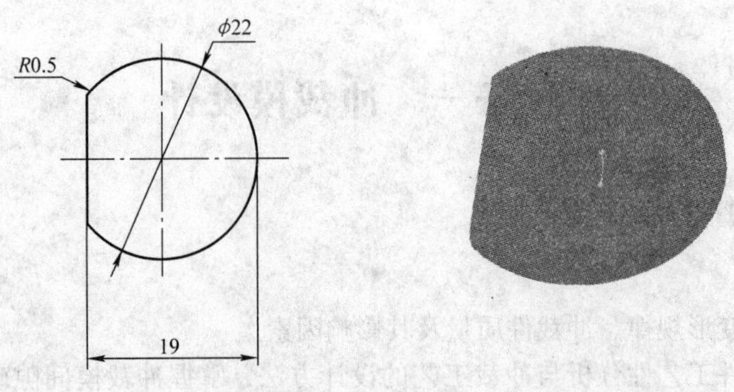

图 4-1　垫片

【知识准备】

冲裁是利用模具使板料沿一定轮廓线产生分离的冲压工序。冲裁所使用的模具称为冲裁模。

根据变形机理不同，冲裁可以分为普通冲裁和精密冲裁两大类。普通冲裁是以凸、凹模之间产生剪切裂纹的形式实现板料的分离；精密冲裁是以塑性变形的形式实现板料的分离。精密冲裁的零件，断面光洁且与板料垂直，精度比较高。本项目主要讨论普通冲裁。图 4-2

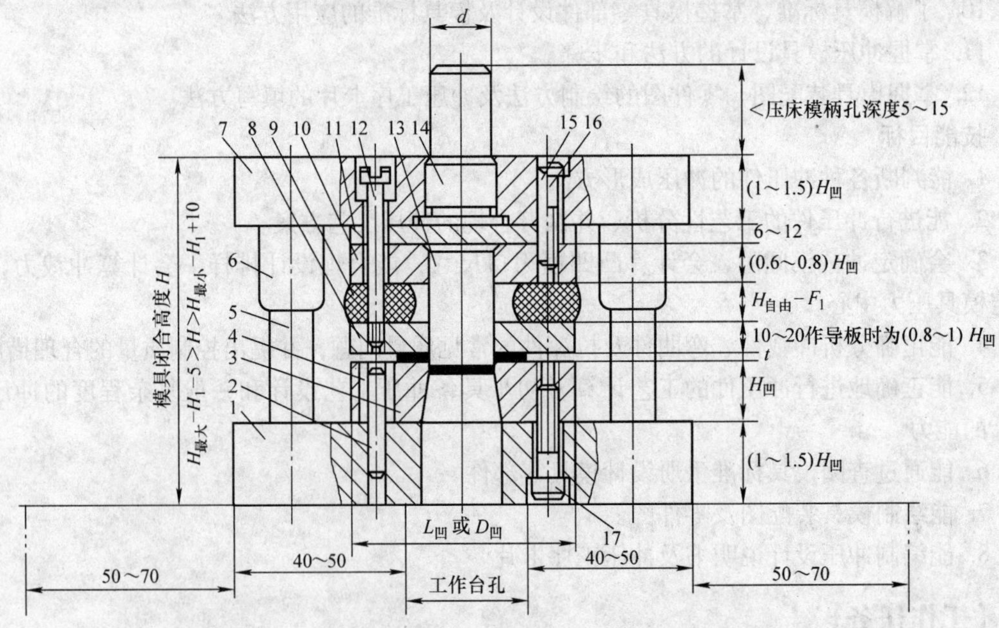

图 4-2　冲裁模典型结构与模具总体设计尺寸关系图

1—下模座　2、15—销钉　3—凹模　4—套　5—导柱　6—导套　7—上模座　8—卸料板　9—橡胶弹性体　10—凸模固定板　11—垫板　12—卸料螺钉　13—凸模　14—模柄　16、17—螺钉

所示的模具是冲压一板状零件的冲裁模典型结构及各部分的相互尺寸关系。

使板料产生分离的冲压工序包括落料、冲孔、切断、切边及剖切等。但一般来说，冲裁主要指落料和冲孔两个工序。从板料上冲下所需形状的零件称为落料，冲下部分为工件；在工件上冲出所需形状的孔叫冲孔，冲下部分为废料。图4-3c所示垫圈即由落料和冲孔两道工序完成。图4-3a所示为落料，图4-3b所示为冲孔，图4-3c所示为最后完成的垫圈产品。

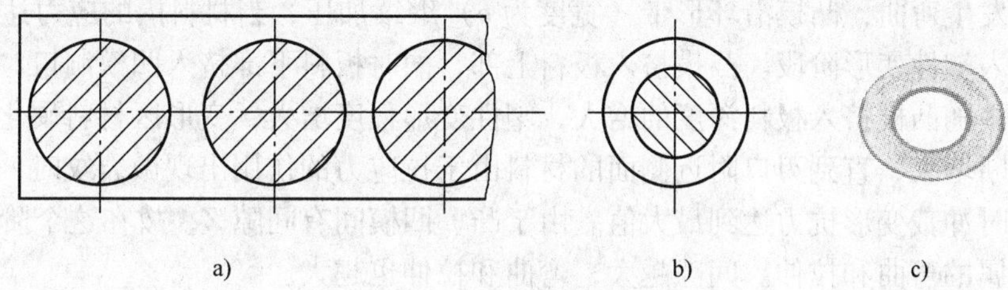

图4-3　垫圈的落料和冲孔
a）落料　b）冲孔　c）产品

落料与冲孔的变形性质完全相同，但在进行模具设计时，模具尺寸的确定方法不同，因此，工艺上必须作为两个工序加以区分。冲裁工艺是冲压生产的主要方法之一，主要有以下用途：

1）直接冲出成品零件。

2）为弯曲、拉深及成形等其他工序备料。

3）对已成形的工件进行再加工。

一、冲裁变形过程

在冲裁过程中，冲裁模的凸、凹模组成上、下刃口，在压力机的作用下，凸模逐渐下降，接触被冲压材料并对其加压，使材料发生变形直至产生分离。

如果模具间隙正常，冲裁变形过程大致可分为如下三个阶段（见图4-4）。

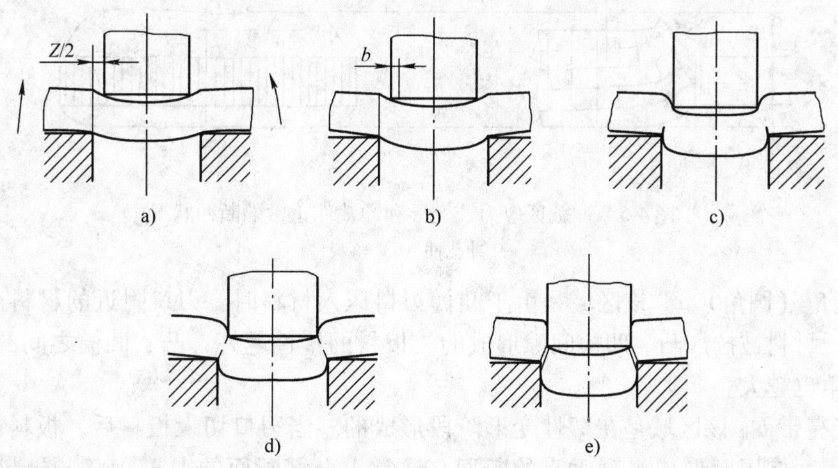

图4-4　垫圈的落料和冲孔

1. 弹性变形阶段（见图4-4a）

在凸模压力下，材料产生弹性压缩、拉伸和弯曲变形，凹模上的板料则向上翘曲，间隙越大，弯曲和上翘越严重。同时，凸模稍许挤入板料上部，板料的下部则略挤入凹模洞口，但材料内的应力未超过材料的弹性极限。

2. 塑性变形阶段（见图4-4b）

因板料发生弯曲，凸模沿环形带（宽度为 b）继续加压，当材料内的应力达到屈服强度时便开始进入塑性变形阶段。凸模挤入板料上部，同时板料下部挤入凹模洞口，形成光亮的塑性剪切面。随凸模挤入板料深度的增大，塑性变形程度增大，变形区材料硬化加剧，冲裁变形抗力不断增大，直到刃口附近侧面的材料由于拉应力的作用出现微裂纹时，塑性变形阶段结束，此时冲裁变形抗力达到最大值。由于凸、凹模间有间隙 Z，故在这个阶段冲裁区还伴随发生金属的弯曲和拉伸。间隙越大，弯曲和拉伸也越大。

3. 断裂分离阶段（见图4-4c～e）

材料微裂纹首先在凹模刃口附近的侧面产生，紧接着在凸模刃口附近的侧面产生。已形成的上、下微裂纹随凸模的继续压入沿最大切应力方向不断向材料内部扩展，当上、下裂纹重合时，板料便被剪断分离。随后，凸模将分离的材料推入凹模洞口。

二、冲裁切断面分析

1. 冲裁件的断面特征

在正常冲裁工作条件下，在凸模刃口产生的剪切裂纹与在凹模刃口产生的剪切裂纹是相互汇合的，这时可得到图4-5所示的冲裁件断面，它具有如下四个特征区。

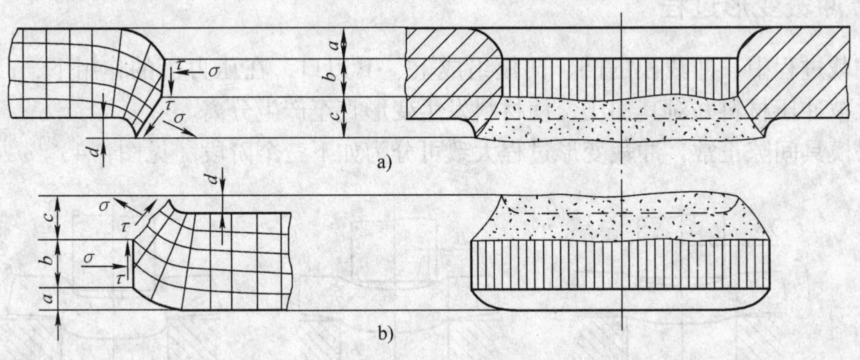

图4-5　冲裁区应力、变形和冲裁件正常的断面状况

a）冲孔件　b）落料件

1）塌角（圆角）a。该区域是由于凸模刃口压入材料时，刃口附近的材料产生弯曲和伸长变形，材料被拉入凸、凹模间隙形成的。板料的塑性越好，凸、凹模之间的间隙越大，形成的塌角也越大。

2）光亮带 b。该区域是在塑性变形阶段形成的。当刃口切入板料后，板料被凸、凹模刃口的侧表面挤压而形成光亮垂直的断面，通常占全部断面的1/3～1/2。板料塑性越好，凸、凹模之间的间隙越小，光亮带的宽度越宽。光亮带通常是零件的测量面，影响零件的尺寸精度。

3）断裂带 c。该区域是在断裂阶段形成的。断裂带紧挨着光亮带，是由刃口附近的微裂纹在拉应力作用下不断向内扩展而形成的撕裂面，断裂带表面粗糙，并带有4°～6°的倾斜角。凸、凹模之间的间隙越大，断裂带越宽，倾斜角越大。

4）毛刺 d。该区域产生于断裂分离阶段初期。其形成是由于在塑性变形阶段后期，凸模和凹模的刃口切入被加工材料一定深度时，刃口正面材料被压缩，刀尖部分是高静压应力状态，使裂纹的起点不会在刀尖处发生，而是在模具侧面距刀尖不远处发生，在拉应力作用下，裂纹扩展，材料断裂而产生毛刺，裂纹的产生点和刃口尖的距离成为毛刺高度。在普通冲裁中毛刺是不可避免的。

冲裁切断面上的塌角、光亮带、断裂带和毛刺四个部分在整个断面上各占的比例不是一成不变的。塑性差的材料，断裂倾向严重，断裂带增宽，而光亮带所占的比例较小，塌角、毛刺也较小。反之，塑性较好的材料，光亮带所占的比例较大，塌角和毛刺也较大，而断裂带则小些。对于同一种材料来说，这四个部分的比例又会随板料的厚度、冲裁间隙、刃口锋利程度、模具结构和冲裁速度等各种冲裁条件的不同而变化。

2. 冲裁件的尺寸精度

冲裁件断面存在区域性特征，在冲裁件尺寸测量和使用中，都是以光面尺寸为基准的。冲裁件的尺寸精度是指冲裁件的实际尺寸与设计尺寸的差值，差值越小，则精度越高。从整个冲裁过程来看，影响冲裁件的尺寸精度有两大方面的因素：一是冲模本身的制造偏差；二是冲裁结束后，冲裁件相对于凸模或凹模尺寸的偏差。

冲裁件的尺寸精度与许多因素有关，如冲模的制造精度、冲裁间隙及材料性能等，其中主要因素是冲裁间隙。

（1）冲模的制造精度　冲模的制造精度对冲裁件尺寸精度有直接影响。冲模的精度越高，在其他条件相同时，冲裁件的精度也越高。一般情况下，冲模的制造精度要比冲裁件的精度高2～4个精度等级。表4-1所示为当冲裁模具有合理间隙与锋利刃口时，其模具制造精度与冲裁件精度的关系。

表4-1　冲裁件精度

冲模制造精度	材料厚度 t/mm										
	0.5	0.8	1.0	1.5	2	3	4	5	6	8	10	12
IT6～IT7	IT8	IT8	IT9	IT10	IT10	—	—	—	—	—	—	—
IT7～IT8	—	IT9	IT10	IT10	IT12	IT12	IT12	—	—	—	—	—
IT9	—	—	—	IT12	IT12	IT12	IT12	IT12	IT14	IT14	IT14	IT14

（2）冲裁间隙　冲裁件产生尺寸偏差的原因，是由于冲裁时材料所受的挤压变形、纤维伸长和翘曲变形都要在冲裁结束后产生弹性回复，当落料件从凹模内推出或冲孔件从凸模上卸下时，相对于凸、凹模尺寸就会产生偏差。影响这个偏差值的因素有：间隙、材料性能、工件形状与尺寸等，其中间隙值起主导作用。

当间隙过大时，板料在冲裁过程中除受剪切外，还产生较大的拉伸与弯曲变形，冲裁后材料弹性回复使冲裁件向实际方向收缩。对于落料件，其尺寸将会小于凹模尺寸；对于冲孔件，其尺寸将会大于凸模尺寸。

当间隙过小时，板料在冲裁过程中除受剪切作用外，还会受到较大的挤压作用，冲裁后，材料的弹性回复使冲裁件尺寸向实体的反方向胀大。对于落料件，其尺寸将会大于凹模尺寸；对于冲孔件，其尺寸将会小于凸模尺寸。

当间隙适当时，在冲裁过程中，板料的变形区在比较纯的剪切作用下被分离，使落料件的尺寸等于凹模尺寸，冲孔件尺寸等于凸模尺寸。

(3) 材料性能　材料性能直接决定了该材料在冲裁过程中的弹性变形量。对于比较软的弹性材料，弹性变形较小，冲裁后的弹性回复值亦较小，因而冲裁件的精度较高；较硬的材料则正好相反。

3. 冲裁件的形状误差

冲裁件的形状误差会引起翘曲、扭曲及变形等缺陷。

1）翘曲：冲裁件呈曲面不平现象。它是由于间隙过大、弯矩增大、变形拉伸和弯曲成分增多而造成的。另外，材料的各向异性和卷料未矫正也会产生翘曲。

2）扭曲：冲裁件呈扭歪现象。它是由于材料的不平、间隙不均匀以及凹模后角对材料摩擦不均匀等造成的。

3）变形：由于坯料的边缘冲孔或孔距太小等原因，因胀形而产生的。

三、冲裁间隙

冲裁间隙是指冲裁模中凸、凹模刃口之间的间隙。凸模与凹模每一侧的间隙，称为单边间隙，用 $Z/2$ 表示；两侧间隙之和称为双面间隙，用 Z 表示。冲裁间隙一般都指双面间隙。

冲裁间隙的数值等于凸、凹模刃口尺寸的差值，如图4-6所示，即

$$Z = D_d - d_P \quad (4\text{-}1)$$

式中　D_d——凹模刃口尺寸；

d_P——凸模刃口尺寸。

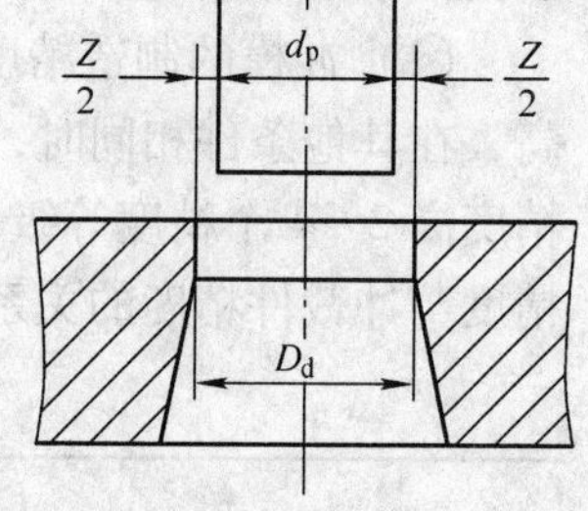

图4-6　冲裁间隙

1. 间隙对冲裁力的影响

间隙很小时，材料变形区的压应力和摩擦力增强，材料的变形抗力增加，冲裁力变大。反之，间隙越大，材料变形区的拉应力成分也越大，使材料的变形抗力降低，冲裁力减小。但试验证明：当单面间隙在材料厚度的5%～20%时，冲裁力降低不多，不超过5%～10%。

间隙对卸料力和推件力的影响比较显著。间隙越小，变形区中的材料弹性回复量就越大，使冲孔尺寸变小，落料尺寸变大，因此，卸料力和推件力增加。当间隙增大时，由于材料弹性回复的作用，使冲孔尺寸增大，落料尺寸减小。一般当单面间隙增大到料厚的10%～20%时，卸料力几乎减小为零。

2. 间隙对模具寿命的影响

模具寿命分为刃磨寿命和模具总寿命。刃磨寿命是用两次刃磨之间的合格冲件数表示的。总寿命用到模具失效为止总的合格冲件数来表示。冲裁件的失效形式一般有磨损、变形、崩刃、折断和胀裂。

在冲裁过程中，由于材料的弯曲变形，材料对模具的反作用力主要集中在凸、凹模刃口

部分。如果间隙小，那么垂直冲裁力和侧向挤压力将增大，摩擦力也增大；且间隙小时，光面变宽，摩擦距离增长，发热较严重，所以小间隙将使凸、凹模刃口的端面和侧面磨损加剧，甚至使模具与材料之间产生黏结现象，严重时会发生崩刃。另外，小间隙因落料件堵塞在凹模洞口的胀力也大，容易产生凹模胀裂。小间隙还易产生小凸模折断等异常现象。

为了提高模具寿命，一般需选用较大的间隙。若采用小间隙，就必须提高模具硬度、精度，减小模具的表面粗糙度，提高模具的润滑，以减小磨损。

3. 间隙值的确定

根据上述分析可知，冲裁间隙对冲件质量、冲裁力与模具寿命等都有很大的影响。在设计模具时一定要确定一个合理的间隙值，从而提高冲件的断面质量、尺寸精度、模具寿命和减小冲裁力。但冲裁间隙对各因素影响的规律不同，因此，不可能存在一个间隙同时满足工件质量、模具寿命和冲裁力的要求。在实际生产中，通常选择一个适当的范围作为合理间隙。在此范围内，可以获得合格的冲裁件。这个范围的最小值称为最小合理间隙（Z_{min}），最大值称为最大合理间隙（Z_{max}）。考虑到在生产过程中的磨损使间隙变大，故设计与制造模具时应采用最小合理间隙。

确定合理间隙的方法有理论确定法和经验确定法。

（1）理论确定法　理论确定法的主要依据是保证凸、凹模刃口处产生的上、下裂纹相互重合，以便获得良好的断面质量。图4-7所示为冲裁过程中开始产生裂纹的瞬时状态，根据图中的几何关系，可得出合理间隙的计算公式为

$$Z = 2t(1 - h_0/t)\tan\beta \qquad (4\text{-}2)$$

式中　t——材料厚度；

h_0——产生裂纹时凸模切入材料的深度；

h_0/t——产生裂纹时凸模切入材料的相对深度；

β——裂纹角。

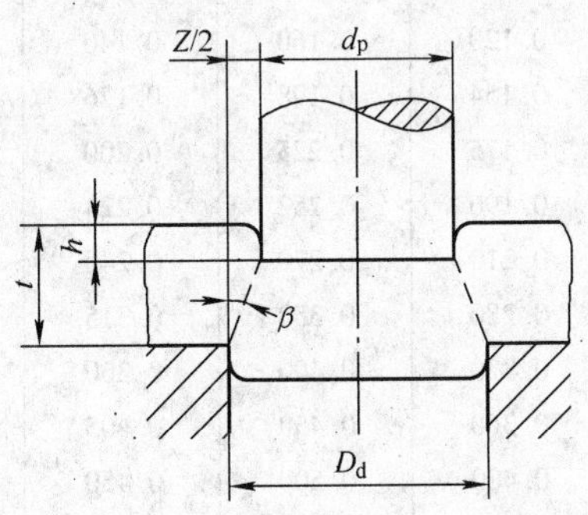

图4-7　理论间隙计算图

由式（4-2）可以看出，合理间隙与材料厚度、相对切入深度及裂纹角有关，而相对切入深度及裂纹角又与材料性能有关，见表4-2。因此，影响间隙值的主要因素是材料性能和厚度：厚度越大、性能越差的材料，其合理间隙值就越大；反之，厚度越薄、性能越好的材料，其合理间隙值就越小。

由于理论计算法在生产中使用不方便，主要用来分析间隙与上述几个因素之间的关系。在实际生产中广泛采用经验数据来确定间隙值。

表 4-2　部分材料的 h_0/t 与 β 值

材　料	h_0/t		β	
	退火	硬化	退火	硬化
软钢、纯铜、软黄铜	0.5	0.35	6°	5°
中硬钢、硬黄铜	0.3	0.2	5°	4°
硬钢、硬青铜	0.2	0.1	4°	4°

（2）经验确定法　经验确定法是根据经验数据来确定间隙值。

表 4-3　冲裁模初始双面间隙 Z　（单位：mm）

材料厚度	软铝		纯铜、黄铜、硅钢片 $w_C=(0.08\sim0.2)\%$		锻铝、中等硬钢 $w_C=(0.3\sim0.4)\%$		硬钢 $w_C=(0.5\sim0.6)\%$	
	Z_{min}	Z_{max}	Z_{min}	Z_{max}	Z_{min}	Z_{max}	Z_{min}	Z_{max}
0.2	0.008	0.012	0.010	0.014	0.012	0.016	0.014	0.018
0.3	0.012	0.018	0.015	0.021	0.018	0.024	0.021	0.027
0.4	0.016	0.024	0.020	0.028	0.024	0.032	0.028	0.036
0.5	0.020	0.030	0.025	0.035	0.030	0.040	0.035	0.045
0.6	0.024	0.036	0.030	0.042	0.036	0.048	0.042	0.054
0.7	0.028	0.042	0.035	0.049	0.042	0.056	0.049	0.063
0.8	0.032	0.048	0.040	0.056	0.048	0.064	0.056	0.072
0.9	0.036	0.054	0.045	0.063	0.054	0.072	0.063	0.081
1.0	0.040	0.060	0.050	0.070	0.060	0.080	0.070	0.090
1.2	0.050	0.084	0.072	0.096	0.084	0.108	0.096	0.120
1.5	0.075	0.105	0.090	0.120	0.105	0.135	0.120	0.150
1.8	0.090	0.126	0.108	0.144	0.126	0.162	0.144	0.180
2.0	0.100	0.140	0.120	0.160	0.140	0.180	0.160	0.200
2.2	0.132	0.176	0.154	0.198	0.176	0.220	0.198	0.242
2.5	0.150	0.200	0.175	0.225	0.200	0.250	0.225	0.275
2.8	0.168	0.224	0.196	0.252	0.224	0.280	0.252	0.308
3.0	0.180	0.240	0.210	0.270	0.240	0.300	0.270	0.330
3.5	0.245	0.315	0.280	0.350	0.315	0.385	0.350	0.420
4.0	0.280	0.360	0.320	0.400	0.360	0.440	0.400	0.480
4.5	0.315	0.405	0.360	0.450	0.405	0.490	0.450	0.540
5.0	0.350	0.450	0.400	0.500	0.450	0.550	0.500	0.600
6.0	0.480	0.600	0.540	0.660	0.600	0.720	0.660	0.780
7.0	0.560	0.700	0.630	0.770	0.700	0.840	0.770	0.910
8.0	0.720	0.880	0.800	0.960	0.880	1.040	0.960	1.120
9.0	0.870	0.990	0.900	1.080	0.990	1.170	1.080	1.260
10.0	0.900	1.100	1.000	1.200	1.100	1.300	1.200	1.400

注：1. 初始间隙值的最小值相当于间隙的公称数值。

2. 初始间隙的最大值是考虑凸模和凹模的制造公差所增加的数值。

3. 在使用过程中，由于模具工作部分的磨损，间隙将有所增加，因而间隙的使用最大数值要超过表列数值。

表4-4　冲裁模初始双面间隙Z　　（单位：mm）

材料厚度	08、10、35、09Mn2、Q235		16Mn		40、50		65Mn	
	Z_{min}	Z_{max}	Z_{min}	Z_{max}	Z_{min}	Z_{max}	Z_{min}	Z_{max}
小于0.5	极小间隙							
0.5	0.040	0.060	0.040	0.060	0.040	0.060	0.040	0.060
0.6	0.048	0.072	0.048	0.072	0.048	0.072	0.048	0.072
0.7	0.064	0.092	0.064	0.092	0.064	0.092	0.064	0.092
0.8	0.072	0.104	0.072	0.104	0.072	0.104	0.064	0.092
0.9	0.090	0.126	0.090	0.126	0.090	0.126	0.090	0.126
1.0	0.100	0.140	0.100	0.140	0.100	0.140	0.090	0.126
1.2	0.126	0.180	0.132	0.180	0.132	0.180		
1.5	0.132	0.240	0.170	0.240	0.170	0.240		
1.75	0.220	0.320	0.220	0.320	0.220	0.320		
2.0	0.246	0.360	0.260	0.380	0.260	0.380		
2.1	0.260	0.380	0.280	0.400	0.280	0.400		
2.5	0.360	0.500	0.380	0.540	0.380	0.540		
2.75	0.400	0.560	0.420	0.600	0.420	0.600		
3.0	0.460	0.640	0.480	0.660	0.480	0.660		
3.5	0.540	0.740	0.580	0.780	0.580	0.780		
4.0	0.640	0.880	0.680	0.920	0.680	0.920		
4.5	0.720	1.000	0.680	0.960	0.680	1.040		
5.5	0.940	1.280	0.780	1.100	0.780	1.320		
6.0	1.080	1.440	0.840	1.200	0.980	1.500		

注：1. 初始间隙值的最小值相当于间隙的公称数值。
2. 初始间隙的最大值是考虑凸模和凹模的制造公差所增加的数值。
3. 在使用过程中，由于模具工作部分的磨损，间隙将有所增加，因而间隙的使用最大数值要超过表列数值。
4. 冲裁皮革、石棉和纸板时，间隙取08钢的25%。

应当指出，满足所有要求的合理间隙是不存在的，必须经过综合分析有所取舍。对于尺寸精度、断面质量要求高的冲件应选用较小间隙值（见表4-3），这时冲裁力与模具寿命作为次要因素考虑；对于尺寸精度和断面质量要求不高的冲件，在满足冲件要求的前提下，应以降低冲裁力、提高模具寿命为主，选用较大间隙值（见表4-4），其优点是凹模可采用直壁刃口结构，加工方便，顶件力、冲裁力小，顶件装置简单。

四、凸、凹模刃口尺寸的计算

冲裁件的尺寸精度主要决定于模具的合理间隙，模具的合理间隙必须靠凸、凹模刃口尺寸来保证。因此，正确确定凸、凹模刃口尺寸及公差，是设计冲裁模的主要任务之一。

1. 凸、凹模刃口尺寸的计算原则

凸、凹模刃口尺寸和公差的确定，直接影响冲裁生产的技术经济效果，是冲裁模设计的重要环节，必须根据冲裁的变形规律、冲模的磨损规律和经济的合理性综合考虑，注意以下几个方面：

（1）凸、凹模刃口尺寸的确定　在冲裁件尺寸的测量和使用中，都是以光面的尺寸为基准，而落料件的光面是由凹模刃口挤切材料产生的，孔的光面是由凸模刃口挤切材料产生的。因此，计算刃口尺寸时，应分别考虑落料和冲孔两种情况：设计落料模时，应以凹模尺寸为基准，间隙取在凸模上，即冲裁间隙通过减小凸模刃口尺寸来取得；设计冲孔模时，应以凸模尺寸为基准，间隙取在凹模上，冲裁间隙通过增大凹模刃口尺寸来取得。

（2）刃口基本尺寸的确定　根据冲模的磨损规律，凹模的磨损使落料件轮廓尺寸增大，因此在设计落料模时，凹模的刃口基本尺寸应取落料件的较小尺寸；凸模的磨损使冲孔件的孔径尺寸减小，因此设计冲孔模时，凸模的刃口基本尺寸应取冲孔件的较大尺寸。

（3）模具间隙的选择　冲裁模在使用中，间隙值由于磨损将不断增大，因此设计时无论是冲孔模还是落料模，冲裁间隙一律采用最小合理间隙值（$Z_{\min}$）。

（4）刃口制造公差值的确定　选择模具刃口制造公差时，要考虑到冲裁件精度与模具精度的关系，既要保证冲裁件的精度要求，又要保证合理的间隙值。一般冲模精度较冲裁件精度高3～4级。对于形状简单的圆形、方形刃口，其制造精度可按IT6～IT7级来选取；对于形状复杂的刃口，制造偏差可按冲裁件相应部位公差值的1/4来选取；对于刃口尺寸磨损后无变化的制造偏差值可取冲裁件相应部位公差值的1/8并冠以（±）；若冲裁件没有标注公差，公差则可按IT14取值。

标注尺寸公差时，落料凹模下极限偏差为零，只标注上极限偏差；冲孔凸模上极限偏差为零，只标注下极限偏差。

2. 凸、凹模刃口尺寸的计算方法

模具刃口尺寸的计算方法分为两种。

1）凸模和凹模分别加工。冲裁件为圆形或简单形状时，采用这种方法，需要分别标注凸、凹模的尺寸和公差。

① 间隙校核。为了保证合理的间隙值，凸、凹模制造偏差必须满足条件

$$\delta_{\mathrm{P}} + \delta_{\mathrm{d}} \leqslant Z_{\max} - Z_{\min} \tag{4-3}$$

如不符合条件，需对凸、凹模制造偏差进行调整。

取

$$\delta_{\mathrm{d}} = 0.6(Z_{\max} - Z_{\min})$$

$$\delta_{\mathrm{P}} = 0.4(Z_{\max} - Z_{\min})$$

② 落料。设落料件外形尺寸为$D_{-\Delta}^{\ 0}$，根据刃口尺寸计算原则，得

$$D_{\mathrm{d}} = (D_{\max} - x\Delta)_{\ 0}^{+\delta_{\mathrm{d}}} \tag{4-4}$$

$$D_{\mathrm{P}} = (D_{\mathrm{d}} - Z_{\min})_{-\delta_{\mathrm{P}}}^{\ 0} \tag{4-5}$$

③ 冲孔。设冲孔件孔径的尺寸为$d_{\ 0}^{+\delta_{\mathrm{d}}}$，根据刃口尺寸计算原则，得

$$d_{\mathrm{P}} = (d_{\min} + x\Delta)_{-\delta_{\mathrm{P}}}^{\ 0} \tag{4-6}$$

$$d_{\mathrm{d}} = (d_{\mathrm{P}} + Z_{\min})_{\ 0}^{+\delta_{\mathrm{d}}} = (d_{\min} + x\Delta + Z_{\min})_{\ 0}^{+\delta_{\mathrm{d}}} \tag{4-7}$$

④ 孔心距。当需一次冲出零件上孔距为$L = \pm\Delta/2$的孔时，凹模型孔中心距L_{d}按下式计算

$$L_{\mathrm{d}} = L \pm \Delta/8 \tag{4-8}$$

当冲裁件上有位置公差要求的孔时，凹模上型孔的位置公差一般取冲裁件公差的1/3～1/5。

式（4-3）~式（4-8）中

D_d、D_P——落料凹模、凸模刃口尺寸；

d_P、d_d——冲孔凸模、凹模刃口尺寸；

D_{max}——落料件的最大极限尺寸；

d_{min}——冲孔件的最小极限尺寸；

Δ——工件的制造公差；

δ_P、δ_d——凸模、凹模的制造偏差，可查表4-5，或取 $\delta_d=\Delta/4$，$\delta_P=(1/4\sim1/5)\Delta$；

x——磨损系数，可查表4-6或按下列关系选取：冲裁件精度为IT10以上时，$x=1$；冲裁件精度为IT11~IT13时，$x=0.75$；冲裁件为IT14以下时，$x=0.5$。

表4-5　规则形状（圆形、方形）件冲裁时凸、凹模的制造公差　（单位：mm）

基本尺寸	凸模公差	凹模公差	基本尺寸	凸模公差	凹模公差
≤18	0.020	0.020	>180~260	0.030	0.045
>18~30	0.020	0.025	>260~360	0.035	0.050
>30~80	0.020	0.030	>360~500	0.040	0.060
>80~120	0.025	0.035	>500	0.050	0.070
>120~180	0.030	0.040			

表4-6　磨损系数 x

料厚 t/mm	非圆形工件 x 值			圆形工件 x 值	
	1	0.75	0.5	0.75	0.5
	冲裁件公差 Δ/mm				
1	<0.16	0.17~0.35	≥0.36	<0.16	≥0.16
1~2	<0.20	0.21~0.41	≥0.42	<0.20	≥0.20
2~4	<0.24	0.25~0.49	≥0.50	<0.24	≥0.24
>4	<0.30	0.31~0.59	≥0.60	<0.30	≥0.30

凸、凹模分别加工法的优点是：凸、凹模具有互换性，制造周期短，便于成批制造；其缺点是：模具的制造公差小，模具制造困难，成本较高。零件形状简单、大批大量生产时，采用这种方法更经济。

例4-1　冲制加工图4-8所示的连接片，已知零件的材料为Q235，材料厚 $t=0.5$mm。计算冲裁模具的凸、凹模刃口尺寸及公差。

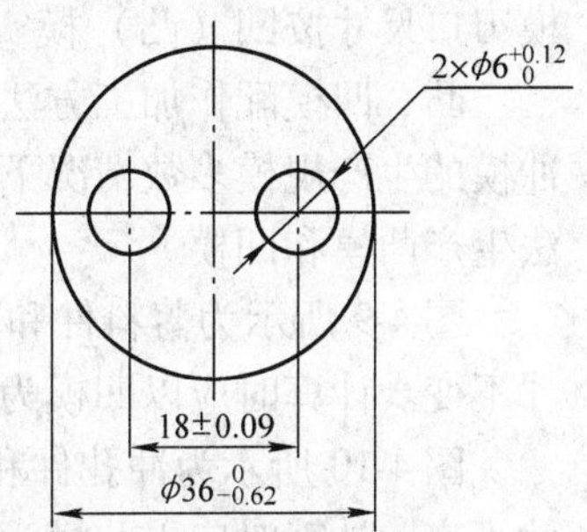

图4-8　连接片零件图

解：由图4-8可知，该零件属于无特殊要求的一般冲孔、落料件，外形尺寸 $\phi36^{0}_{-0.62}$mm 由落料获得，内孔尺寸 $2\times\phi6^{+0.12}_{0}$mm 及尺寸（18 ± 0.09）mm 由冲孔同时获得。此零件形状简单，凸、凹模制造应采用分别加工法。

确定初始间隙，查表4-4，得 $Z_{min}=0.04$mm，$Z_{max}=0.06$mm。

确定磨损系数 x，查表4-6，得冲孔 $2\times\phi6^{+0.12}_{0}$mm 磨损系数 $x=0.75$，落料 $\phi36^{0}_{-0.62}$mm

磨损系数 $x=0.5$。

① 冲孔 $2\times\phi6^{+0.12}_{0}$mm：

查表4-5，得 $\delta_P=0.02$mm，$\delta_d=0.02$mm

校核间隙：$Z_{max}-Z_{min}=(0.06-0.04)\ \text{mm}=0.02\text{mm}$

$$\delta_P+\delta_d=(0.02+0.02)\text{mm}=0.04\text{mm}>0.02\text{mm}$$

说明所取凸、凹模公差不能满足 $|\delta_P|+|\delta_d|\leqslant Z_{max}-Z_{min}$ 条件，此时可调整如下：

$$\delta_P=0.4(Z_{max}-Z_{min})=0.4\times0.02\text{mm}=0.008\text{mm}$$

$$\delta_d=0.6(Z_{max}-Z_{min})=0.6\times0.02\text{mm}=0.012\text{mm}$$

将已知和查表的数据代入公式，即得

冲孔凸模刃口尺寸：$d_p=(d_{min}+x\Delta)^{\ 0}_{-\delta_P}=(6+0.75\times0.12)^{\ 0}_{-0.008}\text{mm}=6.09^{\ 0}_{-0.008}\text{mm}$

冲孔凹模刃口尺寸：$d_d=(d_p+Z_{min})^{+\delta_d}_{\ 0}=(6.09+0.04)^{+0.012}_{\ 0}\text{mm}=6.13^{+0.012}_{\ 0}\text{mm}$

② 落料 $\phi36^{\ 0}_{-0.62}$mm：

查表4-5，得　　$\delta_P=0.02$mm，$\delta_d=0.03$mm

校核间隙：　　$Z_{max}-Z_{min}=(0.06-0.04)\ \text{mm}=0.02\text{mm}$

$$\delta_P+\delta_d=(0.03+0.02)\ \text{mm}=0.05\text{mm}>0.02\text{mm}$$

说明所取凸、凹模公差不能满足 $|\delta_P|+|\delta_d|\leqslant Z_{max}-Z_{min}$ 条件，此时可调整如下：

$$\delta_P=0.4\ (Z_{max}-Z_{min})\ =0.4\times0.02\text{mm}=0.008\text{mm}$$

$$\delta_d=0.6\ (Z_{max}-Z_{min})\ =0.6\times0.02\text{mm}=0.012\text{mm}$$

将已知和查表的数据代入公式，即得

落料凹模刃口尺寸：$D_d=(D_{max}-x\Delta)^{+\delta_d}_{\ 0}=(36-0.5\times0.62)^{+0.012}_{\ 0}\text{mm}=35.69^{+0.012}_{\ 0}\text{mm}$

落料凸模刃口尺寸：$D_P=(D_d-Z_{min})^{\ 0}_{-\delta_P}=(35.69-0.04)^{\ 0}_{-0.008}\text{mm}=35.65^{\ 0}_{-0.008}\text{mm}$

③ 中心距尺寸（18±0.09）mm 计算：

$$L_d=L\pm\Delta/8=18\pm0.125\times2\times0.09\text{mm}=18\pm0.023\text{mm}$$

2）凸、凹模配作加工。配作加工就是在凸模和凹模中先选定一个零件作为基准件，制造好后用它的实际刃口尺寸来配作另一个零件，使凸、凹模达到最小合理间隙。落料时，以凹模为基准件，凸模以凹模实际尺寸来配作，保证最小合理间隙；冲孔时，以凸模为基准件，凹模以凸模实际尺寸来配作，保证最小合理间隙。设计时，基准件的刃口尺寸及制造公差应详细标注，而另一配作件只标注基本尺寸，不注公差，但需在设计图上注明“凸（凹）模刃口尺寸按凹（凸）模实际尺寸配作，保证最小合理间隙值 Z_{min}”。

凸、凹模配作加工方法有利于获得最小合理间隙，放宽对模具加工设备的精度要求，而冲模的生产规模多数情况下均属于单件或小批量生产。因此，目前多数工厂均采用配合加工法生产凸模和凹模。

图4-9所示为落料件和落料凹模，凹模磨损后，A类尺寸增大，B类尺寸减小，C类尺寸不变。计算时应以凹模为基准件。

图4-10所示为冲孔件和冲孔凸模，凸模磨损后，A类尺寸增大，B类尺寸减小，C类尺寸不变。计算时应以凸模为基准件。

对于形状复杂的落料件和冲孔件，其基准件的刃口尺寸均可按下式计算

磨损后增大的尺寸（A类）：　$A_j=(A_{max}-x\Delta)^{+\Delta/4}_{\ 0}$　　(4-9)

磨损后减小的尺寸（B类）：　$B_j=(B_{min}+x\Delta)^{\ 0}_{-\Delta/4}$　　(4-10)

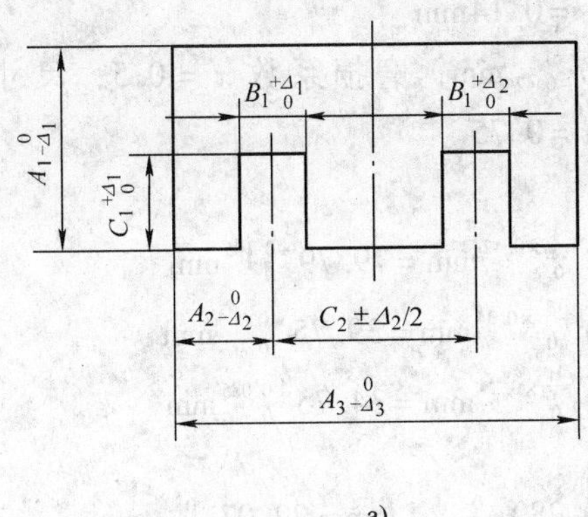
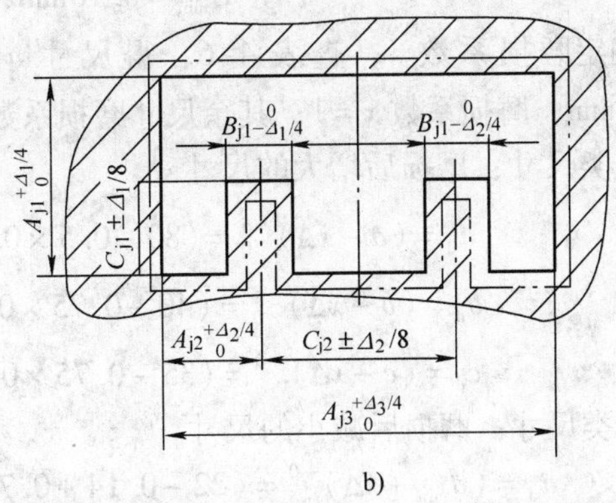

图 4-9　落料件及落料凹模

a）落料件　b）落料凹模

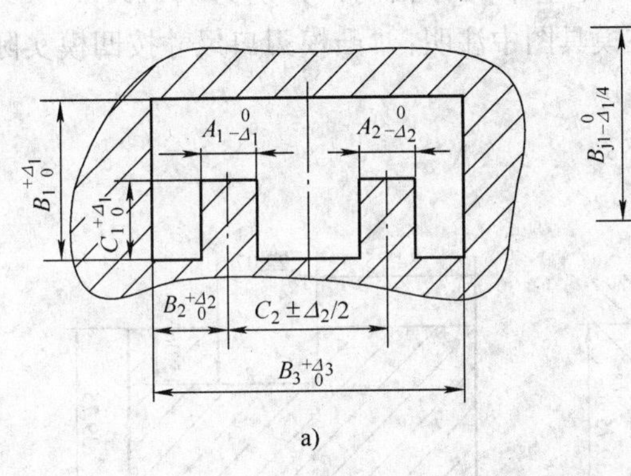
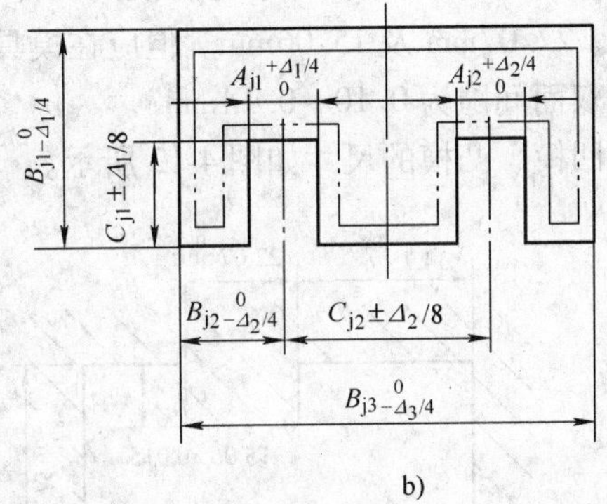

图 4-10　冲孔件及冲孔凸模

a）冲孔件　b）冲孔凸模

磨损后不变的尺寸（C 类）：$C_j=(C_{min}+0.5\Delta)\ \pm\Delta/8$　(4-11)

式中　A_j、B_j、C_j——基准件基本尺寸；

A_{max}、B_{min}、C_{min}——零件的极限尺寸；

Δ——工件的制造公差；

x——磨损系数。

例 4-2　如图 4-11 所示的落料零件，材料为 10 钢，材料厚度为 1mm，其中尺寸分别为 $a=80_{-0.42}^{\ 0}$ mm，$b=40_{-0.34}^{\ 0}$ mm，$c=35_{-0.34}^{\ 0}$ mm，$d=(22\pm0.14)$ mm，$e=15_{-0.12}^{\ 0}$ mm。试确定冲裁模具的凸、凹模刃口尺寸及公差。

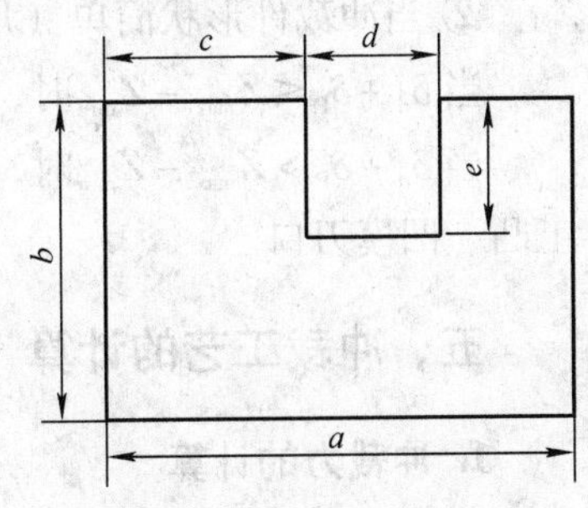

图 4-11　连接片零件图

解：该冲裁件属于落料件，零件形状复杂，按配作法加工凸、凹模。计算时只需要确定落料凹模刃口尺寸及制造公差，凸模刃口基本尺寸按凹模实际尺寸配作。

确定初始间隙：查表 4-4 得

$$Z_{\min}=0.10\text{mm},\ Z_{\max}=0.14\text{mm}$$

确定磨损系数 x，查表 4-6，得尺寸 $a=80_{-0.42}^{\ 0}$ mm，磨损系数 $x=0.5$；尺寸 $e=15_{-0.12}^{\ 0}$mm，磨损系数 $x=1$；其余尺寸磨损系数按 $x=0.75$。

A 类尺寸：磨损后增大的尺寸

$$a_d=(a-x\Delta)_{\ 0}^{+\delta}=(80-0.5\times0.42)_{\ 0}^{+\frac{1}{4}\times0.42}\text{mm}=79.79_{\ 0}^{+0.105}\text{mm}$$

$$b_d=(b-x\Delta)_{\ 0}^{+\delta}=(40-0.75\times0.34)_{\ 0}^{+\frac{1}{4}\times0.34}\text{mm}=39.75_{\ 0}^{+0.085}\text{mm}$$

$$c_d=(c-x\Delta)_{\ 0}^{+\delta}=(35-0.75\times0.34)_{\ 0}^{+\frac{1}{4}\times0.34}\text{mm}=34.75_{\ 0}^{+0.085}\text{mm}$$

B 类尺寸：磨损后减小的尺寸

$$d_d=(d_{\min}+x\Delta)_{-\delta}^{\ 0}=(22-0.14+0.75\times0.28)_{-\frac{1}{4}\times0.28}^{\ 0}\text{mm}=22.07_{-0.070}^{\ 0}\text{mm}$$

C 类尺寸：磨损后不变的尺寸

$$e_d=(c_{\min}+0.5\Delta)\ \pm\delta=(15+0.5\times0.12)\ \pm\frac{1}{8}\times0.12\text{mm}=15.06\pm0.015\text{mm}$$

落料凸模的刃口基本尺寸与凹模的实际基本尺寸相同，分别为 79.79mm、39.75mm、34.75mm、22.07mm 及 15.06mm。但应在模具图中注明："凸模刃口尺寸按凹模实际尺寸配制，保证双面间隙为 0.10～0.14mm"。

落料凹模、凸模的尺寸如图 4-12 所示。

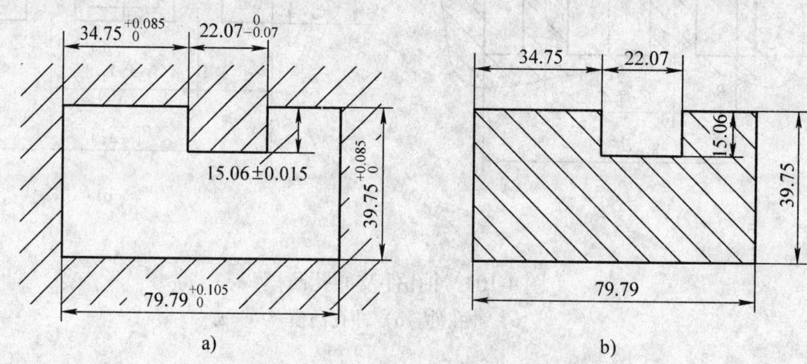

图 4-12　落料凸、凹模尺寸

a）落料凹模尺寸　b）落料凸模尺寸

3）制造法选用原则

① 当冲裁件形状复杂（尺寸数多）时，用配作法加工凸、凹模刃口。

② 当冲裁件形状简单（尺寸数少）时，根据下列判别式选择刃口制造方法：

当 $\delta_d+\delta_P\leqslant Z_{\max}-Z_{\min}$ 时，用分别加工法加工凸、凹模刃口。

当 $\delta_d+\delta_P>Z_{\max}-Z_{\min}$ 时，用配作法加工凸、凹模刃口，或调整间隙后用分别加工法加工凸、凹模刃口。

五、冲裁工艺的计算

1. 冲裁力的计算

冲裁力是冲裁过程中模具对板料施加的压力，它是选用压力机和设计模具的重要依据之

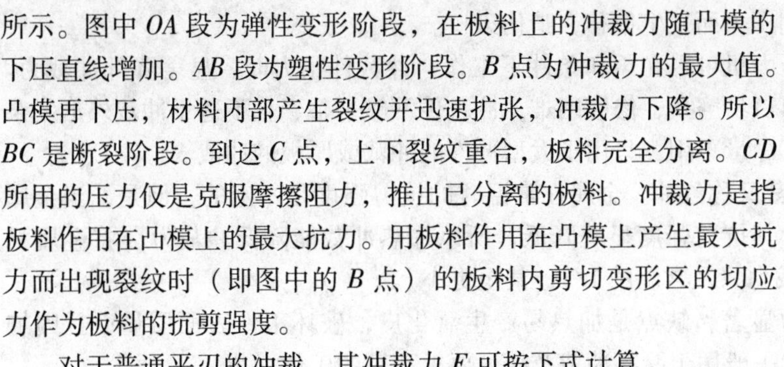

一。在整个冲裁过程中，冲裁力的大小是不断变化的，如图 4-13 所示。图中 OA 段为弹性变形阶段，在板料上的冲裁力随凸模的下压直线增加。AB 段为塑性变形阶段。B 点为冲裁力的最大值。凸模再下压，材料内部产生裂纹并迅速扩张，冲裁力下降。所以 BC 是断裂阶段。到达 C 点，上下裂纹重合，板料完全分离。CD 所用的压力仅是克服摩擦阻力，推出已分离的板料。冲裁力是指板料作用在凸模上的最大抗力。用板料作用在凸模上产生最大抗力而出现裂纹时（即图中的 B 点）的板料内剪切变形区的切应力作为板料的抗剪强度。

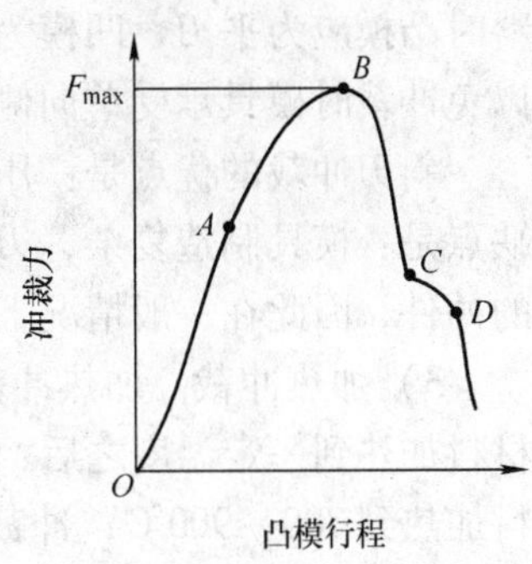

图 4-13　冲裁力变化曲线

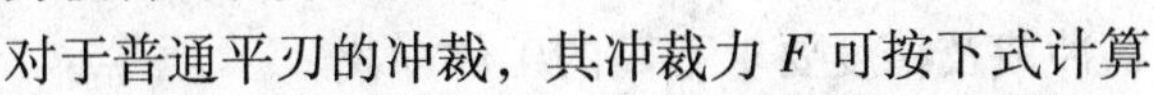

对于普通平刃的冲裁，其冲裁力 F 可按下式计算

$$F = KLt\tau_b \tag{4-12}$$

式中　F——冲裁力（N）；

L——冲裁件的周长（mm）；

t——材料厚度（mm）；

τ_b——材料抗剪强度（MPa）；

K——系数。系数 K 是考虑到实际生产中，模具间隙的波动和不均匀、刃口的磨损、板料力学性能和厚度波动等因素的影响而给出的修正系数，一般取 $K=1.3$。

为了方便，也可按下式估算冲裁力

$$F \approx Lt\sigma_b \tag{4-13}$$

式中　σ_b——材料的抗拉强度（MPa）。

2. 降低冲裁力的方法

冲裁材料强度较高、材料较厚或外形尺寸较大的工件时，需要的冲裁力较大，为实现小设备冲裁大工件，或使冲裁过程平稳以减少压力机振动，常用下列方法来降低冲裁力。

1）阶梯凸模冲裁。在多凸模的模具中，可根据尺寸大小将凸模做成不同的高度，使工作端面呈阶梯布置（见图 4-14）。阶梯凸模冲裁降低冲裁力的原理是，几个凸模不同时发生冲裁，避免多个凸模冲裁力的最大值同时发生，故降低了总的冲裁力。

图 4-14　凸模的阶梯布置法

凸模间的高度差 H 与板料厚度 t 有关，即

$$t<3\text{mm 时}，H=t$$

$$t>3\text{mm 时}，H=0.5t$$

阶梯凸模冲裁的冲裁力一般只按产生最大冲裁力的那一个阶梯进行计算。

阶梯凸模冲裁能降低冲裁力，减小振动，工件精度不受影响，并可避免与大凸模相距很近的小凸模的倾斜和折断。缺点是长凸模插入凹模较深，易磨损，修磨刃口较麻烦。其主要用于有多个凸模而其位置又较对称的模具。

2）斜刃冲裁。平刃冲裁是沿刃口整个周边同时冲切材料，故冲裁力较大。若将凸模（或凹模）刃口平面做成不垂直于运动方向的斜面，则冲裁时刃口与冲裁件周边不是同时接触，而是逐渐剪切材料，因而能显著降低冲裁力。采用斜刃冲裁，为了获得平整的零件，落

料时凸模应为平刃，凹模为斜刃；冲孔时凹模为平刃，凸模为斜刃。斜刃还应当对称布置，以免冲裁时模具承受单向侧压力而发生偏移，啃伤刃口。

斜刃冲裁的优点是：压力机可以在柔和条件下工作，冲裁件很大时，显著降低冲裁力。缺点是：模具制造复杂，刃口易磨损，修磨困难，冲裁件不够平整，且不适于冲裁外形复杂的冲件，因此在一般情况下尽量不用，只用于大型冲件的冲裁或厚板的冲裁。

3）加热冲裁。加热冲裁又称红冲。金属在常温时的抗剪强度是一定的，但是，当金属材料加热到一定温度之后，其抗剪强度显著降低，所以加热冲裁能降低冲裁力（将金属材料加热到700～900℃，冲裁力只及常温的1/3，甚至更小）。

加热冲裁的优点是降力显著，缺点是加热易产生氧化皮，破坏工件表面质量；且因加热，劳动条件差。加热冲裁一般用于厚料冲裁及精度要求不高的工件冲裁。

3. 卸料力、推件力和顶件力的计算

冲裁时，材料分离前存在弹性变形。在冲裁结束时，由于材料的弹性回复及摩擦的存在，落料件或冲孔废料梗塞在凹模内，而落料完后的板料或冲孔件则紧箍在凸模上。为使冲裁工作继续进行，必须将箍在凸模上的料卸下，将梗塞在凹模内的料推出或顶出。从凸模上卸下箍着的料所需要的力称卸料力；从凹模内将工件或废料顺着冲裁方向推出的力称为推件力；从凹模内将工件或废料逆着冲裁方向顶出所需要的力称为顶件力（见图4-15）。

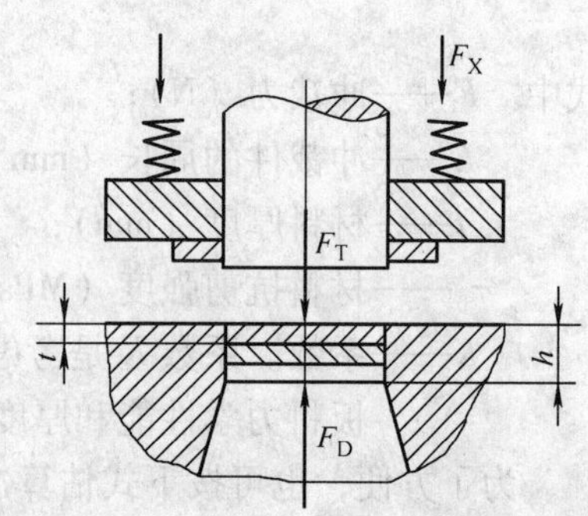

图4-15 卸料力、推件力和顶件力

要准确计算这些力是困难的，生产中常用下列经验公式计算

卸料力：
$$F_X = K_X F \tag{4-14}$$
推件力：
$$F_T = nK_T F \tag{4-15}$$
顶件力：
$$F_D = K_D F \tag{4-16}$$

式中 F——冲裁力；

K_X、K_T、K_D——卸料力、推件力、顶件力系数，见表4-7；

n——同时卡在凹模内的冲裁件（或废料）数。

$$n = \frac{h}{t} \tag{4-17}$$

式中 h——凹模洞口的直刃壁高度；

t——板料厚度。

表4-7 卸料力、推件力及顶件力系数

料厚/mm		K_X	K_T	K_D
钢	≤0.1	0.06～0.09	0.1	0.14
	>0.1～0.5	0.04～0.07	0.065	0.08
	>0.5～2.5	0.025～0.06	0.05	0.06
	>2.5～6.5	0.02～0.05	0.045	0.05
	>6.5	0.015～0.04	0.025	0.03
铝、铝合金		0.03～0.08	0.03～0.07	
纯铜、黄铜		0.02～0.06	0.03～0.09	

注：卸料力系数 F_X 在冲孔、大搭边和轮廓复杂制件时取上限值。

4. 压力机公称压力的确定

卸料力、推件力和顶件力是由压力机和模具的卸料装置或顶件装置传递作用在材料上的，所以在选择设备的公称压力或设计冲模时，应分别予以考虑。

冲裁时压力机的公称压力必须大于或等于冲压力总和 F_Z。F_Z 的计算应根据不同的模具结构分别对待：

采用弹压卸料装置和下出料方式的模具时

$$F_Z = F + F_X + F_T \tag{4-18}$$

采用弹压卸料装置和上出料方式的模具时

$$F_Z = F + F_X + F_D \tag{4-19}$$

采用刚性卸料装置和下出料方式的模具时

$$F_Z = F + F_T \tag{4-20}$$

5. 冲裁压力中心的计算

模具的压力中心就是冲压力合力的作用点。模具的压力中心必须通过模柄轴线，与压力机滑块的中心线相重合。否则，冲压时滑块就会承受偏心载荷，导致滑块导轨和模具导向部分不正常磨损，还会使合理间隙得不到保证，从而影响冲件质量，缩短模具寿命甚至损坏模具。

（1）简单几何图形零件模具压力中心的确定

1）直线段的压力中心位于直线段的中心。

2）对称冲裁件的压力中心位于冲裁件轮廓图形的几何中心上。

3）冲裁圆弧线段时，其压力中心的位置如图4-16所示，按下式计算

$$y = 180R\sin\alpha/(\pi\alpha) = Rs/b \tag{4-21}$$

式中　b——弧长。

其他符号意义如图4-16所示。

（2）多凸模模具压力中心的确定　确定多凸模模具的压力中心，是将各凸模的压力中心确定后，再计算模具的压力中心。图4-17所示为冲裁多个型孔的凸模位置分布情况。计算其压力中心的步骤如下：

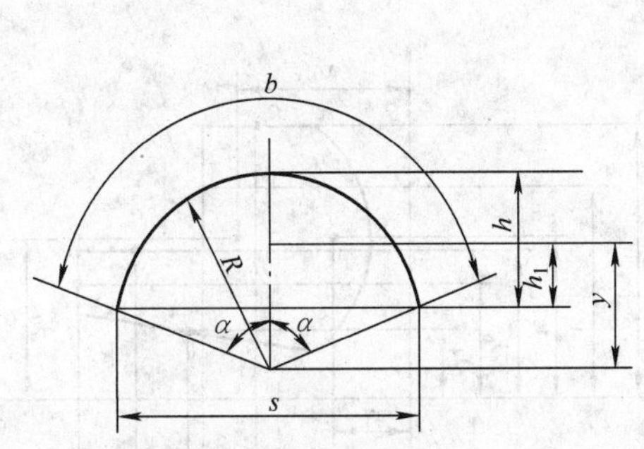

图4-16　圆弧线段的压力中心

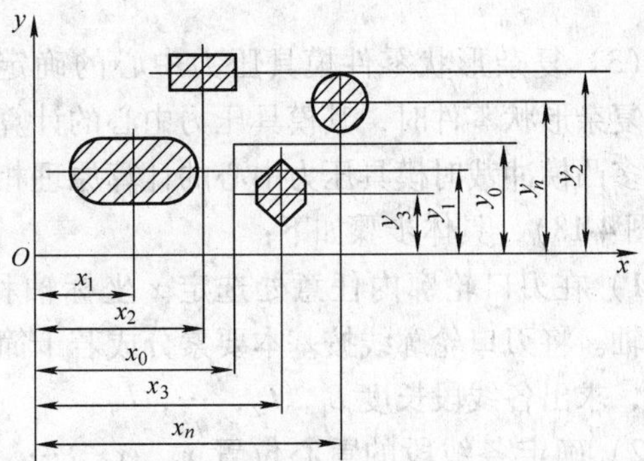

图4-17　多凸模冲裁时的压力中心

1）按比例画出每一个凸模刃口轮廓的位置。

2）在任意位置画出坐标轴 x，y。在选择坐标位置时，应尽量把坐标原点取在某一刃口

轮廓的压力中心，或使坐标轴线尽量多地通过凸模刃口轮廓的压力中心。坐标原点最好是几个凸模刃口轮廓压力中心的对称中心，这样可使问题得到简化。

3）分别计算各凸模刃口轮廓的压力中心及坐标位置 x_1，x_2，…，x_n 和 y_1，y_2，…，y_n。

4）分别计算各凸模刃口轮廓的冲裁力 F_1，F_2，…，F_n 和每一个凸模刃口轮廓的周长 L_1，L_2，…，L_n。

$$
\begin{aligned}
F_1 &= KL_1t_b \\
F_2 &= KL_2t_b \\
&\vdots \\
F_n &= KL_nt_b
\end{aligned}
$$

5）对于平行力系，冲裁力的合力等于各力的代数和，即 $F = F_1 + F_2 + \cdots F_n$。

6）根据力学相关定理，合力对某轴之力矩等于各分力对同轴力矩之代数和，则可得压力中心坐标计算公式为

$$
x_0 = \frac{F_1x_1 + F_2x_2 + F_3x_3 + \cdots + F_nx_n}{F_1 + F_2 + F_3 + \cdots + F_n} = \frac{\sum_{i=1}^{n} F_ix_i}{\sum_{i=1}^{n} L_i} \tag{4-22}
$$

$$
y_0 = \frac{F_1y_1 + F_2y_2 + F_3y_3 + \cdots + F_ny_n}{F_1 + F_2 + F_3 + \cdots + L_n} = \frac{\sum_{i=1}^{n} F_iy_i}{\sum_{i=1}^{n} L_i} \tag{4-23}
$$

将 F_1，F_2，…，F_n 分别代入上式，压力中心坐标变为

$$
x_0 = \frac{L_1x_1 + L_2x_2 + L_3x_3 + \cdots + L_nx_n}{L_1 + L_2 + L_3 + \cdots + L_n} = \frac{\sum_{i=1}^{n} L_ix_i}{\sum_{i=1}^{n} L_i} \tag{4-24}
$$

$$
y_0 = \frac{L_1y_1 + L_2y_2 + L_3y_3 + \cdots + L_ny_n}{L_1 + L_2 + L_3 + \cdots + L_n} = \frac{\sum_{i=1}^{n} L_iy_i}{\sum_{i=1}^{n} L_i} \tag{4-25}
$$

（3）复杂形状零件模具压力中心的确定

冲裁复杂形状零件时，其模具压力中心的计算原理与多凸模冲裁时模具压力中心的计算原理相同（见图4-18），具体步骤如下：

1）在刃口轮廓内任意处选定 x 坐标轴和 y 坐标轴。将刃口轮廓线按基本要素分成若干简单线段，求出各线段长度 L_1，L_2，…，L_n。

2）确定各线段的重心位置 x_1，x_2，…，x_n 和 y_1，y_2，…，y_n。

3）按式（4-24）、式（4-25）计算出刃口轮廓的压力中心坐标（x_0，y_0）。

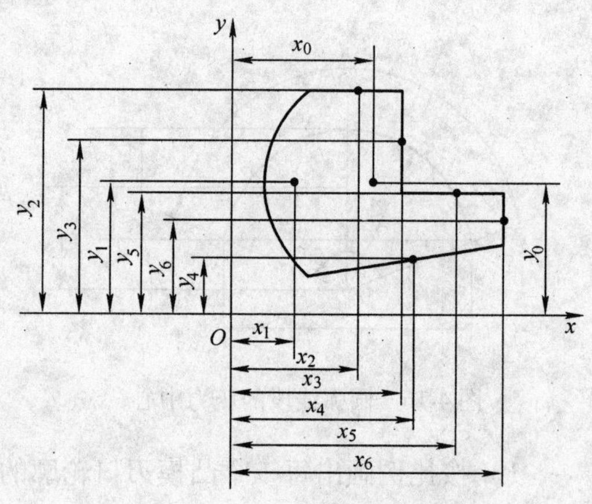

图4-18　复杂冲裁件的压力中心

冲裁模模具压力中心的确定，除上述的解析

法外，还可以用作图法和悬挂法。

作图法与解析法一样，既可求多凸模冲裁的压力中心，又可求复杂形状零件冲裁的压力中心，但因作图法精确度不高，方法也不简单，因此在应用中受到一定限制。

在生产中，常用悬挂法来确定复杂冲裁件的压力中心。悬挂法的具体做法是：用匀质细金属丝沿冲裁件轮廓弯制成模拟件，然后用缝纫线将模拟件悬吊起来。并从吊点作铅垂线，再取模拟件的另一点，以同样的方法作另一铅垂线，两垂线的交点即为压力中心。悬挂法的理论依据是：用匀质细金属丝代替均布于冲裁件轮廓的冲裁力，该模拟件的重心就是冲裁力的压力中心。

六、工件的排样与搭边

冲裁件在条料、带料或板料上的布置方式，称为冲裁件的排样。合理的排样应是在保证制件质量、有利于简化模具结构的前提下，以最少的材料消耗冲出最多数量的合格工件。

1. 排样原则

1）提高材料利用率。在冲裁件的成本中，材料费用占总成本的60%以上，利用排样提高材料利用率是很有经济意义的。为了提高材料利用率，在不影响冲裁件使用性能的前提下，还可适当改变冲裁件的形状，提高材料利用率。

2）改善操作性。排样要便于工人操作，减轻工人劳动强度。条料在冲裁过程中翻动要少，在材料利用率相同或相近时，应尽可能选条料宽、近距小的排样方法。尽量使翻动少，有规则，便于自动送料。

3）使模具结构简单，模具寿命长。

4）保证冲裁件质量。排样应保证冲裁件质量，不能只考虑利用材料，不顾冲裁件性能。对于弯曲件的落料，在排样时还应考虑板料的纤维方向。

排样设计的工作内容包括选择排样方法、确定搭边的数值、计算条料宽度与送料步距以及画出排样图等，必要时还应计算出材料的利用率。

2. 排样方法

按照材料的利用程度，排样可分为有废料排样、少废料排样和无废料排样三种，如图4-19所示。废料是指冲裁中除零件以外的其他板料，包括工艺废料和结构废料。

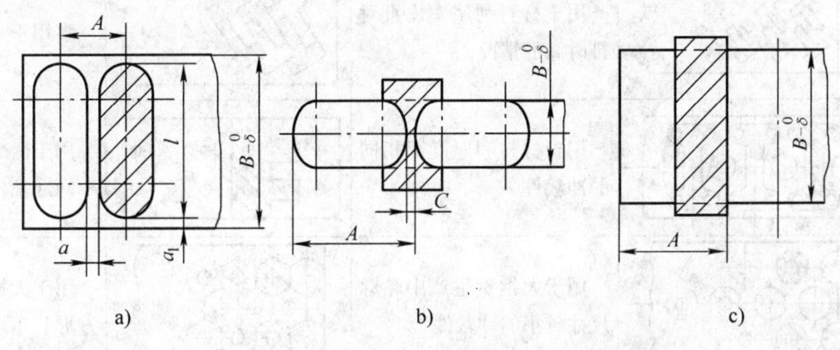

图4-19　排样方式

（1）有废料排样　如图4-19a所示，沿冲裁件全部外形轮廓线冲裁，各冲裁件之间、冲裁件与条料侧边之间都存在工艺余料（称搭边）。因为是沿着冲裁件的封闭轮廓冲切，冲裁件质量高，模具寿命长，但材料利用率低。

（2）少废料排样　如图4-19b所示，沿冲裁件部分外形轮廓线切断或冲裁，只在工件与工件之间或工件与条料侧边之间留有搭边。这种排样方法的冲裁，受条料质量和定位误差的影响，其冲裁件质量稍差，但材料利用率可达到70%～90%。

（3）无废料排样　如图4-19c所示，无废料排样是指在冲裁件与冲裁件之间、冲裁件与条料侧边之间均无搭边存在，冲裁件实际上是直接由切断条料获得的，材料利用率可高达80%～90%。其缺点是冲裁件质量差，模具寿命低。

采用少废料、无废料排样时，材料利用率高，不但有利于一次行程获得多个冲裁件，还可以简化模具结构，减小冲裁力，但受条料定位误差及导向误差的影响，冲裁件尺寸及精度不易保证。另外，在有些无废料排样中，冲裁时模具会单面受力，影响模具使用寿命。有废料排样冲裁件质量高、模具寿命长，但材料利用率低。所以在排样设计中，应全面权衡利弊。

对于有废料排样和少、无废料排样，还可以进一步按冲裁件在条料上的布置方法加以分类，其主要形式见表4-8。

表4-8　有废料排样和少、无废料排样主要形式分类

排样形式	有废料排样		少、无废料排样	
	简图	应用	简图	应用
直排	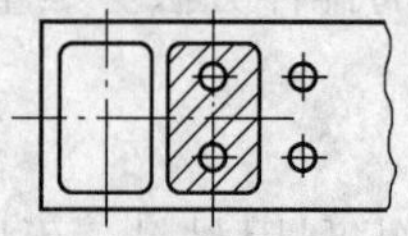	用于简单几何形状的冲裁件	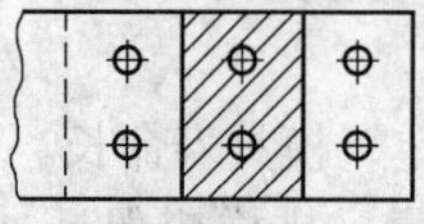	用于矩形或方形冲裁件
斜排	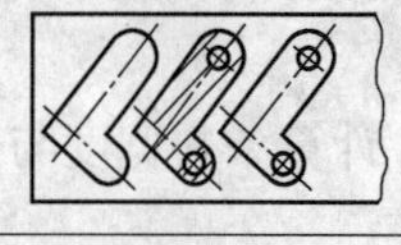	用于T形、L形、S形、十字形及椭圆形的冲裁件	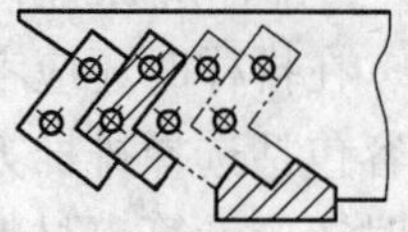	用于L形或其他形状的冲裁件。在外形上允许有不大的缺陷
直对排	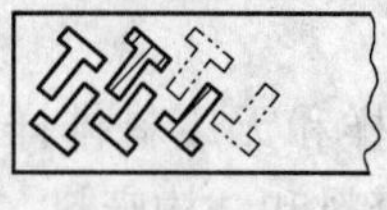	用于T形、Π形、梯形、三角形及半圆形冲裁件	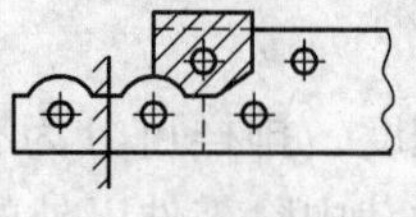	用于T形、Π形、梯形、三角形及半圆形冲裁件。在外形上允许有不大的缺陷
斜对排	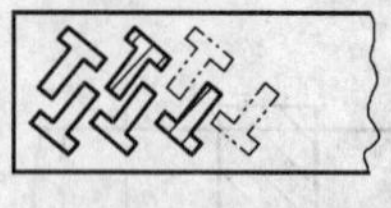	用于材料利用率比直对排时高的情况	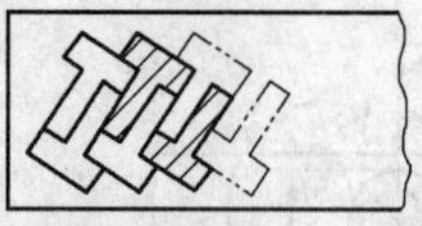	多用于T形冲裁件
混合排	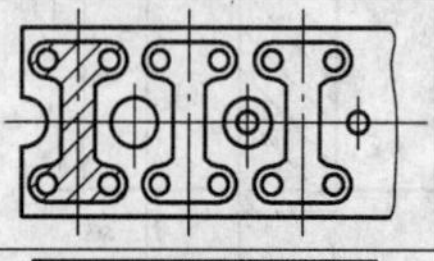	用于材料和厚度都相同的冲裁件	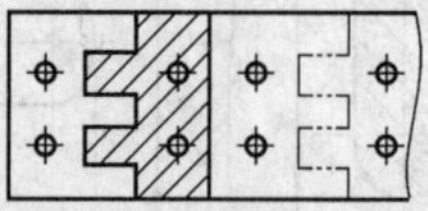	用于两个外形互相嵌入的不同冲裁件
多排	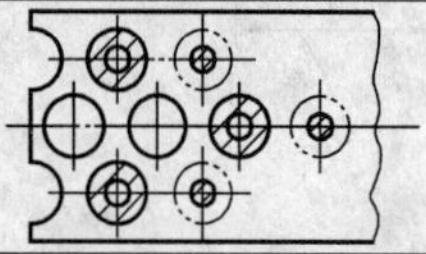	用于大批量生产中轮廓尺寸较小的冲裁件	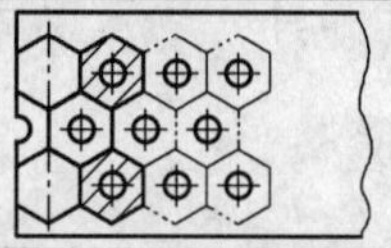	用于大批量生产中不大的方形、矩形及六角形冲件
冲裁搭边	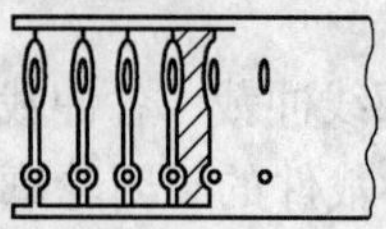	用于大批量生产中小而窄的冲裁件	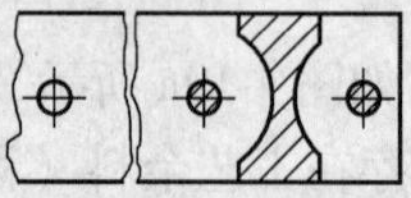	用于以宽度均匀的条料或带料冲制长形件

对于形状复杂的冲件，通常用纸片剪成3~5个样件，然后摆出各种不同的排样方法，经过分析和计算，选出合理的排样方案。

3. 搭边

冲裁件与冲裁件之间，冲裁件与条料侧边之间留下的工艺余料称为搭边。搭边的作用是：避免因送料误差发生零件缺角、缺边或尺寸超差；使凸、凹模刃口受力均衡，延长模具使用寿命，提高冲裁件断面质量。此外，利用搭边还可以实现模具的自动送料。

冲裁时，搭边过大，会造成材料浪费；搭边太小，则起不到搭边应有的作用，过小的搭边还会导致板料被拉进凸、凹模间隙，加剧模具的磨损，甚至会损坏模具的刃口。

搭边的合理数值主要取决于冲裁件的板料厚度、材料性质、外轮廓形状及尺寸大小等。一般来说，材料硬时，搭边值可取小些；材料软或脆性材料，搭边值应取大些；板料厚度大，需要的搭边值大；冲裁件的形状复杂，尺寸大，过渡圆角半径小，需要的搭边值大；手工送料或有侧压板导料时，搭边值可取小些。

搭边值通常由经验确定，表4-9列出了低碳钢冲裁时，常用的最小搭边值。

表4-9　低碳钢冲裁搭边 a 和 a_1 数值　　（单位：mm）

材料厚度 t	圆形或圆角 $r>2t$ 的冲裁件		矩形件边长 $l \leqslant 50$mm		矩形冲裁件边长 $l>50$mm 或圆角 $r \leqslant 2t$	
	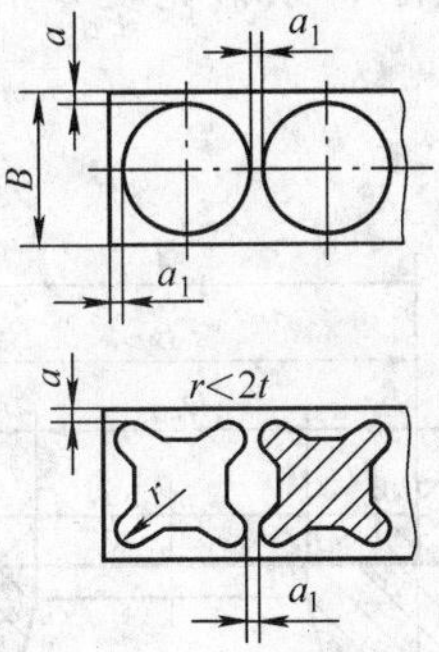		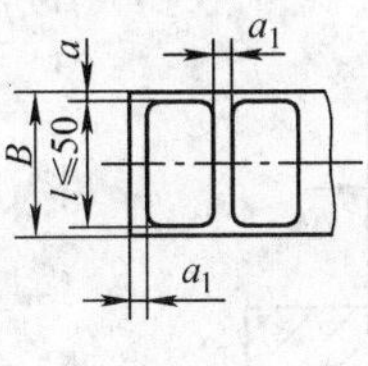		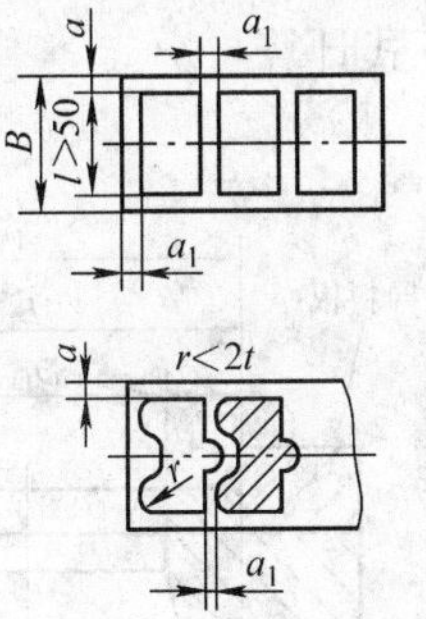	
	工件间 a	侧面 a_1	工件间 a	侧面 a_1	工件间 a	侧面 a_1
≤0.25	1.8	2.0	2.2	2.5	2.8	3.0
0.25~0.5	1.2	1.5	1.8	2.0	2.2	2.5
0.5~0.8	1.0	1.2	1.5	1.8	1.8	2.0
0.8~1.2	0.8	1.0	1.2	1.5	1.5	1.8
1.2~1.6	1.0	1.2	1.5	1.8	1.8	2.0
1.6~2.0	1.2	1.5	1.8	2.5	2.0	2.2
2.0~2.5	1.5	1.8	2.0	2.2	2.2	2.5
2.5~3.0	1.8	2.2	2.2	2.5	2.5	2.8
2.0~3.5	2.2	2.5	2.5	2.8	2.8	3.2
3.5~4.0	2.5	2.8	2.5	3.2	3.2	3.5
4.0~5.0	3.0	3.5	3.5	4.0	4.0	4.5
5.0~12	$0.6t$	$0.7t$	$0.7t$	$0.8t$	$0.8t$	$0.9t$

注：表中搭边值适用于低碳钢，对于其他材料，应将表中数值乘以下列系数：0.9（中等硬度钢）、1.2（软黄铜、纯铜）、0.8（硬钢）、1.3~1.4（铝）、1~1.1（硬黄铜）、1.5~2（非金属）及1~1.2（硬铝）。

4. 送料步距、条料宽度与导料板间距离的计算

排样方式和搭边值确定之后，送料步距、条料宽度和导料板间距离也就可以设计出来。

（1）送料步距 S　条料在模具上每次送进的距离称为送料步距或进距。送料步距的大小应为条料上两个对应冲裁件的对应点之间的距离，如图 4-19a、b 所示。每次只冲一个零件的步距 S 的计算公式为

$$S = D + a \tag{4-26}$$

式中　D——平行于送料方向的冲裁件宽度；

a——冲裁件之间的搭边值。

（2）条料宽度和导料板间距离的计算　条料是由板料裁剪下料而得，为保证送料顺利，裁剪时的公差带分布规定为上极限偏差是 0，下极限偏差为负值（$-\Delta$）。

1）有侧压装置时，条料宽度和导料板间距离的计算如图 4-20 所示。有侧压装置的模具，能使条料始终沿着一侧的导料板送进，因此条料宽度 B 和导料板间距离 A 按下式计算

条料宽度：
$$B_{-\Delta}^{\ 0} = (D_{max} + 2a)_{-\Delta}^{\ 0} \tag{4-27}$$

导料板间距离：
$$A = B + C = D_{max} + 2a + C \tag{4-28}$$

当用手将条料紧贴导料板或两个导正销送进时，条料宽度和导料板间距离计算公式同上。

2）条料在无侧压装置的导料板之间送料如图 4-21 所示，条料宽度 D 和导料板间距离 A 按下式计算

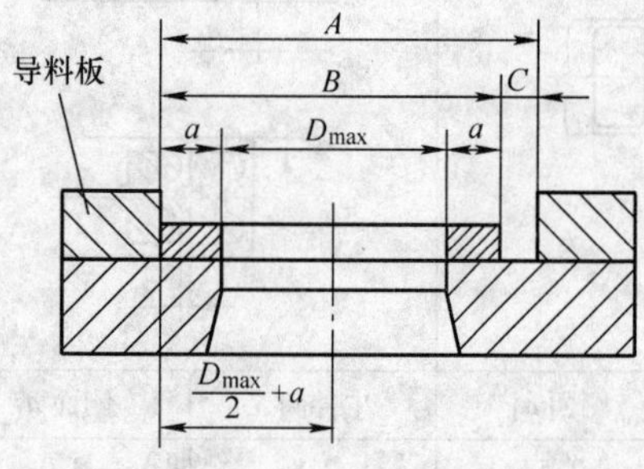

图 4-20　有侧压装置时的冲裁

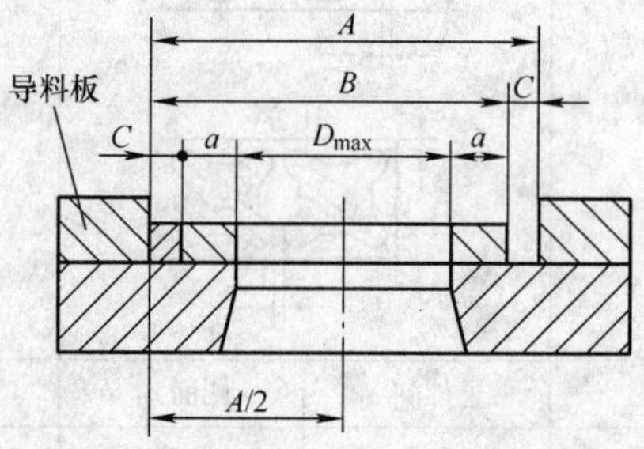

图 4-21　无侧压装置时的冲裁

条料宽度：

$$B_{-\Delta}^{\ 0} = (D_{max} + 2a + C)_{-\Delta}^{\ 0} \tag{4-29}$$

导料板间距离：

$$A = B + Z = D_{max} + 2a + 2C \tag{4-30}$$

式中　B——条料的宽度；

D_{max}——冲裁件垂直于送料方向的最大尺寸；

a——侧搭边的最小值，可参考表 4-9；

Δ——调料宽度的单向（负向）极限偏差，见表 4-10、表 4-11；

C——导料板与最宽条料之间的单面小间隙，其最小值见表 4-12。

表4-10　条料宽度偏差　（单位：mm）

条料宽度 B	材料厚度 t		
	≤0.5	0.5～1	1～2
≤20	0.05	0.08	0.10
20～30	0.08	0.10	0.15
30～50	0.10	0.15	0.20

表4-11　条料宽度偏差　（单位：mm）

条料宽度 B	材料厚度 t			
	≤1	1～2	2～3	3～5
≤50	0.4	0.5	0.7	0.9
50～100	0.5	0.6	0.8	1.0
100～150	0.6	0.7	0.9	1.1
150～220	0.7	0.8	1.0	1.2
220～300	0.8	0.9	1.1	1.3

表4-12　送料最小间隙　（单位：mm）

材料厚度 t	无侧压装置			有侧压装置	
	条料宽度 B			条料宽度 B	
	≤100	100～200	200～300	≤100	>100
≤0.5	0.5	0.5	1	5	8
0.5～1	0.5	0.5	1	5	8
1～2	0.5	1	1	5	8
2～3	0.5	1	1	5	8
3～4	0.5	1	1	5	8
4～5	0.5	1	1	5	8

3）用侧刃定距时，条料宽度和导料板间距离的计算。如图4-22所示，当条料的送进步距用侧刃定位时，条料宽度必须增加侧刃切去的部分，故按下式计算

条料宽度：

$$B_{-\Delta}^{\ 0} = (L_{max} + 2a' + nb_1)_{-\Delta}^{\ 0} = (L_{max} + 1.5a + nb_1)_{-\Delta}^{\ 0} \tag{4-31}$$

导料板间距离：

$$B' = B + C = L_{max} + 1.5a + nb_1 + C \tag{4-32}$$

$$B'_1 = L_{max} + 1.5a + y \tag{4-33}$$

式（4-31）～式（4-33）中

L_{max}——工件垂直于送料方向的最大尺寸；

a——侧搭边值，见表4-9；

n——侧刃数；

b_1——侧刃冲切的料边宽度，见表4-13；

C——冲裁前的条料宽度与导料板间的间隙，见表4-12；

y——冲裁后的条料宽度与导料板间的间隙，见表 4-13。

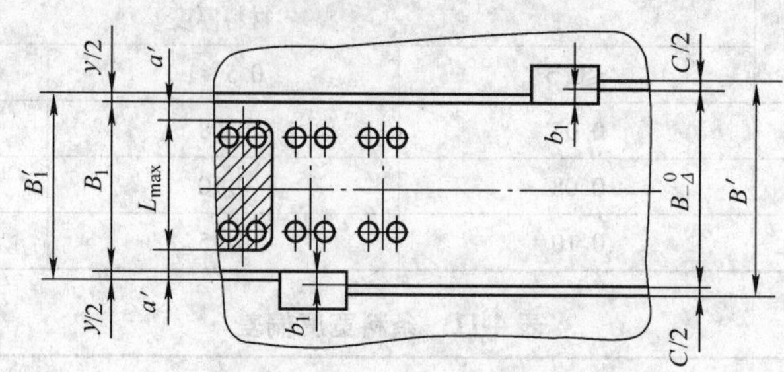

图 4-22　有侧刃的冲裁

表 4-13　b_1，y 的值　　（单位：mm）

材料厚度 t	b_1		y
	金属材料	非金属材料	
<1.5	1.5	2	0.10
1.5~2.5	2.0	3	0.15
2.5~3	2.5	4	0.20

5. 材料利用率的计算

材料利用率是衡量合理利用材料的指标。材料的利用率通常以一个步距内冲裁件的实际面积占毛坯面积的百分比表示。

一个步距内的材料利用率 η 表示式为

$$\eta = \frac{A}{BS} \times 100\% \tag{4-34}$$

式中　A——一个步距内冲裁件的实际面积；

B——条料宽度；

S——步距。

若考虑到料头、料尾和搭边余料的材料消耗，则一张板料上总的材料利用率 $\eta_{总}$ 为

$$\eta_{总} = \frac{nA}{LB} \times 100\% \tag{4-35}$$

式中　n——一张板料上冲裁件的总数目；

L——条料长度；

B——条料宽度。

6. 排样图

排样图是排样设计的最终表达形式，是编制冲压工艺与设计模具的重要工艺文件。它应绘在冲压工艺规程卡片上和冲裁模具装配图的右上角。一张完整的排样图应标注条料宽度尺寸 B、条料长度 L、板料厚度 t、端距 l、步距 S、工件间搭边 a_1 和侧搭边 a，习惯以剖面线表示冲压位置，如图 4-23 所示。

画排样图时应注意以下事项：

1）按选定的排样方案画排样图，按照模具类型和冲裁顺序打上剖面线，要能从排样图的剖面线上看出是单工序模还是级进模或复合模。

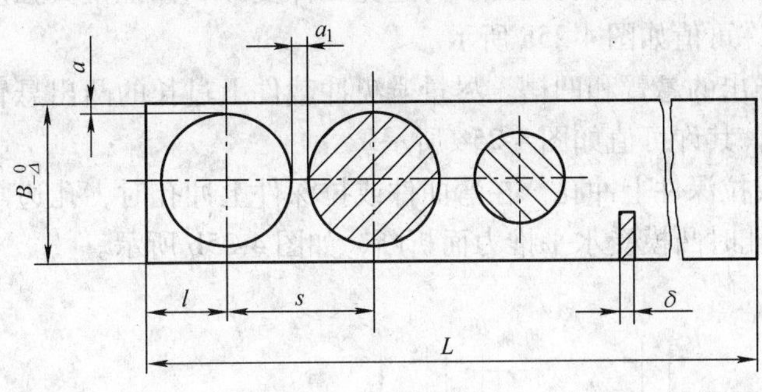

图4-23　排样图

2）采用斜排方法排样时，应注明倾斜角度。对有纤维方向的排样图，应用箭头表示纤维方向。

3）级进模的排样要反映出冲压顺序、空工位及定距方式等。侧刃定距时要画出侧刃冲切条料的位置。

七、冲裁工艺设计

冲裁工艺设计包括冲裁件的工艺性和冲裁工艺方案的确定。良好的工艺性和合理的工艺方案可以用最少的材料、最少的工序和工时，使模具结构简单且寿命长，能稳定地获得合格的冲件。

1. 冲裁件的工艺性分析

冲裁件的工艺性是指冲裁件对冲裁工艺的适应性，即冲裁加工的难易程度。良好的冲裁工艺是指能用普通冲裁方法，在模具寿命较长、生产率较高、成本较低的条件下得到质量合格的工件。影响冲裁工艺性的因素很多，但从技术和经济方面考虑，冲裁件的工艺性主要有以下要求。

（1）冲裁件的结构工艺性

1）冲裁件的形状。冲裁件的形状应力求简单、对称，有圆角过渡（见图4-24），以便于模具加工，减少热处理或冲压时在尖角处开裂的现象，同时也可以防止尖角部位刃口的过快磨损。圆角半径的最小值见表4-14。

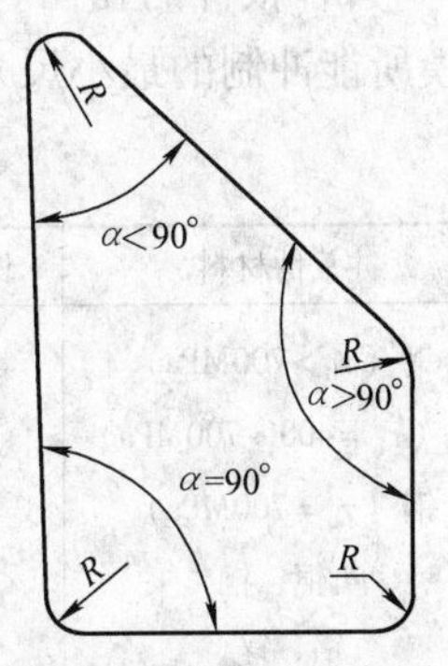

图4-24　冲裁件的圆角图

表4-14　冲裁件最小圆角半径

工序	圆弧角度 α	最小圆角半径			
		黄铜、铝	合金钢	软钢	备注
落料	α≥90° α<90°	0.18t 0.35t	0.35t 0.70t	0.25t 0.50t	≥0.25mm ≥0.50mm
冲孔	α≥90° α<90°	0.20t 0.40t	0.45t 0.90t	0.30t 0.60t	≥0.30mm ≥0.60mm

注：t 为料厚。

2）冲裁件的最小孔边距与孔间距。为避免工件变形和保证模具强度，孔边距与孔间距不能过小，其最小许可值如图 4-25a 所示。

3）冲裁件上凸出的悬臂和凹槽。尽量避免冲裁件上过长的凸出悬臂和凹槽，悬臂和凹槽宽度也不宜过小，其许可值如图 4-25a 所示。

4）在弯曲件或拉深件上冲孔。在弯曲件或拉深件上冲孔时，孔边与直壁之间应保持一定的距离，以免冲孔时凸模受水平推力而折断，如图 4-25b 所示。

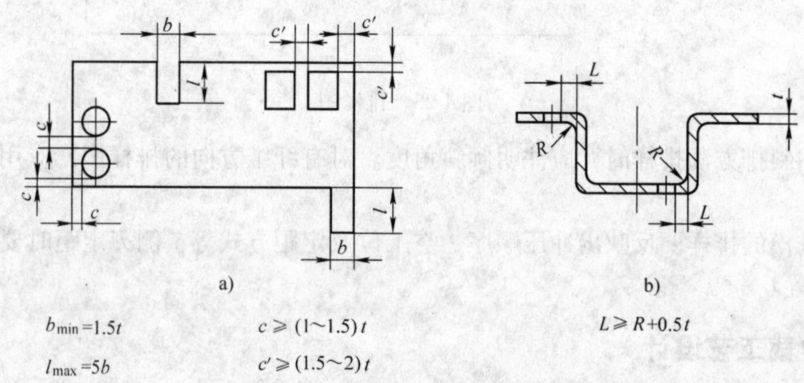

图 4-25　冲裁件的结构工艺性

5）冲裁件的孔径。冲裁件的孔径太小时，凸模易压弯或折断。用无导向凸模和有导向凸模所能冲制的最小尺寸见表 4-15 和 4-16。

表 4-15　无导向凸模冲孔的最小尺寸

冲裁件材料	圆形孔（直径 d）	方形孔（孔宽 b）	矩形孔（孔宽 b）	长圆形孔（孔宽 b）
钢（$\tau_b>700$MPa）	1.5t	1.35t	1.2t	1.1t
钢（$\tau_b=400\sim700$MPa）	1.3t	1.2t	1.0t	0.9t
钢（$\tau_b=700$MPa）	1.0t	0.9t	0.8t	0.7t
黄铜、铜	0.9t	0.8t	0.7t	0.6t
铝、锌	0.8t	0.7t	0.6t	0.5t

注：t 为板料厚度，τ_b 为抗剪强度。

表 4-16　有导向凸模冲孔的最小尺寸

冲裁件材料	圆形孔（直径 d）	矩形孔（孔宽 b）
硬钢	0.5t	0.4t
软钢、黄铜	0.35t	0.3t
铝、锌	0.3t	0.28t

（2）冲裁件的尺寸标注　冲裁件的结构尺寸基准应尽可能与其冲压时定位基准重合，并选择在冲裁过程中基本不变的面或线上，以免造成基准不重合误差。图 4-26a 所示的尺寸标注，对孔距要求较高的冲裁件是不合理的。因为受模具（同时冲孔与落料）磨损的影响，

尺寸 B 和 C 的精度难以达到要求。改用图 4-26b 所示的标注方法就比较合理，此时孔中心距尺寸不再受模具磨损的影响。

（3）冲裁件的尺寸精度和表面粗糙度　冲裁件的精度一般可分为精密级与经济级两类。在不影响冲裁件使用要求的前提下，应尽可能采用经济精度。

1）冲裁件的尺寸精度。冲裁件的经济精度的尺寸公差等级不高于 IT11，一般要求落料件公差等级最好低于 IT10，冲孔件最好低于 IT9。凡产品图样上未注公差的尺寸，其公差等级通常按 IT14 处理。

冲裁得到的工件尺寸及公差见表 4-17、表 4-18。如果工件要求的公差值小于表中数值，冲裁后须经修整或采用精密冲裁。

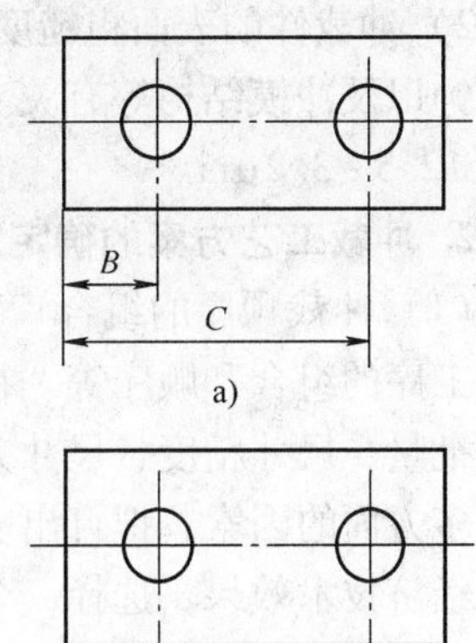

图 4-26　冲裁件的尺寸标注

表 4-17　冲裁件外形与内孔尺寸公差　（单位：mm）

料厚 t/mm	工件尺寸							
	一般精度的工件				较高精度的工件			
	<10	10~50	50~150	150~300	<10	10~50	50~150	150~300
0.2~0.5	0.08/0.05	0.10/0.08	0.14/0.12	0.20	0.025/0.02	0.03/0.04	0.05/0.08	0.08
0.5~1	0.12/0.05	0.16/0.08	0.22/0.12	0.30	0.03/0.02	0.04/0.04	0.06/0.08	0.10
1~2	0.18/0.06	0.22/0.10	0.30/0.16	0.50	0.04/0.03	0.06/0.06	0.08/0.10	0.12
2~4	0.24/0.08	0.28/0.12	0.40/0.20	0.70	0.06/0.04	0.08/0.08	0.10/0.12	0.15
4~6	0.30/0.10	0.35/0.15	0.50/0.25	1.0	0.10/0.06	0.12/0.10	0.15/0.15	0.20

注：1. 分子为外形尺寸公差，分母为内孔尺寸公差。

2. 一般精度的工件采用 IT7~IT8 的普通冲裁模；较高精度的工件采用 IT6~IT7 的精密冲裁模。

表 4-18　冲裁件孔中心距公差　（单位：mm）

料厚 t/mm	普通冲裁 孔距尺寸			高级冲裁 孔距尺寸		
	<50	50~150	150~300	<50	50~150	150~300
<1	±0.10	±0.15	±0.20	±0.03	±0.05	±0.08
1~2	±0.12	±0.20	±0.30	±0.04	±0.06	±0.10
2~4	±0.15	±0.25	±0.35	±0.06	±0.08	±0.12
4~6	±0.20	±0.30	±0.40	±0.08	±0.10	±0.15

注：表中所列孔距公差适用于两孔同时冲出的情况。

2）冲裁件的表面粗糙度。冲裁件的表面粗糙度与材料塑性、材料厚度、冲模间距、刃口锐钝以及冲模结构等有关。当冲裁厚度为2mm以下的金属板料时，其表面粗糙度 *Ra* 一般可达12.5～3.2μm。

2. 冲裁工艺方案的确定

（1）冲裁顺序的组合　确定工艺方案就是确定冲压件的工艺路线，主要包括冲压工序数、工序的组合和顺序等。在确定冲裁工艺方案时，应在工艺分析的基础上，根据冲裁件的生产批量、尺寸精度、尺寸大小、形状复杂程度、材料的薄厚、冲模制造条件及冲压设备条件等多方面的因素，拟订出多种可行的方案。再对这些方案进行全面分析和研究，比较其综合的经济技术效果，选择一个合理的冲压工艺方案。

确定工艺方案主要就是确定用单工序冲裁模、复合冲裁模还是级进冲裁模。对于模具设计来说，这是首先要确定的重要一步。表4-19所示为生产批量与模具类型的关系。

表4-19　生产批量与模具类型关系

生产性质	生产批量/万件	模具类型	设备类型
小批量试制	1	简易模、组合模、单工序模	通用压力机
中批量	1～30	单工序模、复合模、级进模	通用压力机
大批	30～150	复合模、多工位自动级进模、自动模	机械化高速压力机、自动化压力机
大量	>150	硬质合金模、多工位自动级进模	自动化压力机、专用压力机

确定模具类型时，还要考虑冲裁件尺寸形状的适应性。当冲裁件的尺寸较小时，考虑到单工序送料不方便和生产效率低，常采用复合冲裁或级进冲裁。对于尺寸中等的冲裁件，由于制造多副单工序模具的费用比较昂贵，则采用复合冲裁；当冲裁件上的孔与孔之间或孔与边缘之间的距离过小，不宜采用复合冲裁或单工序冲裁时，宜采用级进冲裁。级进冲裁可以加工形状复杂、宽度很小的异形冲裁件，且可冲裁的材料厚度比复合冲裁时要大，但级进冲裁受压力机工作台尺寸与工序数的限制，冲裁件尺寸不宜太大，参见表4-20。

表4-20　各种冲裁模的对比关系

比较项目＼模具种类	单工序模		级进模	复合模
	无导向	有导向		
冲压精度	低	一般	IT10～IT13	IT8～IT10
零件平整程度	差	一般	不平整	平整
零件最大尺寸和料厚	不受限制	中小尺寸，较厚料	250mm以下，0.1～6mm	300mm以下，0.05～3mm
生产率	低	较低	较高	稍低
高速自动压力机	不能用	可用	可用	出件困难
多排冲压法			较小尺寸冲件	很少采用
模具制造的工作量和成本	低	略高	简单零件，低于复合模	复杂零件，低于级进模
安全性	不安全		较安全	不安全

从冲裁件尺寸和精度等级考虑，复合冲裁避免了多次单工序模冲裁和连续模冲裁的定位误差，并且在冲裁过程中可以进行压料，冲裁件较平整，得到的冲裁尺寸精度等级高；从模

具制造、安装及调整的难易和成本高低考虑，对复杂形状的冲裁件来说，采用复合冲裁比采用级进冲裁更为适宜，安装、调整比较容易，且成本较低。

总之，对于一个冲裁件，可以得出多种工艺方案。必须对这些方案进行比较，能满足冲裁件质量与生产率的要求、模具制造成本较低、模具寿命较长、操作较方便及安全的工艺方案为最优方案。

(2) 冲裁顺序的安排

1) 多工序冲裁件用单工序冲裁时的顺序

① 先落料再冲孔或冲缺孔。后续工序的定位基准要一致，以避免定位误差和尺寸链的换算。

② 冲裁大小不同、相距较近的孔时，为减少孔的变形，应先冲大孔后冲小孔。

2) 连续冲裁顺序

① 先冲孔或冲缺孔，最后落料或切断。先冲出的孔可做后续工序的定位孔。当定位要求较高时，则可冲裁专供定位用的工艺孔（一般为两个），如图4-22所示。

② 采用定距侧刃时，定距侧刃切边工序安排与首次冲孔同时进行（见图4-22），以便控制送料进距。采用两个定距侧刃时，可以安排成一前一后，也可并列排布。

例4-3 如图4-27所示，零件材料为10钢，厚度为6.5mm，大批大量生产，试制订冲压工艺方案。

解：分析零件的冲压工艺性：

① 材料。10钢是优质碳素结构钢，具有良好的冲压性能。

② 工件结构。该零件形状简单、结构对称，孔边距大于凸凹模允许的最小壁厚，故可以考虑采用复合冲压工序。

③ 尺寸精度。冲裁零件内、外形所能达到的经济精度公差等级为IT12～IT13，采用一般普通冲压方法能够满足尺寸精度要求。

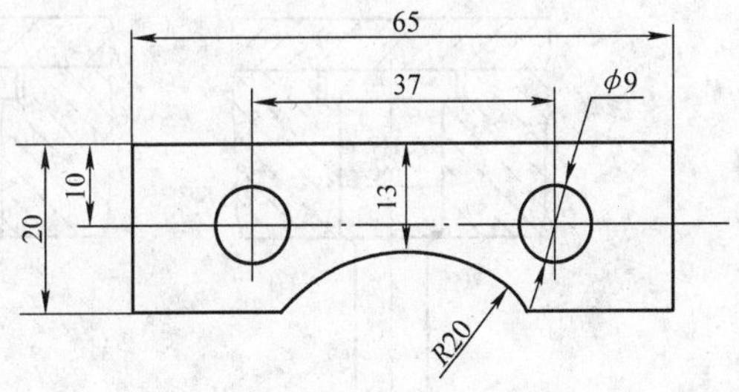

图4-27 零件简图

确定冲压工艺方案。该零件包括落料、冲孔两个基本工序，可有以下三种工艺方案。

方案一：先落料，后冲孔。采用单工序模生产。

方案二：落料 冲孔复合冲压，采用复合模生产。

方案三：冲孔 落料连续冲压，采用级进模生产。

方案一的模具结构简单，但需两道工序、两副模具，生产效率低，难以满足该零件的产量要求。方案二只需一副模具，冲压件的精度容易保证，且生产效率也高。尽管模具结构较方案一复杂，但由于零件的几何形状简单对称，模具制造并不困难。方案三也只需要一副模具，生产率也高，但零件的冲压精确度稍差，欲保证冲压件的几何精度，需要在模具上设置导正销导正，故模具制造、安装比复合模复杂。通过对以上三种方案的分析比较，该件的冲压生产采用方案二最佳。

3. 模具结构的设计

冲裁工艺方案确定后，就要确定模具各个部分的具体结构，包括上、下模导向的方式与模架的确定，毛坯定位方式的确定，主要零部件的定位与固定方式和其他特殊结构的设计等。

在进行上述模具结构设计时，还应考虑凸、凹模刃口磨损后修磨方便，易损坏或易磨损零件拆换方便，重量较大的模具应有方便的起运孔或钩环，模具结构要在各个细节尽可能考虑操作者的安全等。

八、冲裁模零部件设计

在冲压模的零部件中，很多已经完成标准化工作。冲模的标准化、典型化是缩短模具制造周期、简化模具设计的有效方法，是应用模具 CAD/CAM 的前提，也是模具工业化和现代化的基础。设计时应优先采用国家标准。

1. 工作零部件设计

（1）凸模的结构形式及固定方法　由于冲件的形状和尺寸不同，冲模的加工以及装配工艺等实际条件亦不同，所以在实际生产中使用的凸模结构形式很多。其截面形状有圆形和非圆形；刃口形式有平刃和斜刃等；结构形式有整体式、镶拼式、阶梯式、直通式、带护套式和快换式等。凸模的固定方法有台肩固定、铆接、螺钉和销钉固定以及粘结剂浇注法固定等。

下面通过介绍圆形与非圆形、大中型凸模来分析凸模的结构形式、固定方法、特点及应用场合。

1）圆形凸模。圆形凸模有 3 种形式，如图 4-28 所示。台阶式的凸模强度、刚度较好，

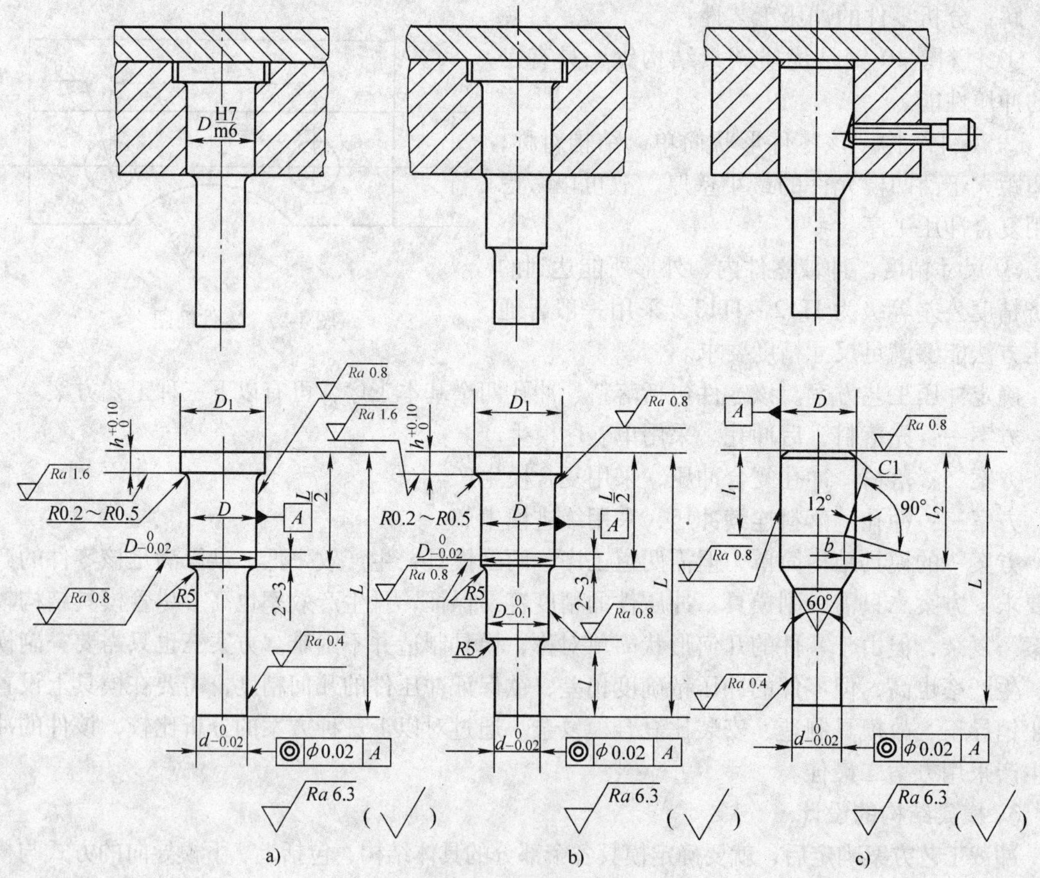

图 4-28　圆形凸模

装配修磨方便，其工作部分的尺寸由计算而得；与凸模固定板配合部分按过渡配合（H7/m6）制造；最大直径的作用是形成台肩，以便固定，保证工作时凸模不被拉出。图4-28a用于较大直径的凸模，图4-28b用于较小直径的凸模，它们适用于冲裁力和卸料力较大的场合。图4-28c是快换式的小凸模，维修更换方便。

2）非圆形凸模。在实际生产中广泛应用的非圆形凸模如图4-29所示。图4-29a和图4-29b是台阶式的。凡是截面为非圆形的凸模，如果采用台阶式的结构，其固定部分应尽量简化成简单形状的几何截面（圆形或矩形）。

图4-29a所示为台肩固定；图4-29b所示为铆接固定。这两种固定方法应用较广泛，但不论哪一种固定方法，只要工作部分截面是非圆形，而固定部分是圆形的，都必须在固定端接缝处加防转销。以铆接法固定时，铆接部位的硬度较工作部分要低。

图4-29c和图4-29d所示为直通式凸模。直通式凸模用线切割加工或成形铣、成形磨削加工而成。截面形状复杂的凸模一般应用这种结构。

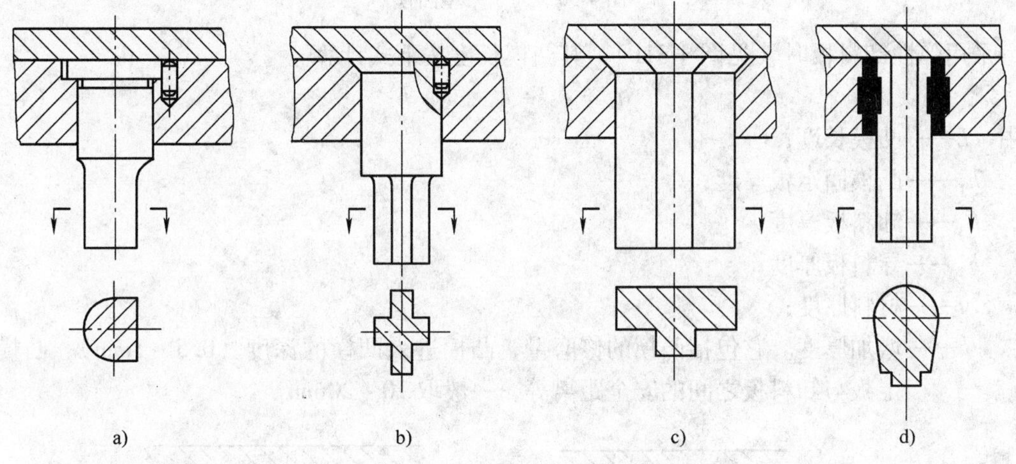

图4-29　非圆形凸模

图4-29d用低熔点合金浇注固定。用低熔点合金等粘结剂固定凸模的优点在于，当多凸模冲裁时（如电动机转子、转子冲槽孔），可以简化凸模固定板的加工工艺，便于在装配时保证凸模与凹模正确配合。此时，凸模固定板上安装凸模的孔的尺寸较凸模大，留有一定的间隙以便充填粘结剂。为了粘结牢靠，在凸模的固定端或固定板相应的孔上应开设一定的槽。常用的粘结剂有低熔点合金、环氧树脂及无机粘结剂等，各种粘结剂均有一定的配方，也有一定的配制方法，有的在市场上可以直接买到。

用粘结剂浇注固定的方法也可用于凹模、导柱及导套的固定。

3）大、中型凸模。大、中型的冲裁凸模，有整体式和镶拼式两种。图4-30a所示为大、中型整体式凸模，直接用螺钉、销钉紧固。图4-30b所示为镶拼式凸模，不仅可以节约贵重的模具钢，而且可减少锻造、热处理和机械加工的困难，因此大型凸模宜采用这种结构。

（2）凸模长度的计算　凸模长度主要根据模具结构，并考虑修磨、操作安全及装配等的需要来确定。当按冲模典型组合标准选用时，可取标准长度，否则应该进行计算。

采用固定卸料板和导料板时（见图4-31a），其凸模长度按下式计算

$$L = h_1 + h_2 + h_3 + h \tag{4-36}$$

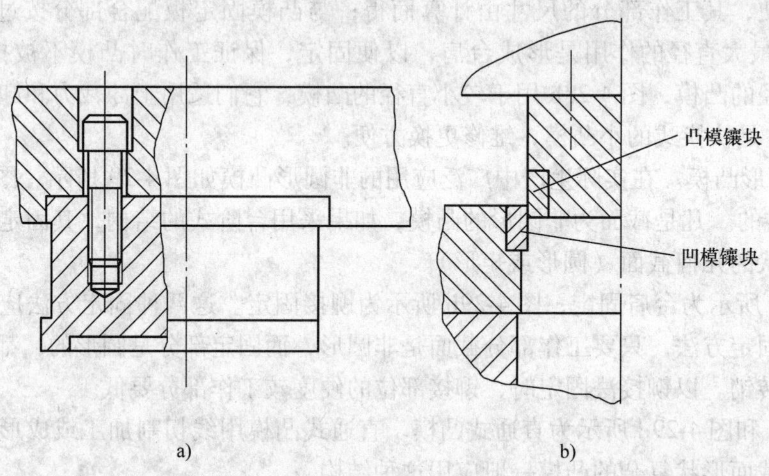

图 4-30　大、中型凸模

采用弹性卸料板时（见图 4-31b），其凸模长度按下式计算

$$L = h_1 + h_2 + t + h \tag{4-37}$$

式中　L——凸模长度；

h_1——凸模固定板厚度；

h_2——卸料板厚度；

h_3——导料板厚度；

t——材料厚度；

h——增加厚度。它包括凸模的修磨量、凸模进入凹模的深度（0.5～1mm）、凸模固定板与卸料板之间的安全距离等，一般取 10～20mm。

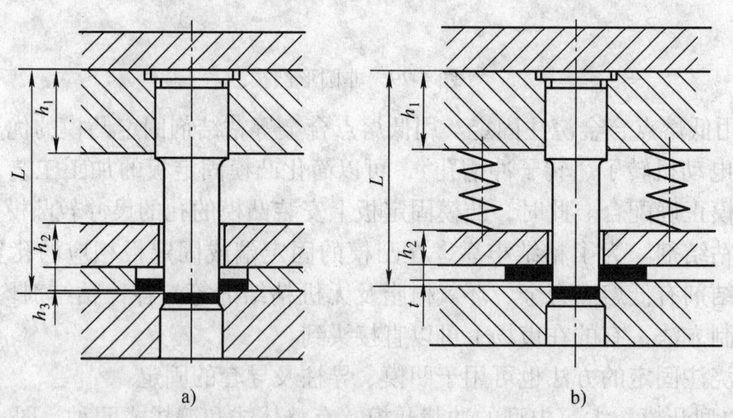

图 4-31　凸模长度尺寸

（3）凹模

1）凹模的结构形式。图 4-32a、b 所示为两种圆形凹模及其固定方法。这两种圆形凹模的尺寸都不大，直接装在凹模固定板中，主要用于冲孔。

在实际生产中，由于冲裁件的形状和尺寸千变万化，因而大量使用外形为圆形或矩形的凹模板，在其上面开设需要的凹模洞口，用螺钉和销钉直接固定在支承件上，如图 4-32c 所示。这种凹模板已经有国家标准。它与标准固定板、垫板和模座等配套使用。图 4-32d 所示为快换式结构，采用螺钉固定。

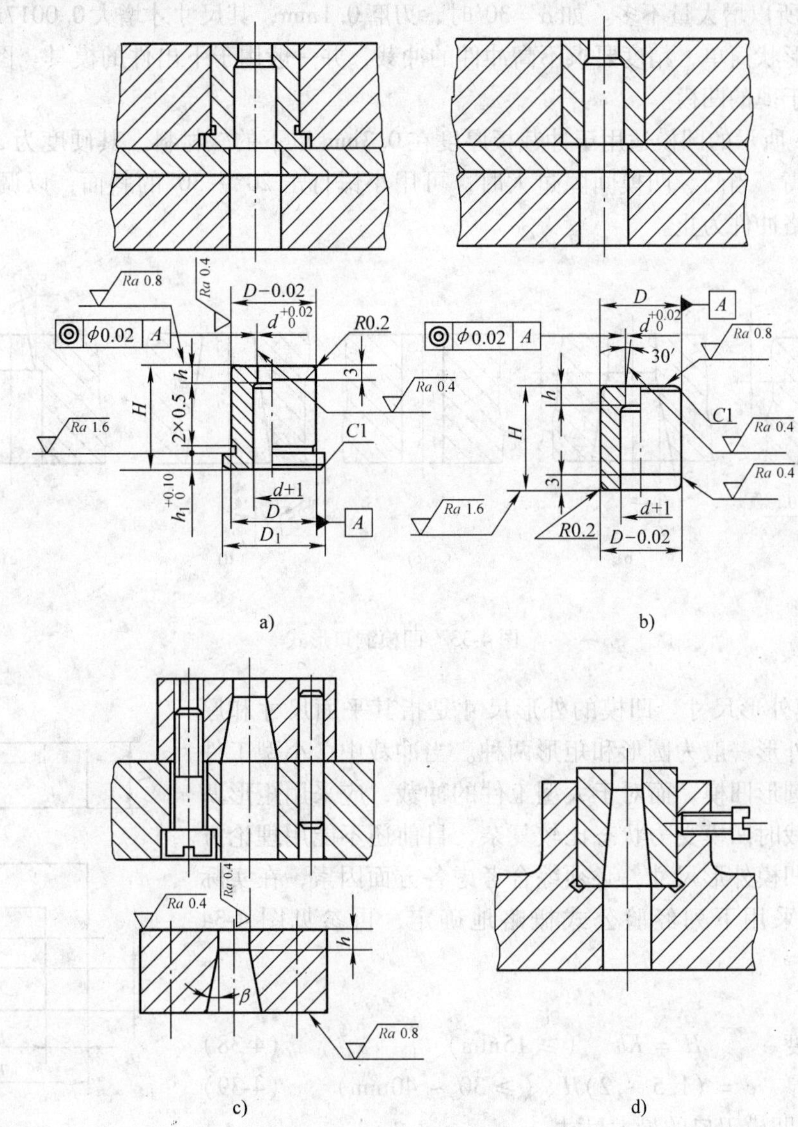

图 4-32　凹模形式及其固定

2）凹模的刃口形式。图 4-33 所示为冲裁模凹模刃口的主要形式。其中图 4-33a、图 4-33b 和图 4-33c 是直刃壁凹模，特点是刃口强度高，修磨后刃口尺寸不变，制造较方便。但是在废料或冲件向下推出模具结构中，废料或冲件会积存在孔口内，凹模胀力大，增加冲裁力和刃壁的磨损，磨损后每次修磨量较大。该结构形式主要用于冲裁形状复杂或精度要求较高的冲件。复合模或其他向上顶出冲件的冲裁模用图 4-33a 和图 4-33c 所示的形式；下出件的冲裁模采用图 4-33b 所示的形式。为了便于冲件或废料通过，排料孔斜度 β 常取 2°～3°。直刃壁高度 h 根据冲裁的板料厚度和模具寿命而定，当板厚 $t<0.5\text{mm}$ 时，$h=3\sim5\text{mm}$；

$t = 0.5 \sim 5\text{mm}$ 时，$h = 5 \sim 10\text{mm}$；$t = 5 \sim 10\text{mm}$ 时，$h = 10 \sim 15\text{mm}$。

图 4-33d 和图 4-33e 所示为斜刃壁孔口凹模。这种凹模孔口内不易积存冲件或废料，磨损后修磨量较小，刃口强度较低，修磨后孔口尺寸会增大。但是由于角度 α 不大（一般取 $15' \sim 30'$），所以增大量不多。如 $\alpha = 30'$时，刃磨 0.1mm，其尺寸才增大 0.0017mm。这种刃口一般用于形状简单，精度要求不高冲件的冲裁，并一般用于下出件的模具。图 4-33d 所示的形式常用于薄的凹模。

图 4-33e 所示的凹模适用于冲裁板厚度在 0.3mm 以下的软材料，其硬度为 35 ~ 40HRC。由于硬度不高，当凸、凹模间隙过大时，可用小锤打击 20° ~ 30°的斜面，以调整间隙，直到试冲出合格冲件为止。

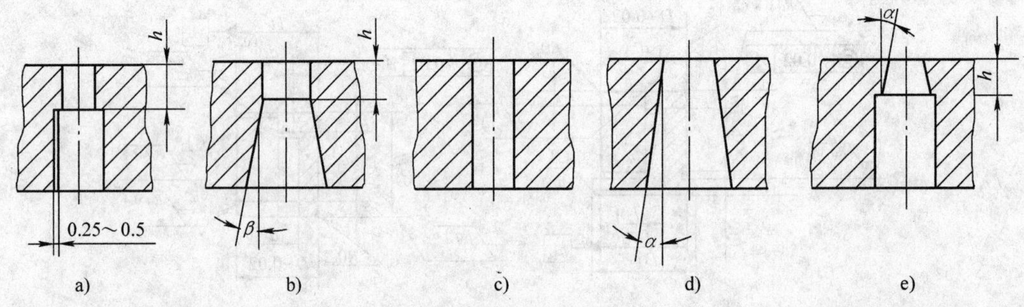

图 4-33　凹模洞口形式

3）凹模外形尺寸。凹模的外形尺寸是指其平面尺寸和厚度，凹模的外形一般为圆形和矩形两种。当冲裁中、小型工件时，常采用圆形凹模，而对于大型工件的冲裁，应采用矩形凹模。由于冲裁时凹模受力状态比较复杂，目前还不能用理论方法精确计算凹模外形尺寸，必须综合考虑各方面因素，在实际生产中首先采用下列经验公式概略地确定，再参见图 4-34 确定。

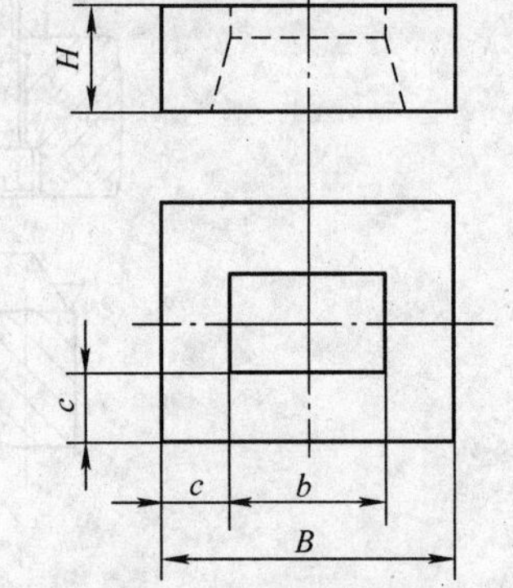

图 4-34　凹模外形尺寸

凹模厚度　　$H = Kb \quad (\geqslant 15\text{mm})$　　(4-38)

凹模壁厚　$c = (1.5 \sim 2)H \quad (\geqslant 30 \sim 40\text{mm})$　　(4-39)

式中　b——凹模刃口的最大尺寸；

K——系数，见表 4-21。

表 4-21　系数 *K* 值

凹模刃口的最大尺寸 b/mm	材料厚度 t/mm				
	0.5	1	2	3	4
≤50	0.3	0.35	0.42	0.5	0.6
50 ~ 100	0.2	0.22	0.28	0.35	0.42
100 ~ 200	0.15	0.18	0.2	0.24	0.3
>200	0.1	0.12	0.15	0.18	0.22

此外，凹模用销钉和螺钉固定时，螺纹孔与销孔之间的距离、螺纹孔或销孔距凹模刃口边缘的距离、螺纹孔或销孔至凹模边缘的距离，均不应过小，以防止降低强度。一般螺纹孔与销孔间，螺纹孔或销孔与凹模刃口间的距离应大于两倍孔径值，其最小许用值可参考有关手册。

综合考虑上述诸多因素后，计算出凹模外形尺寸，参考国家标准得出凹模外形实际尺寸。

（4）凸凹模　凸凹模存在于复合模中，是复合模的工作零件。凸凹模工作面的内、外缘均为刃口，内、外缘之间的壁厚取决于冲裁件的尺寸。因此从强度方面考虑，其壁厚应受最小值限制。凸凹模的最小壁厚与模具结构有关：若模具采用正装式结构，内孔不积存废料，胀力小，最小壁厚可以小些；当模具为倒装式结构时，若内孔为直筒形刃口形式，且采用下漏料方式，则内孔积存废料，胀力大，故最小壁厚应大些。

目前，凸凹模的最小壁厚值按一般经验数据确定，倒装复合模的凸凹模最小壁厚见表4-22。正装复合模的凸凹模最小壁厚可比倒装复合模小一些。

表4-22　倒装复合模的冲裁凸凹模最小壁厚　（单位：mm）

简　图										
材料厚度 t	0.4	0.6	0.8	1.0	1.2	1.4	1.6	1.8	2.0	2.2	2.5
最小壁厚 a	1.4	1.8	2.3	2.7	3.2	3.6	4.0	4.4	4.9	5.2	5.8
材料厚度 t	2.8	3.0	3.2	3.5	3.8	4.0	4.2	4.4	4.6	4.8	5.0
最小壁厚 a	6.4	6.7	7.1	7.6	8.1	8.5	8.8	9.1	9.7	9.7	10

（5）凸、凹模的镶拼结构

1）镶拼结构的应用场合及镶拼方法。对于大、中型的凸、凹模或形状复杂、局部薄弱的小型凸、凹模，如果采用整体式结构，将给锻造、机械加工或热处理带来困难，而且当发生局部损坏时，就会造成整个凸、凹模的报废，因此常采用镶拼结构的凸、凹模。

镶拼结构有镶接和拼接两种：镶接是将局部易磨损部分另做一块，然后镶入凹模体或凹模固定板内，如图4-35所示；拼接是将整个凸、凹模的形状按分段原则分成若干块，分别加工后拼接起来，如图4-36所示。

2）镶拼结构的设计原则。凸模和凹模镶拼结构设计的依据是凸、凹模形状、尺寸、受力情况及冲裁板料厚度等。镶拼结构设计的一般原则如下：

① 力求改善加工工艺性，减少钳工工作量，提高模具加工精度。

尽量将形状复杂的内形加工变成外形加工，以便于切削加工和磨削（见图4-37a、b、d、g）。

尽量使分割后拼块的形状、尺寸相同，可以几块同时加工和磨削（见图4-37d、f、g），一般沿对称线分割可以实现。

应沿转角、尖角分割，并尽量使拼块角度大于或等于90°（见图4-37j）。

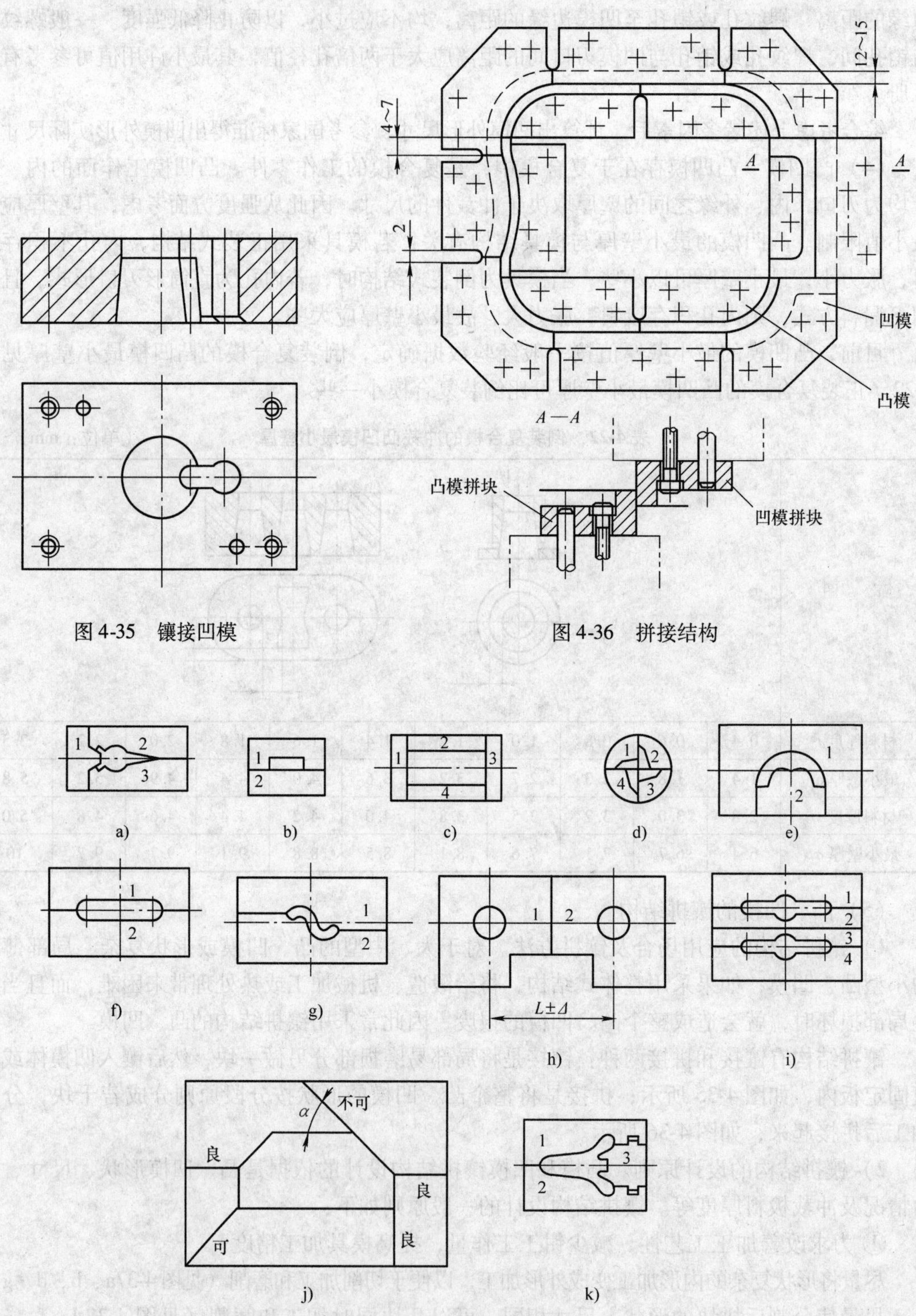

图 4-35　镶接凹模

图 4-36　拼接结构

图 4-37　镶拼结构示例

圆弧尽量单独分块，拼接线应在离切点4～7mm的直线处，大圆弧和长直线可以分为几块（见图4-36）。

拼接线应与刃口垂直，而且不宜过长，一般为12～15mm（见图4-36）。

② 便于装配调整和维修。

比较薄弱或容易磨损的局部凸出或凹进部分，应单独分为一块（见图4-35、图4-37a）。

拼块之间应能通过磨削或增减垫片的方法，调整其间隙或保证中心距公差（见图4-37h、i）。

拼块之间应尽量以凸、凹槽相嵌，便于拼块定位，防止在冲压过程中发生相对移动（见图4-37k）。

③ 满足冲压工艺要求，提高冲压件质量。

凸模与凹模的拼接线应至少错开4～7mm，以免冲裁件产生毛刺（见图4-36）；拉深模拼接块拼接线应避开材料有增厚部位，以免零件表面出现拉痕。

为了减小冲裁力，对于大型冲裁件或厚板冲裁的镶拼模，可以把凸模（冲孔时）或凹模（落料时）制成波浪形斜刃，如图4-38所示。斜刃应对称，拼接面应取在最低或最高处，每块一个或半个波形，斜刃高度 H 一般取材料厚度的1～3倍。

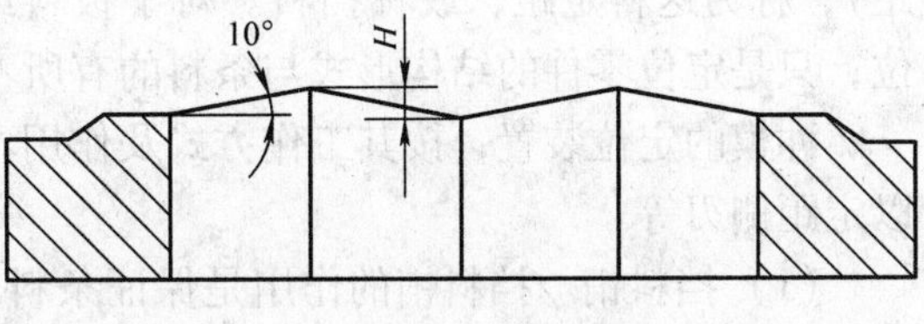

图4-38　斜刃拼块结构

3）镶拼结构的固定方法。镶拼结构的固定方法主要有以下几种：

① 平面式固定，即把拼块直接用螺钉、销钉紧固定位于固定板或模座上，如图4-36所示。这种固定方法主要用于大型的镶拼凸、凹模。

② 嵌入式固定，即把各拼块拼合后嵌入固定板凹槽内，如图4-39a所示。

③ 压入式固定，即把各拼块拼合后，以过盈配合压入固定板孔内，如图4-39b所示。

④ 斜楔式固定，如图4-39c所示。

此外，还有用粘结剂浇注等固定方法。

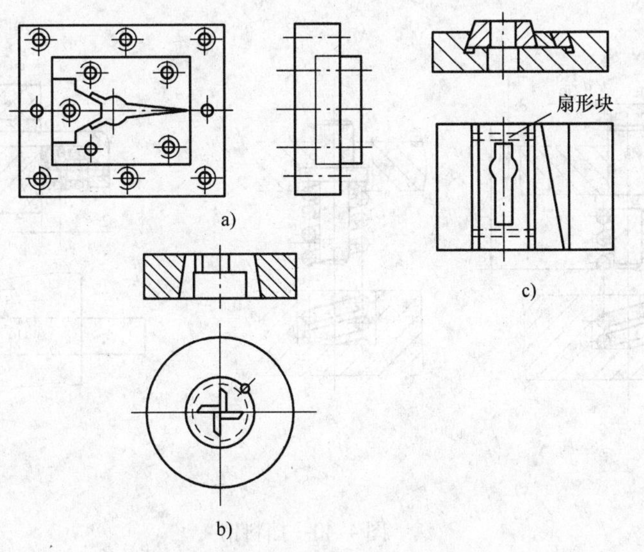

图4-39　镶拼结构固定方法

4）镶拼结构的特点

① 节约模具钢，减少锻造的困难，减低模具的制造成本。

② 避免应力集中，减小或消除了热处理变形与开裂的危险。

③ 拼块便于加工，刃口尺寸和冲裁间隙容易控制和调整，模具精度较高，寿命较长。

④ 便于维修与更换已损坏或过分磨损部分，延长模具寿命。

⑤ 为保证镶拼后的刃口尺寸和凸、凹模间隙，对各拼块的尺寸要求较严格，装配工艺较复杂。

2. 定位零件设计

冲模的定位零件用来保证条料的正确送进及在模具中的正确位置。条料在模具中的定位有两方面的内容：一是在与条料送料方向垂直的方向上的限位，保证条料沿正确的方向送进，称为送进导向，或称导料；二是在送料方向上的限位，控制条料一次送进的距离（步距），称为送料定距，或称挡料。对于板料或工序件的定位，基本也是在两个方向上的限位，只是定位零件的结构形式与条料的有所不同而已。

冲模的定位装置，按其工作方式及作用不同可分为挡料销、定位板（钉、块）、导正销以定距侧刃等。

（1）挡料销　挡料销的作用是保证条料或带料有正确的送进距离。它可分为固定挡料销、活动挡料销和始用挡料销等，如图 4-40 所示。图 4-40a 所示为固定挡料销，结构简单、

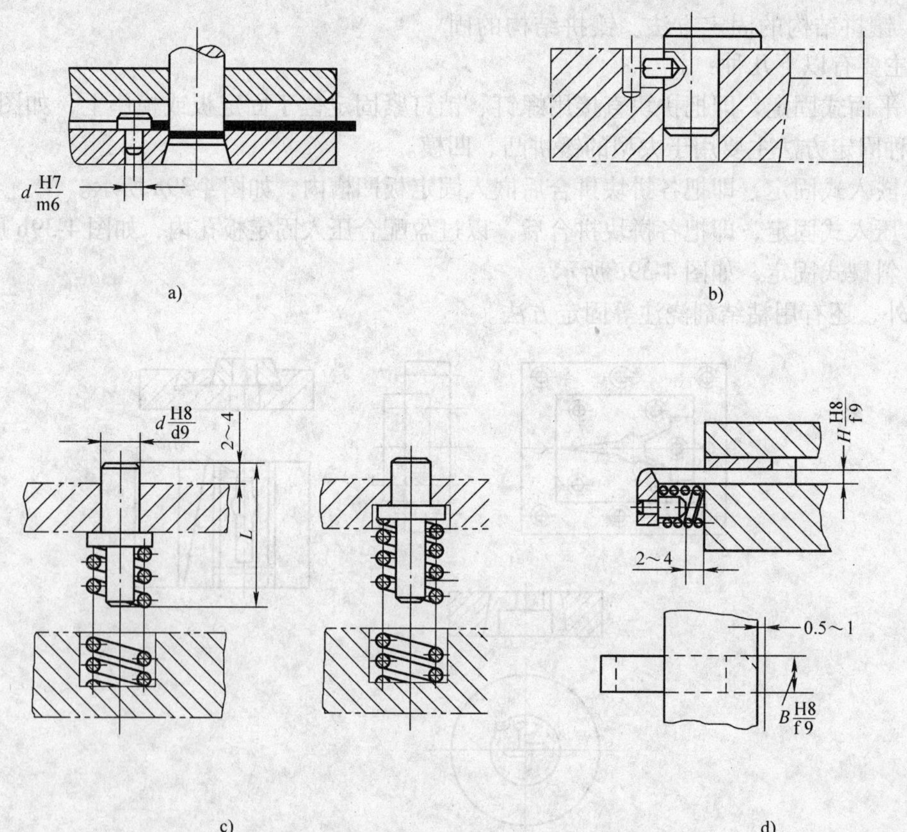

图 4-40　挡料销

a）固定挡料销　b）钩形固定挡料销　c）活动挡料销　d）始用挡料销

制造容易，广泛用于冲制中、小型冲裁件的送料定距；图4-40b所示为钩形固定挡料销，钩形挡料销销孔距凹模刃壁较远，凹模强度好，但为了防止钩头在使用过程发生转动，装有定向销，因此制造难度较大；图4-40c所示为活动挡料销，多用于弹性卸料板的复合模，冲裁时随凹模下降而被压入孔内；图4-40d所示为始用挡料销，用于以导料板送料导向的级进模和单工序模。一副模具有几个始用挡料销取决于冲裁排样方法及凹模上的工位安排。

挡料销一般用45钢制造，淬火硬度为43～48HRC。设计时，挡料销高度应稍大于冲压件的材料厚度。

（2）定位板与定位钉　定位板与定位钉是对单个毛坯或半成品按其外形或内孔进行定位的零件。由于坯料形状不同，定位形式也有很多，如图4-41所示，其中，图4-41a所示为外形定位，图4-41b所示为内孔定位。

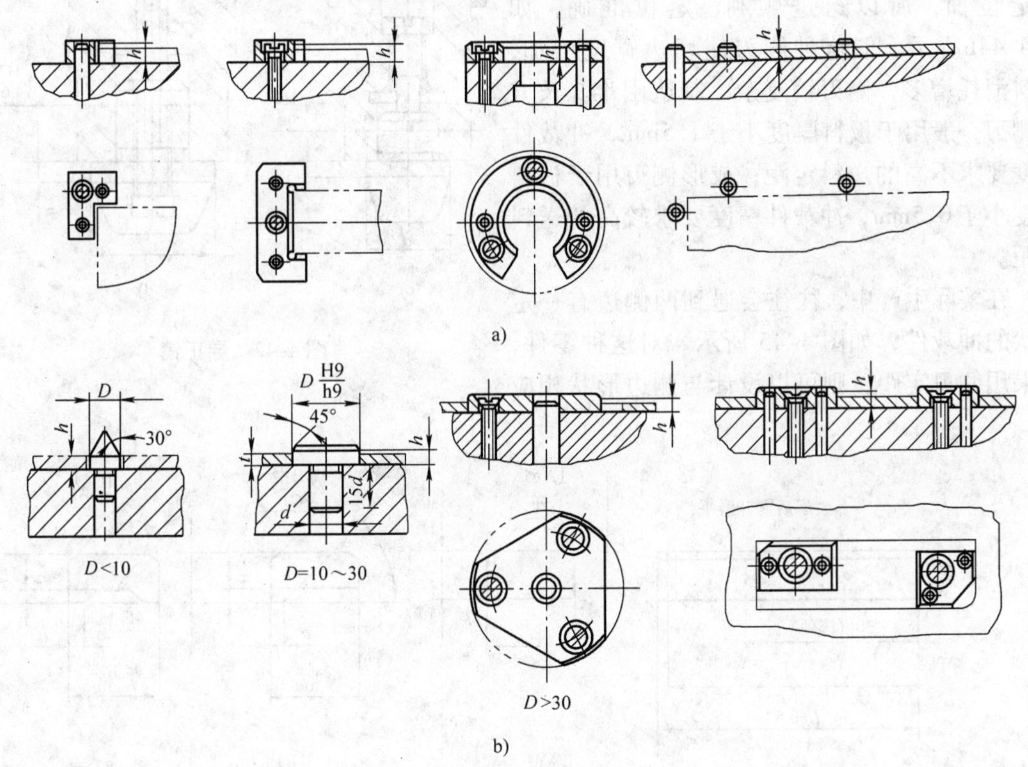

图4-41　定位板与定位钉

定位板与定位钉一般采用45钢制成，淬火硬度为43～48HRC。

（3）导正销　导正销多用于级进模中冲裁件的精确定位。冲裁时，为减小条料的送进误差，保证工件内孔与外形的相对位置精度，导正销先插入已冲好的孔（或工艺孔）中，将坯料精确定位。图4-42所示为几种导正销的结构形式。其中，图4-42a适用于直径小于6mm的孔，图4-42b适用于直径为10mm的孔，图4-42c适用于直径为10～30mm的孔，图4-42d适用于直径为20～50mm的孔。导正销可装在落料凸模上，也可装在固定板上。导正销与导孔之间要有一定的间隙，导正销高度应大于模具中最长凸模的高度。

导正销一般采用T7、T8或45钢制作，并需经热处理淬火。

（4）定距侧刃　侧刃结构如图4-43所示。按侧刃的工作端面形状分为平面型（Ⅰ型）

和台阶型（Ⅱ型）两类。台阶型多用于厚度1mm以上的板料的冲裁，冲裁前凸出部分先进入凹模导向，以免由于侧压力导致侧刃损坏（工作时侧刃是单边冲切）。按侧刃的截面形状分为长方形侧刃和成形侧刃两类。图4-43所示的ⅠA型和ⅡA型为长方形侧刃，其结构简单，制造容易，但当刃口尖角磨损后，在条料侧边形成的毛刺会影响顺利送进和定位的准确性，如图4-44a所示。而采用成形侧刃，如果条料侧边形成毛刺，毛刺离开了导料板和侧刃挡板的定位面，所以送进顺利，定位准确，如图4-44b所示。但这种侧刃使切边宽度增加，材料消耗增多，侧刃较复杂，制造困难。长方形侧刃一般用于板料厚度小于1.5mm，冲裁件精度要求不高的送料定距；成形侧刃用于板料厚度小于0.5mm，冲裁件精度要求较高的送料定距。

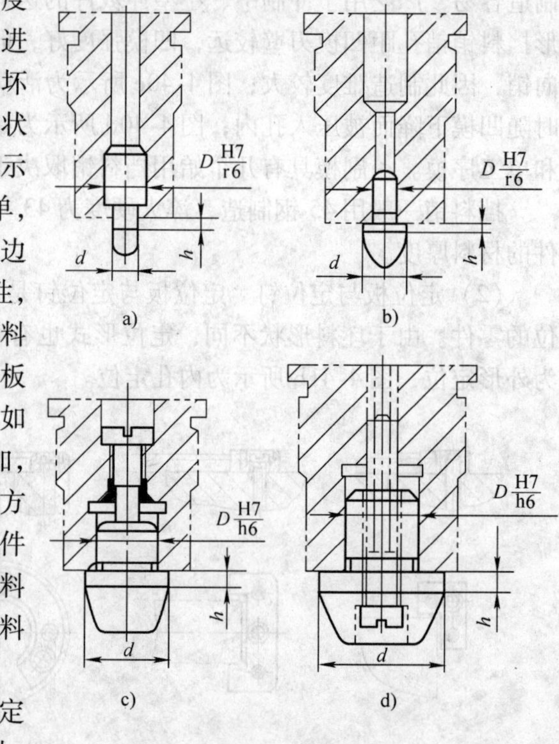

图4-42　导正销

在实际生产中，往往会遇到两侧边有一定形状的冲裁件，如图4-45所示。对这种零件，如果用侧刃定距，则可以设计与侧边形状相应

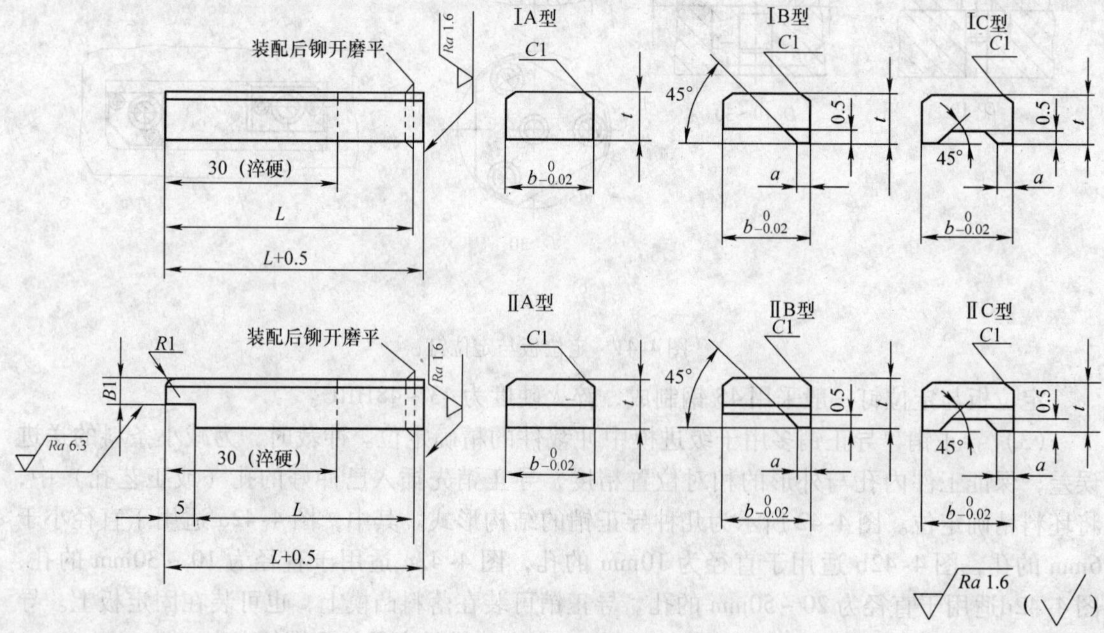

图4-43　侧刃结构

的特殊侧刃（见图4-45），这种侧刃既可定距，又可冲裁零件的部分轮廓。

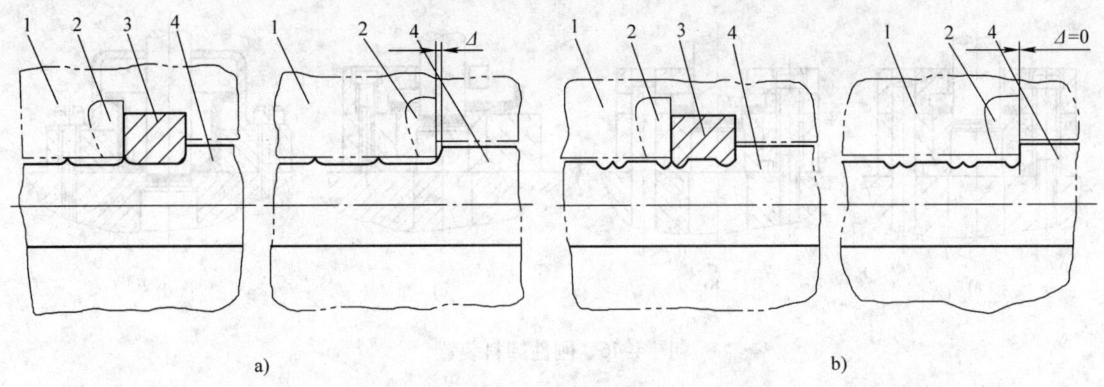

图4-44　侧刃定位误差比较

1—导料板　2—侧刃挡块　3—侧刃　4—条料

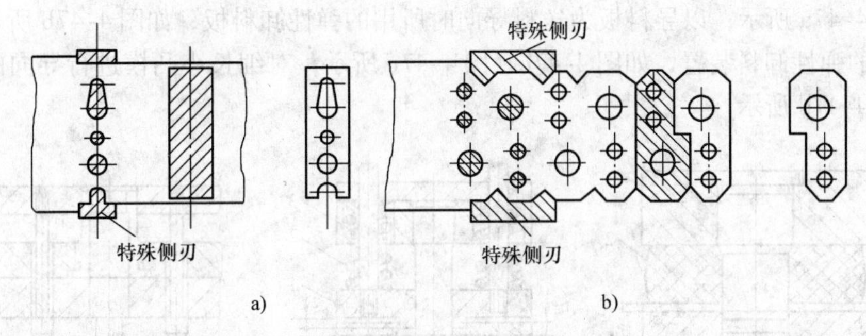

图4-45　特殊侧刃

侧刃厚度一般为6～10mm，其长度为条料送进步距长度。材料可用T10、Cr12制造，淬火硬度为62～64HRC。侧刃凹模按侧刃实际尺寸配制，留单边间隙。侧刃数量可以是一个，也可以是两个。两个侧刃可以在条料两侧并列布置，也可以对角布置，对角布置能够保证料尾的充分利用。

（5）送料方向的控制　条料送料方向的控制是靠导料板或导正销实现的。标准导料板（导尺）可按国标选取。长度尺寸应等于凹模长度，如果凹模带有承料板，导料板的长度等于凹模长度与承料板长度之和。当采用导正销控制送料方向时，应在同侧设置两个导正销。

导正销多用于复合模的送料导向，一般设两个，位于条料的同一侧。从右向左送料时，导正销装在后侧；从前向后送料时，导正销装在左侧。导正销可装在凹模上，也可装在弹性卸料板上，还可以装在下模座上。

3. 卸料装置设计

从广义上讲，冲裁模的卸料装置是对条料、坯料、工件及废料进行推、卸和顶出的机构，以保证下次冲压能正常进行。

（1）卸料装置　卸料装置分为刚性卸料装置和弹性卸料装置两大类。刚性卸料装置如图4-46所示，卸料力大，常用于材料较硬，厚度过大，精度要求不太高的工件冲裁。常用的刚性卸料装置形式有：卸料板与导料板是一整体的，如图4-46a所示；卸料板与导料板是分开的，如图 4-46b 所示；对成形后工序件进行卸料的卸料板，如图 4-46c 所示。

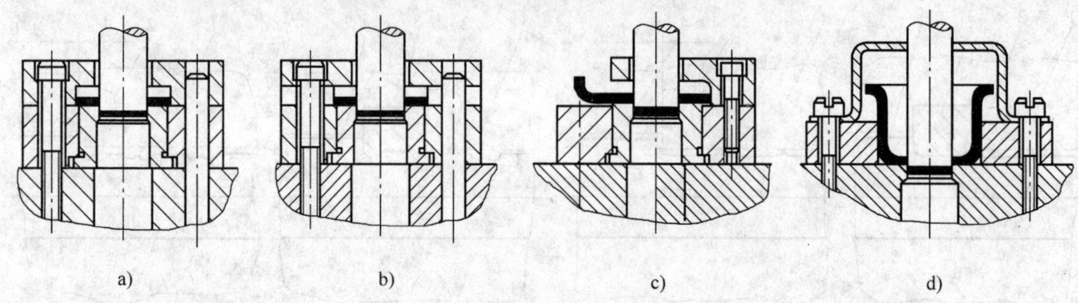

图 4-46　刚性卸料装置

弹性卸料装置如图 4-47 所示。这种卸料装置靠弹簧或橡胶的弹性压力，推动卸料板动作而将材料卸下。具有弹性卸料装置的模具冲出的工件平整，精度较高。常用于材料较薄、较软工件的冲裁。常用的弹性卸料装置形式有：用固定在凸模固定板上的橡胶弹性体进行卸料，如图 4-47a 所示；以导料板为送料导向时所用的弹性卸料板，如图 4-47b 所示；倒装复合模所用的弹性卸料装置，如图 4-47c、图 4-47e 所示；对细长小凸模进行导向的弹性卸料板，如图 4-47d 所示。

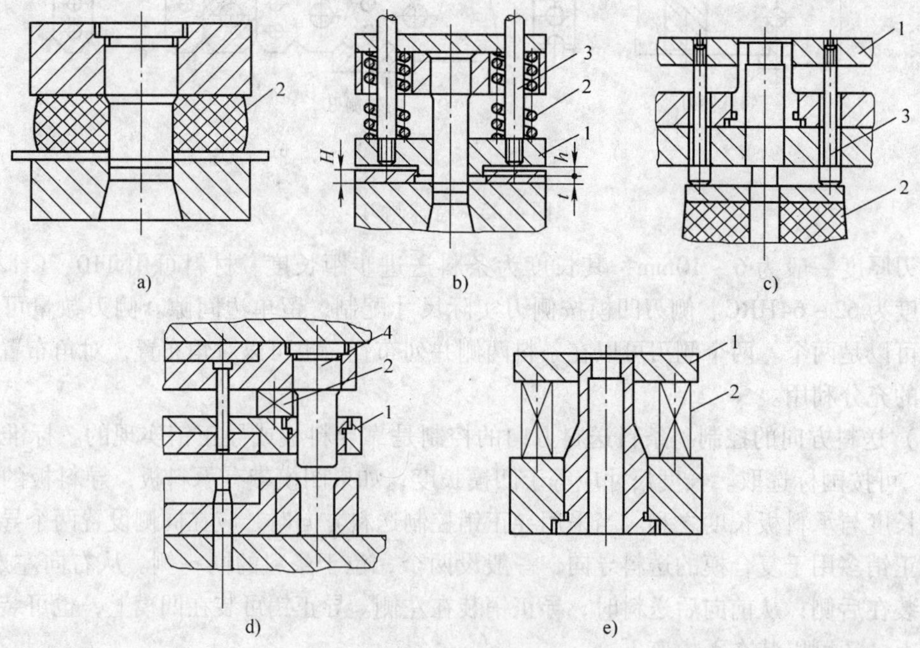

图 4-47　弹性卸料装置

1—卸料板　2—弹性元件　3—卸料螺钉　4—小导柱

（2）废料切刀卸料　对于大、中型冲裁件或成形件切边，还常采用废料切刀的形式将废边切断分开，达到卸料的目的，如图 4-48 所示。

（3）推件装置　推件装置分为刚性推件装置和弹性推件装置两大类。推件装置装于上模部分，常用于将复合模中留在上模的冲件或废料推出。刚性推件装置如图 4-49 所示，当

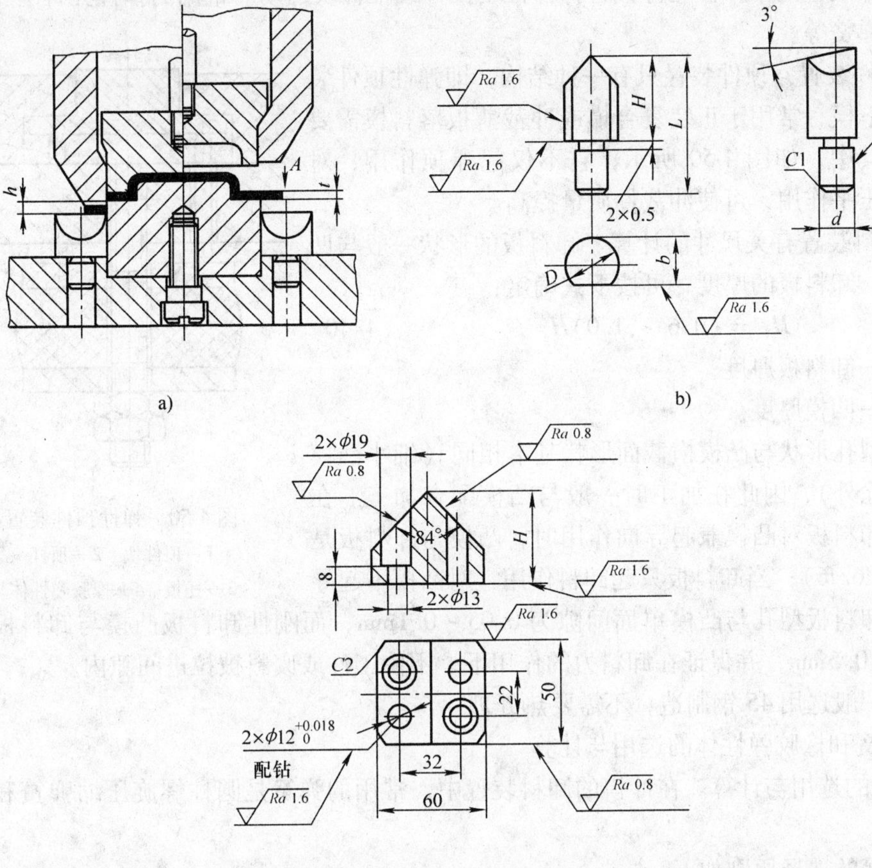

图4-48　废料切刀卸料

a）废料切刀工作原理　b）圆废料切刀　c）方废料切刀

模柄中心位置有冲孔凸模时，采用图4-49a所示结构；一般常采用图4-49b所示的简单结构。为使冲件或废料顺利被推出，推力必须均匀，因此，需要2~4根推杆，且应分布均匀、长短一致。此结构常用于板料较厚的冲件。

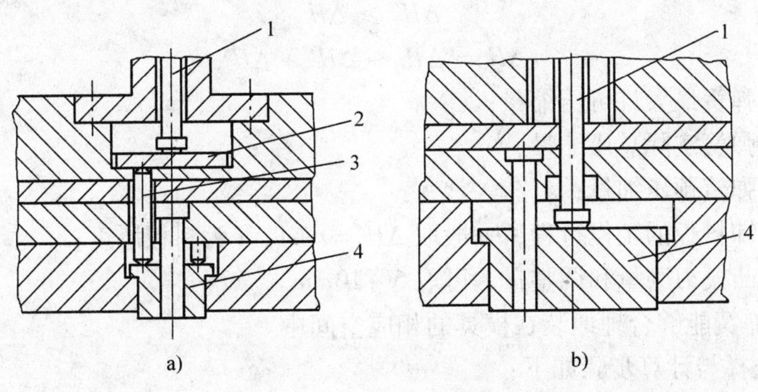

图4-49　刚性推件装置

1—打杆　2—推板　3—推杆　4—推件块

弹性推件装置是以弹性元件代替打杆推动推杆或推件块运动。常用的弹性元件有聚氨酯橡胶、碟形弹簧等。

(4) 顶件装置　顶件装置只有一种结构，即弹性顶件装置，安装在下模，常用于正装复合模或冲裁薄板落料模需要上出料的模具中，如图4-50所示，它不仅起弹顶作用，对冲裁件还有压平作用，可使冲裁件质量提高。

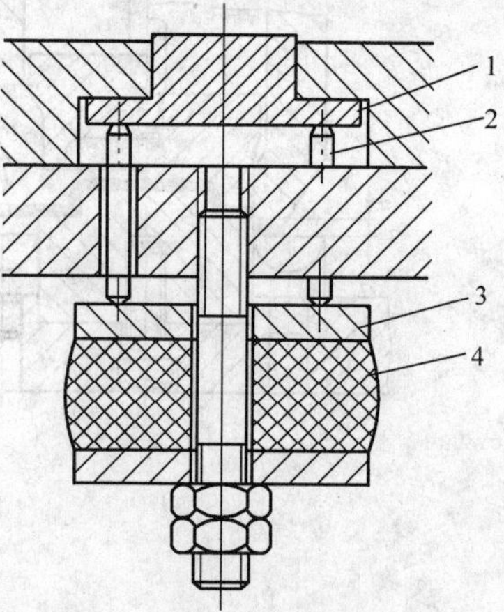

图4-50　弹性顶件装置

1—顶件块　2—顶杆

3—托板　4—橡胶弹性体

(5) 卸料装置有关尺寸的计算　卸料板的形状一般与凹模形状相同，卸料板的厚度，可按下式确定：

$$H_x = (0.6 \sim 1.0)H_a \tag{4-40}$$

式中　H_x——卸料板厚度；

H_a——凹模厚度。

卸料板型孔形状与凸模横截面形状基本相同（细小凸模及特殊凸模除外），因此在加工时一般与凸模配合加工。在设计时，当卸料板对凸模兼起导向作用时，凸模与卸料板是间隙配合（H6/f6）；当卸料板只起卸料作用，对凸模不起导向作用时，卸料板型孔与凸模单面间隙为0.05～0.1mm，而刚性卸料板凸模与卸料板单面间隙为0.2～0.5mm，并保证在卸料力的作用下，不使工件或废料被拉进间隙内。

卸料板一般选用45钢制造，不需要热处理。

(6) 弹簧和橡胶弹性体的选用与计算

1）弹簧的选用与计算。在冲模的卸料装置中，常用的弹簧是圆柱螺旋压缩弹簧和碟形弹簧。

卸料弹簧的选择原则如下：

① 卸料弹簧的预压力应满足下式

$$F_0 \geqslant F_x/n \tag{4-41}$$

式中　F_0——弹簧预压状态的压力；

F_x——卸料力；

n——弹簧数量。

② 弹簧最大许可压缩量应满足下式

$$\Delta H_2 \geqslant \Delta H$$

$$\Delta H = \Delta H_0 + \Delta H' + \Delta H''$$

式中　ΔH_2——弹簧最大许可压缩量；

ΔH——弹簧实际总压缩量；

ΔH_0——弹簧预压缩量；

$\Delta H'$——卸料板的工作行程，一般取$\Delta H' = t + 1$，t为料板厚度；

$\Delta H''$——凸模刃磨量和调整量，可取5～10mm。

③ 选用的弹簧能够合理地装在模具的相应空间中。

卸料弹簧选择与计算步骤如下：

① 根据卸料力和模具安装弹簧的空间大小，初定弹簧数量n，计算出每个弹簧应有的预压力F_0，并满足式（4-41）。

② 根据预压力 F_0 和模具结构预选弹簧规格，选择时应使弹簧的最大工作负荷 F_2 大于 F_0。

③ 计算预选弹簧在预压力作用下的预压缩量 ΔH_0。

$$\Delta H_0 = \frac{F_0}{F_2}\Delta H_2 \tag{4-42}$$

也可以直接在弹簧压缩特性曲线上根据 F_0 查出 ΔH_0（见图4-51）。

④ 校核弹簧最大许可压缩量是否大于实际工作的总压缩量，即 $\Delta H_2 = \Delta H_0 + \Delta H' + \Delta H''$。如果不满足上述关系，必须重新选择弹簧规格，直到满足为止。

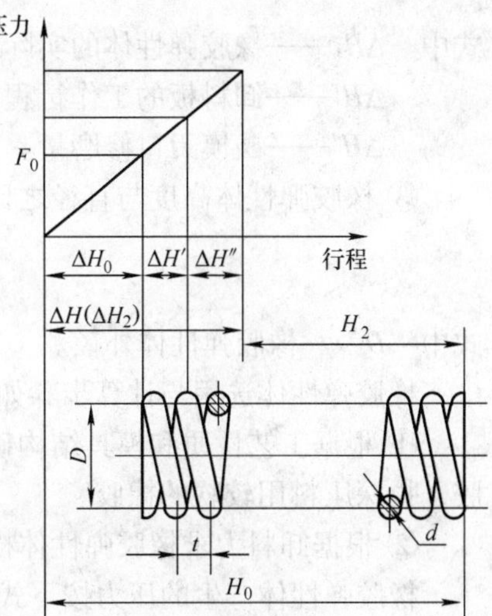

图4-51　弹簧特性曲线

例4-4　如果采用图4-47e所示的卸料装置，冲裁板厚为1mm的低碳钢垫圈，设冲裁卸料力为1000N，试选择和计算需要的卸料弹簧。

解：① 根据模具按照位置拟选4个弹簧，每个弹簧的预压力为

$$F_0 = F_x/n = (1000/4)\text{N} = 250\text{N}$$

② 查有关弹簧规格，初选弹簧规格为：25mm×4mm×55mm。其具体参数是：$D = 25\text{mm}$，$d = 4\text{mm}$，$t = 6.4\text{mm}$，$F_2 = 533\text{N}$，$\Delta H_2 = 14.7\text{mm}$，$H_0 = 55\text{mm}$，$n = 7.7$，$f = 1.92\text{mm}$。

③ 计算 ΔH_0。

$$\Delta H_0 = (\Delta H_2/F_2)F_0 = (14.7/533)\times 250\text{mm} = 6.9\text{mm}$$

④ 校核。

设 $\Delta H' = 2\text{mm}$，$\Delta H'' = 5\text{mm}$

$$\Delta H = \Delta H_0 + \Delta H' + \Delta H'' = (6.9 + 2 + 5)\text{mm} = 13.9\text{mm}$$

由于14.7＞13.9，满足 $\Delta H_2 \geqslant \Delta H$。

所以，所选弹簧是合适的。

2）橡胶弹性体的选用与计算。橡胶允许承受的负荷较大，安装调整灵活方便，是冲裁模中常用的弹性元件。

橡胶弹性体的选用和计算原则如下：

① 为保证橡胶弹性体正常工作，应使橡胶弹性体在预压缩状态下的预压力满足式

$$F_0 \geqslant F_x$$

式中　F_0——橡胶弹性体在预压缩状态下的压力；

F_x——卸料力。

② 为保证橡胶弹性体不过早失效，其允许最大压缩量不应超过其自由高度的45%，一般取

$$\Delta H_2 = (0.35 \sim 0.45)H_0$$

式中　ΔH_2——橡胶弹性体允许的总压缩量；

H_0——橡胶弹性体的自由高度。

橡胶弹性体预压缩量一般取自由高度的10%～15%，即

$$\Delta H_0 = (0.10 \sim 0.15)H_0$$

式中　ΔH_0——橡胶弹性体预压缩量。

故
$$\Delta H_1 = \Delta H_2 - \Delta H_0 = (0.25 \sim 0.35)H_0$$
而
$$\Delta H_1 = \Delta H' - \Delta H''$$
得
$$H_0 = \frac{\Delta H' - \Delta H''}{0.25 \sim 0.35}$$

式中　ΔH_1——橡胶弹性体的实际压缩量；
$\Delta H'$——卸料板的工作行程，$\Delta H' = t+1$，t 为板料厚度；
$\Delta H''$——凸模刃口修磨量。

③ 橡胶弹性体高度与直径之比应按下式校核
$$0.5 \leqslant \frac{H_0}{D} \leqslant 1.5$$

式中　D——橡胶弹性体外径。

橡胶弹性体选用与计算步骤如下：

① 根据工艺性质和模具结构确定橡胶弹性体性能、形状和数量。冲裁卸料用较硬的橡胶，拉深压料用较软的橡胶。

② 根据卸料力求橡胶弹性体横截面尺寸。

橡胶弹性体产生的压力按下式计算
$$F_{xy} = Ap$$
所以，橡胶弹性体横截面积为
$$A = \frac{F_{xy}}{p}$$

式中　F_{xy}——橡胶弹性体所产生的压力，设计时取大于或等于卸料力 F_x；
p——橡胶弹性体所产生的单位面积压力，与压缩量有关，其值可按图 4-52 所示的橡胶特性曲线确定，设计时取预压量的单位压力；
A——橡胶弹性体横截面积。

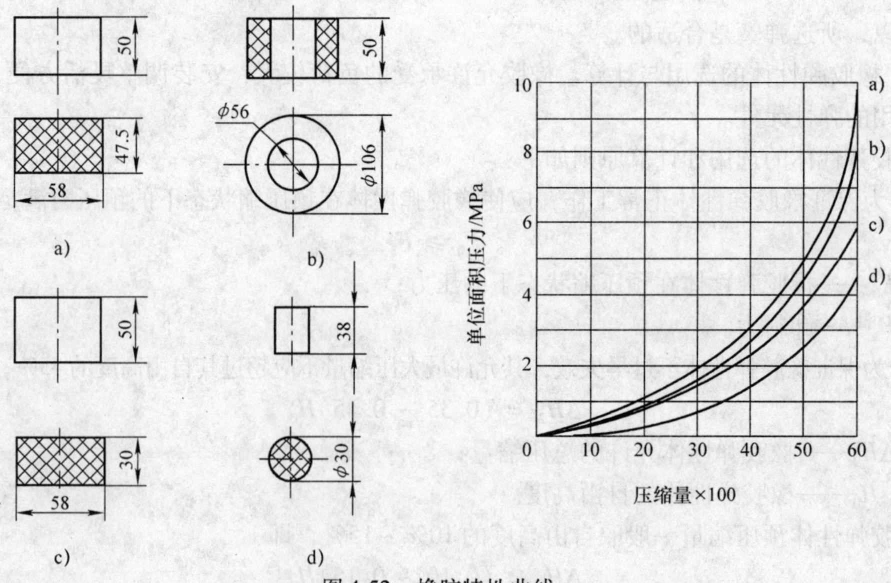

图 4-52　橡胶特性曲线

③ 求橡胶弹性体高度尺寸。

$$H_0 = \Delta H_1/(0.25 \sim 0.30)$$

④ 校核橡胶弹性体高度与直径之比。如果超过1.5，则应把橡胶弹性体分成若干块，在其间垫以钢垫圈；如果小于0.5，则应重新确定其尺寸。

除了校核高度与直径之比，还应校核最大相对压缩变形量是否在许可的范围内。如果橡胶弹性体高度是按允许相对压缩量求出的，则不必校核。

橡胶弹性体具有高强度、高弹性、高耐磨性和易于机械加工的特性，在冲模加工中应用得越来越广泛。橡胶弹性体如图4-53所示。使用时可根据模具空间尺寸和卸料力大小，并参照橡胶弹性体的压缩量与压力的关系，适当选择橡胶弹性体的形状和尺寸。如果需要用非标准形状的橡胶弹性体，则应进行必要的计算。橡胶弹性体的压缩量一般在10%～35%范围内。

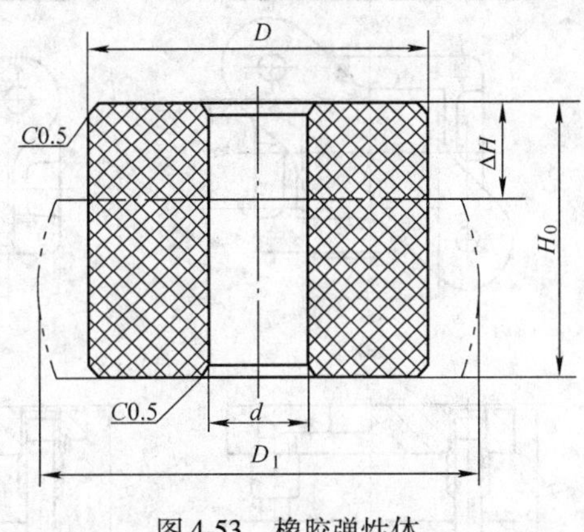

图4-53　橡胶弹性体

4. 固定零件设计

（1）模架　模架由上模座、下模座、模柄及导向装置（最常用的是导柱、导套）组成。模架是整副模具的支承，承担冲裁中的全部载荷，模具的全部零件均以不同的方式直接或间接地固定于模架上。模架的上模座通过模柄与压力机滑块相连，下模座通常以螺钉压板固定在压力机的工作台上。上、下模座之间靠导向装置保持精确定位，引导凸模运动，保证冲裁间隙均匀。模架按国标由专业生产厂家生产，在设计模具时，可根据凹模的周界尺寸选择标准模架。

1）对模架的基本要求

① 应有足够的强度与刚度。

② 应有足够的精度。如上、下模座表面应平行，导柱、导套轴心应与上、下模座表面垂直，模柄轴心应与上模座表面垂直等。

③ 上、下模之间的导向应精确。导向件之间的间隙很小，上、下模之间的移动应平稳，无卡滞现象。

2）模架形式。标准模架中，应用最广的是用导柱、导套作为导向装置的模架。根据导柱、导套位置的不同有以下六种基本形式，如图4-54所示。

对角导柱模架：如图4-54a所示，对角导柱模架的两个导柱、导套布置于模具的对角线上，不但受力均衡，且能实现纵、横两个方向送料。对角导柱模架常用于横向送料的级进模，纵向送料的单工序模或复合模。

后侧导柱模架：如图4-54b、c所示，后侧导柱模架的两个导柱、导套处于模架后侧，可实现纵向、横向送料，送料方便。但由于导柱、导套偏移，易引起单边磨损，不适于浮动模柄的模具，常用于较小的冲模。

中间导柱模架：如图4-54d、e所示，中间导柱模架的两个导柱、导套位于模具左右对称线上，受力均匀，但只能沿前后单方向送料，常用于单工序模或复合模。

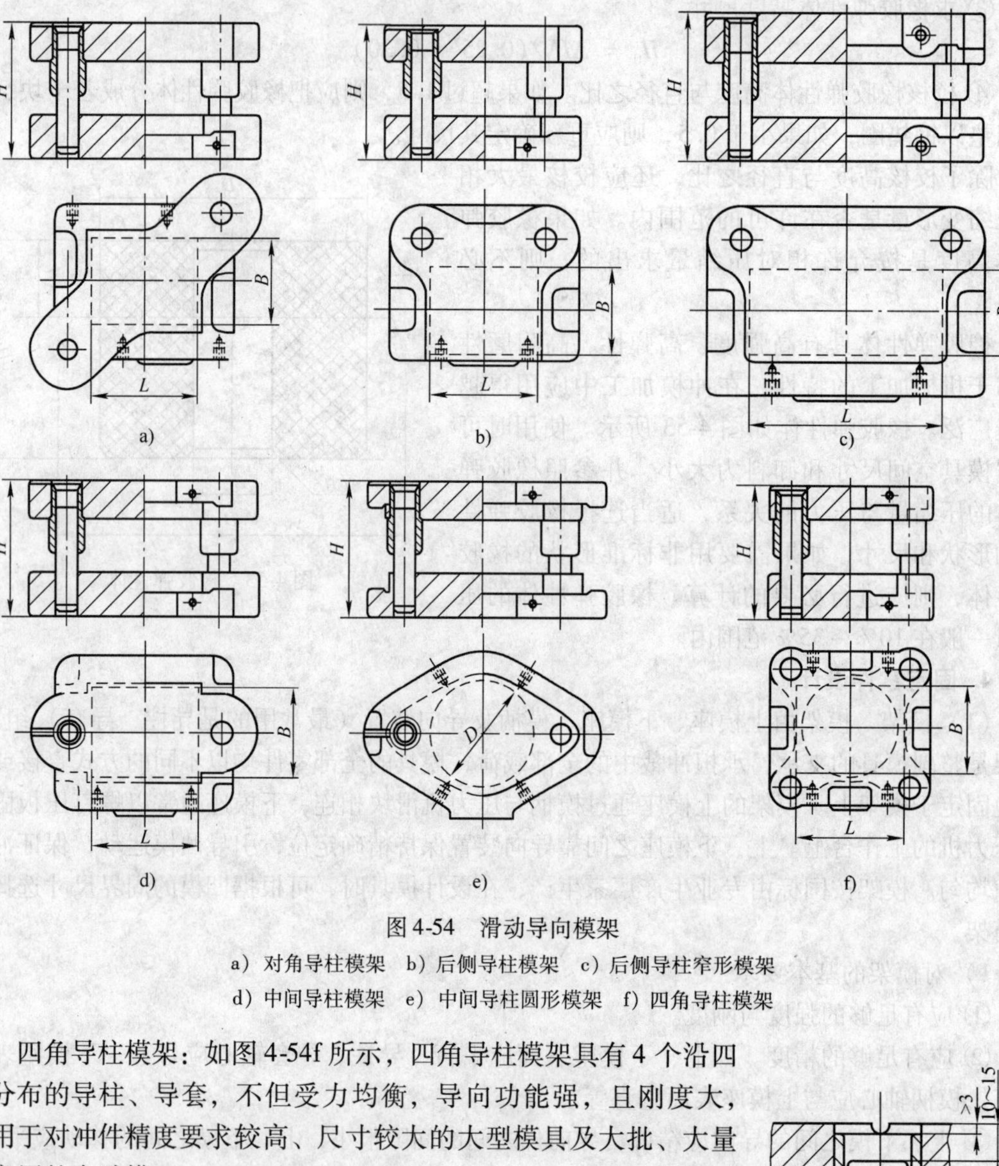

a)　b)　c)　d)　e)　f)

图 4-54　滑动导向模架

a）对角导柱模架　b）后侧导柱模架　c）后侧导柱窄形模架

d）中间导柱模架　e）中间导柱圆形模架　f）四角导柱模架

四角导柱模架：如图 4-54f 所示，四角导柱模架具有 4 个沿四角分布的导柱、导套，不但受力均衡，导向功能强，且刚度大，常用于对冲件精度要求较高、尺寸较大的大型模具及大批、大量生产用的自动模。

3）导柱与导套。导柱的长度应保证冲模在最低工作位置（即闭合位置）时，导柱上端面与上模座顶面的距离不小于 10～15mm，下模座底面与导柱底面的距离应为 2～3mm，如图 4-55 所示，H 为模具的闭合高度。导柱与导套的配合精度可根据冲裁模的精度、模具寿命及间隙大小来选择。当冲裁的板料较薄，而模具精度较高、寿命较长时，选 H6/h5 配合的Ⅰ级精度模架；当冲裁的板料较厚时，选 H7/h6 配合的Ⅱ级精度模架。

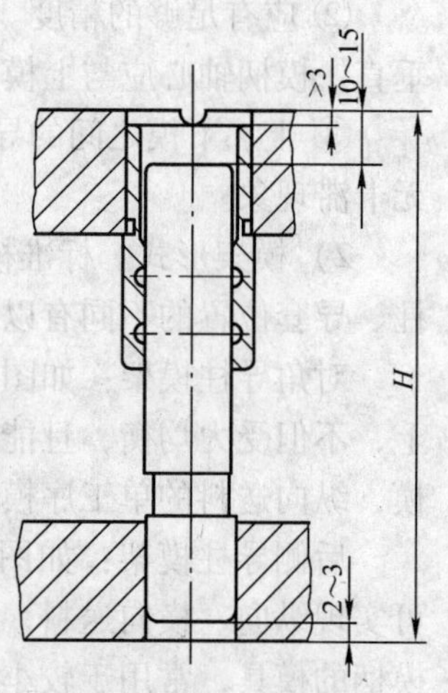

图 4-55　导柱长度与上、下模座的关系

4）模柄。中、小型模具一般是通过模柄将上模固定在压力机滑块上。模柄是连接上模与压力机滑块的零件，对它的基本要求是：与压力机滑块上的模柄孔正确配合，安全可靠；与上模正确

可靠连接。标准的模柄结构形式如图4-56所示。

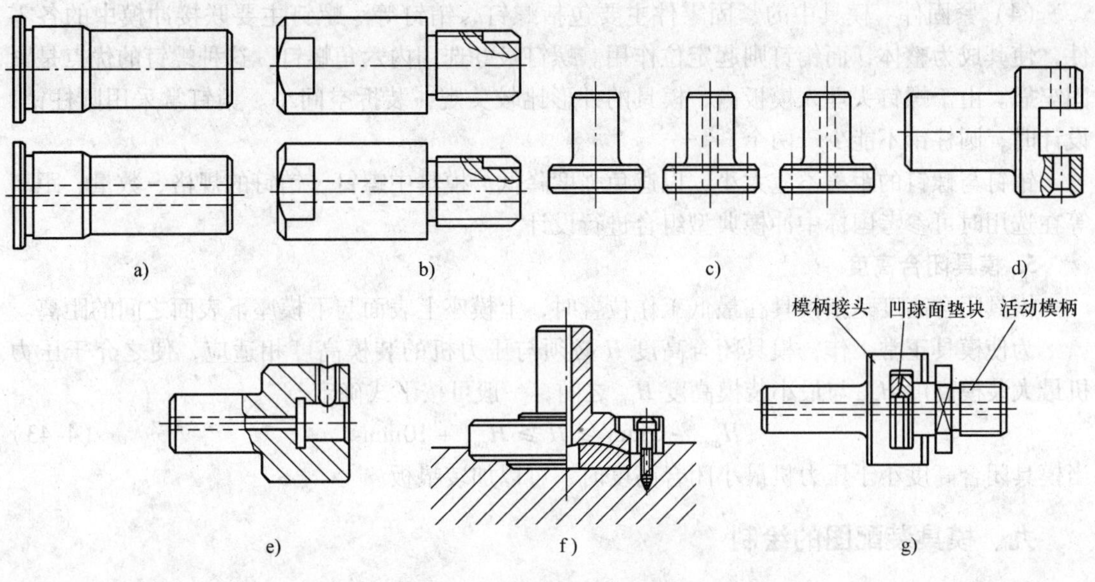

图4-56　各种形式的模柄

a）压入式模柄　b）旋入式模柄　c）凸缘模柄　d）槽形模柄

e）通用模柄　f）浮动模柄　g）推入式模柄

压入式模柄与上模座孔以H7/h6配合并加销钉以防转动，主要用于上模座较厚而没有开设推板孔或上模比较重的场合。旋入式模柄通过螺纹与上模座连接，并加螺丝防转，主要用于中、小型有导柱的模具上。凸缘模柄是用3~4个螺钉紧固于上模座，主要用于大型模具或上模座中开设推板孔的中、小型模具。浮动模柄的主要特点是压力机的压力通过凹球面模柄和凸球面垫块传递到上模，以消除压力机导向误差对模具导向精度的影响，主要用于硬质合金模等精密导柱模具。对于推入式模柄，压力机压力通过模柄接头、凹球面垫块或活动模柄传递到上模，也是一种浮动模柄，因模柄一面开通（呈U形），所以使用时导柱、导套不宜离开，主要用于精密模具上。槽形模柄和通用模柄都是用于直接固定凸模，也可以称为带模座的模柄，主要用于简单模中，更换凸模方便。

总之，选择模柄的结构形式应综合考虑模具大小、上模的具体结构、模具复杂性及模架精度等因素。

（2）垫板　垫板的作用是直接承受和扩散凸模传递的压力，以降低模座所受的单位面积压力，防止模座被压出凹坑，影响凸模的正常工作。垫板外形尺寸多与凹模周界一致，其厚度一般取3~10mm。为了便于模具装配，垫板上销钉通过孔直径可比销钉直径增大0.3~0.5mm。垫板材料一般为T7、T8或45钢。T7、T8淬火硬度为52~56HRC，45钢淬火硬度为43~48HRC。

在设计复合模式时，凸凹模与模座之间同样应加装垫板。

（3）固定板　在冲裁模中，凸模、凸凹模、镶块凸模与凹模都是通过与固定板结合后安装在模座上的。固定板的周界尺寸与凹模相同，其厚度应为凹模厚度的（0.8~0.9）倍。凸模固定板上的各型孔位置均与凹模孔相对应，与凸模采用过渡配合H7/m6、H7/n6，压装后将凸模端面与固定板一起磨平。固定板一般选用 Q235 制作，有时也可用 45 钢。

（4）紧固件　模具中的紧固零件主要包括螺钉、销钉等。螺钉主要联接冲模中的各零件，使其成为整体，而销钉则起定位作用。螺钉最好选用内六角螺钉，这种螺钉的优点是紧固牢靠。由于螺钉头埋入模板内，模具的外形比较美观，装拆空间小。销钉常采用圆柱销，设计时，圆柱销不能少于两个。

销钉与螺钉的距离不应太小，以避免强度降低。模具中螺钉、销钉的规格、数量、距离等在选用时可参考国标中冲模典型组合进行设计。

5. 模具闭合高度

模具闭合高度是指模具在最低工作位置时，上模座上表面与下模座下表面之间的距离。

为使模具正常工作，模具闭合高度 H 必须与压力机的装模高度相适应，使之介于压力机最大装模高度 H_{max} 与最小装模高度 H_{min} 之间，一般可按下式确定

$$H_{max} - 5\text{mm} \geqslant H \geqslant H_{min} + 10\text{mm} \tag{4-43}$$

当模具闭合高度小于压力机最小闭合高度时，可以加装垫板。

九、模具装配图的绘制

1. 装配图的图面布局

模具装配图的图面布局如图 4-57 所示。

（1）图纸幅面尺寸　图纸幅面尺寸应按照国家标准有关规定选用，并按规定画出图框，最小图幅为 A4。

（2）图面布局　图面右下角是明细表和标题栏。图面右上角画出用该套模具生产出来的制件零件图，下面画出制件排样图。图面剩余部分画出模具的主、俯视图，并注明技术要求。

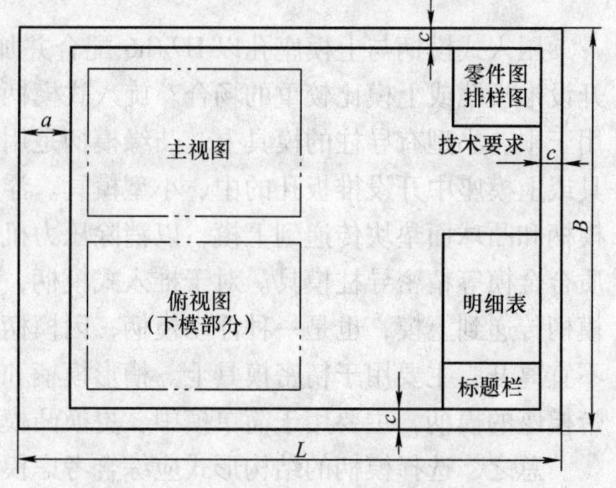

图 4-57　模具装配图的图面布局

2. 装配图的画法

1）按已确定的模具形式和参数，在冲模标准中选取标准模架。根据模具结构简图绘制装配图。

2）装配图应能清楚地表达各零件之间的关系，应有足够说明模具结构的基本视图及必要的剖视图。还应画出工件图、排样图，填写零件明细表和技术要求等。

3）装配图的绘制除应遵守机械制图的一般规定外，还有一些习惯或特殊的绘制方法，绘制模具总装配图的具体要求如下：

① 模具图。一般情况下，用主视图和俯视图表示模具结构。应尽可能在主视图中将模具所有结构剖视出来，可采用阶梯剖视、旋转剖视或两者混用，也可采用全剖视、半剖视、局部剖视、向视图等。绘制出的视图中模具要处于闭合状态，也可一半处于工作状态，另一半处于非工作状态。俯视图只绘制出下模或上、下模各半的视图。有必要时再绘制一个侧视图以及其他剖视图和部分视图。

在剖视图中所剖切到的凸模和顶件块等旋转体，其剖面不画剖面线；有时为了图面结构清晰，非旋转形的凸模也可不画剖面线。

② 工件图。工件图是经模具冲压后所得到的冲压件图形。有落料工序的模具，还应画出排样图。工件图和排样图一般画在总图的右上角，并注明材料名称、厚度及必要的技术要求。工件图的比例一般与模具图一致，特殊情况下可以放大或缩小。工件的方向应与冲压方向一致（即与工件在模具中的位置一致），特殊情况不一致时，必须用箭头注明冲压方向。

③ 排样图。排样图应包括排样方法、定距方式（用侧刃定距时侧刃的形状和位置）、步距、搭边、料厚、料宽及其公差，对有弯曲、卷边工序的零件要考虑材料的纤维方向。通常从排样图的剖面线上可以看出是单工序模还是级进模或复合模。

3. 装配图的尺寸标注

（1）主视图上标注的尺寸

1）注明轮廓尺寸、安装尺寸及配合尺寸，如长、宽等。

2）注明闭合高度尺寸。

（2）俯视图上应注明的尺寸

1）注明下模轮廓尺寸。

2）在图上用双点画线画出毛坯的外形。

3）与本模具有相配的附件时（如打料杆、推件器等），应标出装配位置尺寸。

4. 冲裁模装配图的技术要求

在冲裁模具总装配图中，只需要注明对该模具的要求和注意事项，在右下方适当位置注明技术要求。技术要求包括冲压力、所选设备型号、模具闭合高度以及模具标记。

十、模具零件图的绘制

模具零件图是冲模零件加工的唯一依据，包括制造和检验零件的全部内容，应按照模具的总装配图拆绘模具零件图。

1. 零件图视图的画法

1）模具零件图既要反映出设计意图，又要考虑制造的可能性及合理性，零件图设计的质量将影响冲模的制造周期及造价。因此，好的零件图可以减少废品，方便制造，降低模具成本，提高模具寿命。

2）目前，大部分模具零件已标准化，可供设计时选用，大大简化了模具设计，缩短了设计和制造周期。一般标准件不需要绘制，模具装配图中的非标准件均需绘制零件图。有些标准零件（如上、下模座）需要在其上进行加工，也要求画出零件图，并标注加工部位的尺寸公差。

3）视图的数量力求最少，充分利用所选的视图准确地表达零件内部和外部的结构形状、尺寸大小，并具备制造和检验零件的数据。

4）尽量按装配图的位置绘制，与装配图上同一零件的剖面线一致。设计基准与工艺基准最好重合且选择合理，尽量以一个基准标注。

2. 冲模零件图的尺寸标注

1）零件图中的尺寸是制造和检验零件的依据，故应慎重、细致地标注。尺寸既要完备，同时又不重复。在标注尺寸前，应研究零件的工艺过程，正确选定尺寸的基准面，以利于加工和检验。

2）零件图的方位应尽量按其在装配图中的方位画出，不要任意旋转和颠倒，以防画错，影响装配。

3）所有的配合尺寸或精度要求较高的尺寸都应标注公差（包括几何公差）。未注明尺寸公差的按 IT14 级制造。

4）模具工作零件（如凸模、凹模和凸凹模）的工作部分尺寸按计算结果标注。

5）所有的加工表面都应注明表面粗糙度。正确确定表面粗糙度是一项重要的技术工作。一般来说，零件表面粗糙度可根据对各个表面的工作要求及精度来确定。

3. 模具零件图的技术要求

凡是图样或符号不便于表示，而制造时又必须保证的条件和要求都应在技术要求中注明。技术要求的内容随零件的不同、要求的不同及加工方法的不同而不同。其中主要应注明以下内容：

1）热处理方法及热处理表面应达到的硬度等。

2）表面处理、表面涂层以及表面修饰（如锐边倒钝、清砂）等要求。

3）未注明倒角半径的说明，个别部分的修饰加工要求。

4）其他特殊要求。

十一、编写设计说明书

冲模模具设计说明书的主要内容有冲裁件的工艺分析、尺寸计算、排样方式与经济性分析、冲压工艺过程的确定、工艺方案的技术与经济性分析、模具结构形式的合理性分析、模具主要零部件结构形式、材料选择、公差配合与技术要求说明、凸凹模工作部分尺寸与公差计算，以及冲压设备的选用等。

（1）设计说明书的格式

1）目录（标题及页次）

2）设计任务书

3）工艺方案分析及确定

4）工艺计算

5）模具结构设计

6）模具零部件工艺设计

7）参考资料

8）结束语

（2）说明书目录　目录由两部分组成：一部分是说明书中内容的题目，另一部分是题目内容所占页次，并且页次要按顺序排列下来。

【任务实施】

1. 零件工艺性分析

前期的准备工作主要包括阅读产品零件图，收集、查阅有关资料，根据产品的原始数据研究设计任务，分析产品实施冲压加工的可能性、经济性等。

（1）阅读冲裁件产品零件图　分析零件图是制订冲压工艺方案和模具设计的重要依据，

在设计冲裁模具之前，首先要仔细阅读冲裁件产品零件图。从产品的零件图入手，进行冲裁件的工艺性分析和经济性分析。从图4-1所示的垫片零件图可知，它是经条料落料得到的零件。

（2）冲裁件工艺分析

1）材料分析。08钢是优质碳素结构钢，硬度较低（交货状态的硬度为131HBW），具有较好的塑性（伸长率$\delta=27\%$），具有良好的冲压成形性能。其抗剪强度τ为260～360MPa，抗拉强度为215～410MPa。

2）结构分析。该零件形状简单，无异型形状，无尖锐的清角，无细长的悬臂和窄槽。属于中小型零件。零件外形有$R0.5$mm的圆弧过渡，便于模具加工，减少了热处理时的开裂情况，同时还减少了冲裁时模具尖角处的崩刃和过快磨损。

3）精度分析。零件图上的两个尺寸均为自由公差，一般按IT14确定工件的公差，普通冲裁均能满足其尺寸公差要求。经查公差表，各尺寸公差为：$\phi 22_{-0.52}^{\ 0}$mm，$19_{-0.52}^{\ 0}$mm。

（3）冲压加工的工艺分析

1）生产纲领。年产量100000件，属于中批量生产。

2）经济性。冲压加工方法是一种先进的工艺方法，因其产品质量稳定，材料利用率高、操作简单、生产率高等诸多优点而被广泛使用。由于模具成本高，冲压加工的单件成本主要取决于生产批量的大小，它对冲压加工的工艺性起决定性的作用。批量越大，产品的单件成本就越低；批量小时，冲压加工的优越性就不明显。所以要根据冲压件的生产纲领，进行冲压加工的经济性分析。此零件精度要求低，中批量生产，采用单工序落料模进行冲压生产，就能保证产品的质量，满足生产率的要求。

2. 冲压工艺方案的确定

在调查研究、收集资料及工艺性分析的基础上，拟订总体方案。确定工艺方案，主要是确定模具类型，包括确定冲压工序数、工序组合和顺序等。在工艺分析的基础上，根据冲裁件的生产批量、尺寸精度、尺寸大小、形状复杂程度、材料的厚度、冲压制造条件及冲压设备条件等多方面因素，拟订多种冲压工艺，然后选取一种最佳方案。

（1）垫片落料模类型的确定　一般冲裁模可以采取以下3种方案。

方案一：采用无导向简单冲裁模。

方案二：采用导板导向简单冲裁模。

方案三：采用导柱导向简单冲裁模。

分析论证有以下3种方案：

方案一：无导向简单冲裁模结构简单、尺寸小、质量轻、模具制造容易、成本低，但冲模安装较麻烦，需要调试间隙的均匀性，冲裁精度低且模具寿命短。它适用于精度要求低、形状简单、批量小或新产品试制的冲裁件。

方案二：导板导向简单冲裁模比无导向模精度高，使用寿命长，但模具制造较复杂，冲裁时视线不好，不适合单个毛坯的送料、冲裁。

方案三：导柱导向简单冲裁模导向准确、可靠，能保证冲裁间隙均匀、稳定。

由于垫片要求中批量生产，故采用导柱导向冲裁模。

（2）垫片落料模结构形式的确定

1）操作方式选择：选择手工送料操作方式。

2）定位方式选择：选择导正销、挡料销进行定位。

3）卸料方式选择。由于采用手动送进和定位，并且材料硬度较低，所以选择弹性卸料方式可保证零件平整，且比较方便、合理。

3. 冲裁件工艺计算

（1）排样设计与计算　分析零件形状，采用直排的排样方式。

现选用1000mm×800mm的钢板，需计算采用不同的裁剪方式时，每张板料能出的零件总个数。

1）裁成宽26mm、长800mm的条料，则一张板材能出的零件总个数为

$$\left[\frac{1000}{26}\right]\times\left[\frac{800}{20.5}\right]=38\times39=1482$$

2）裁成宽26mm、长1000mm的条料，则一张板材能出的零件总个数为

$$\left[\frac{800}{26}\right]\times\left[\frac{1000}{20.5}\right]=30\times48=1440$$

比较以上两种裁剪方法，应采用第一种裁剪方式，即裁为宽26mm、长800mm的条料。其具体排样如图4-58所示。

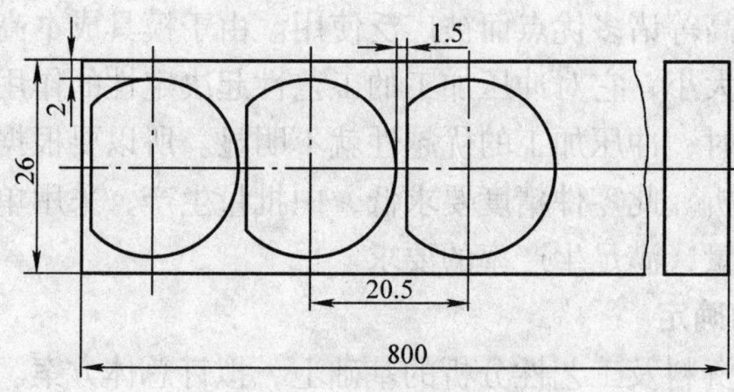

图4-58　垫片落料模排样图

（2）冲压力计算

1）冲裁力计算

$$F=KLt\tau=1.3\times67.53\times1\times350\text{N}\approx30.7\text{kN}$$

式中　F——冲裁力（N）；

L——冲裁件的周长（mm）；

t——材料厚度（mm）；

τ——材料抗剪强度（MPa）；

K——系数，$K=1.3$。

2）卸料力计算

$$F_x=K_xF=0.05\times30.7\text{kN}\approx1.5\text{kN}$$

式中　K_x——卸料系数，查表可得其值为0.04~0.05。

3）推件力计算

$$F_T=nK_TF=5\times0.055\times30.7\text{kN}\approx8.4\text{kN}$$

式中　K_T——推件系数，查表可得其值为0.055；

n——卡在凹模洞口内的工件数，$n=\frac{h}{t}=\frac{5}{1}=5$，$h$为凹模洞口高度；

4）总冲压力计算

$$F_{总} = F + F_x + F_T = (30.7 + 1.5 + 8.4)\text{kN} = 40.6\text{kN}$$

（3）压力中心计算　按比例画出工件形状，选定坐标系 xOy 如图 4-59 所示。因为该零件关于 x 轴对称，所以 $y_c = 0$

$$L_1 = 15.1\text{mm} \qquad x_1 = \sqrt{11^2 - \left(\frac{15.1}{2}\right)^2} = 7.9$$

$$L_2 = 52.43\text{mm} \qquad x_2 = 11 \times \frac{\sin\left(\frac{273°}{2}\right)}{\frac{273°}{2} \times \frac{\pi}{180}} = 3.18$$

$$x_0 = \frac{L_1 x_1 + L_2 x_2}{L_1 + L_2} = 4.2$$

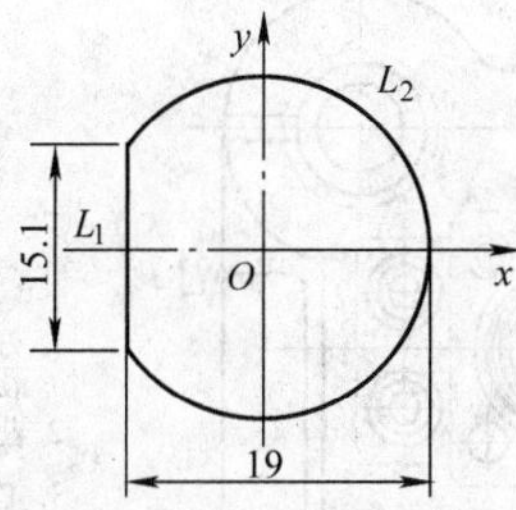

图 4-59　确定压力中心

即压力中心坐标为（4.2，0）。

（4）凸、凹模刃口尺寸计算　按 IT14 取落料尺寸 ϕ22mm 的下极限偏差为 −0.52mm，公差为 0.52mm；尺寸 19mm 的下极限偏差为 −0.52mm，公差为 0.52mm。

根据垫片板料厚度 1mm，取 $Z_{min} = 0.1\text{mm}$，$Z_{max} = 0.14\text{mm}$。

磨损系数为 $x = 0.5$。

凸、凹模的制造偏差：$\delta_{凸} = 0.020\text{mm}$，$\delta_{凹} = 0.025\text{mm}$。

校核间隙：$|\delta_P| + |\delta_d| = 0.02\text{mm} + 0.025\text{mm} = 0.045\text{mm} > 0.04\text{mm}$

说明所取凸、凹模公差不能满足 $\delta_T + \delta_d \leqslant Z_{max} - Z_{min}$ 条件，此时可调整为

$$\delta_P = 0.4 \times 0.04\text{mm} = 0.016\text{mm}$$

$$\delta_d = 0.6 \times 0.04\text{mm} = 0.024\text{mm}$$

故

尺寸 $\phi 22_{-0.52}^{\ 0}\text{mm}$：$D_A = (22 - 0.5 \times 0.52)_{\ 0}^{+0.024}\text{mm} = 21.74_{\ 0}^{+0.024}\text{mm}$。

尺寸 $19_{-0.52}^{\ 0}\text{mm}$：$D_T = (21.74 - 0.10)_{-0.016}^{\ 0}\text{mm} = 21.64_{-0.016}^{\ 0}\text{mm}$。

$D_A = (19 - 0.5 \times 0.52)_{\ 0}^{+0.024}\text{mm} = 18.74_{\ 0}^{+0.024}\text{mm}$。

$D_T = (18.74 - 0.10)_{-0.016}^{\ 0}\text{mm} = 18.64_{-0.016}^{\ 0}\text{mm}$。

在模具零件图上分别标注凸模和凹模的刃口尺寸及极限偏差。

4. 冲裁装配图及零件图

1）垫片落料模装配图主视图和俯视图如图 4-60 所示。

2）垫片落料模零件图如图 4-61 ~ 图 4-67 所示。

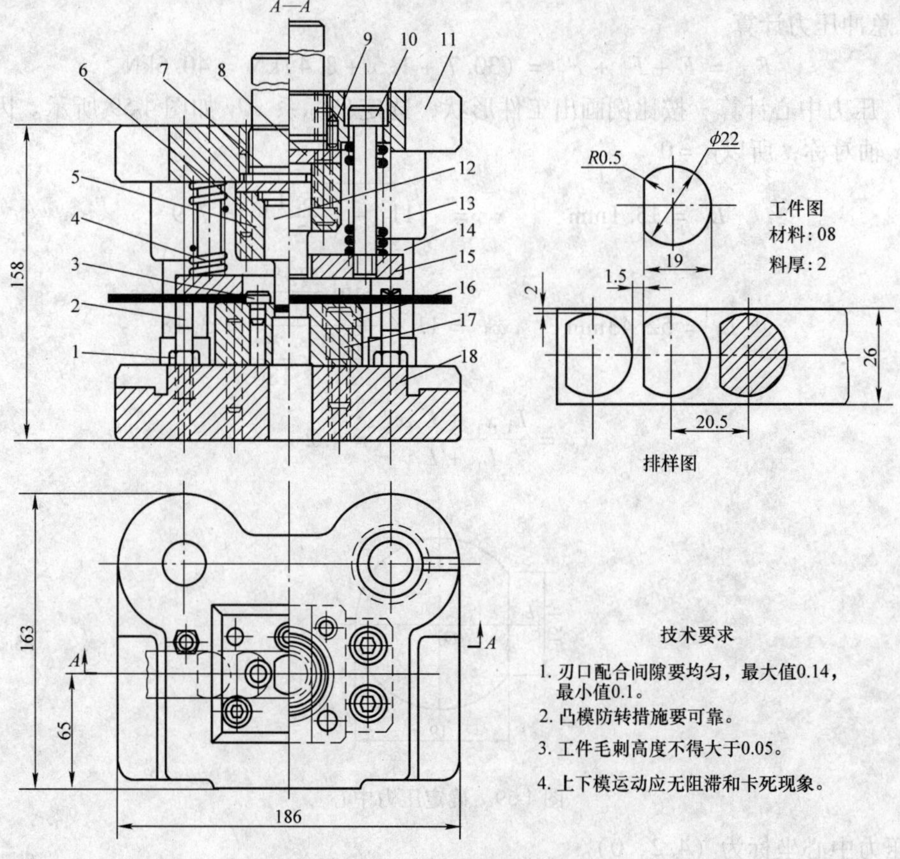

图 4-60　垫片落料模装配图

1—螺母　2—导料螺钉　3—挡料销　4—弹簧　5—凸模固定板　6—销钉　7—模柄　8—垫板　9—止动销　10—卸料螺钉　11—上模座　12—凸模　13—导套　14—导柱　15—卸料板　16—凹模　17—内六角螺钉　18—下模座

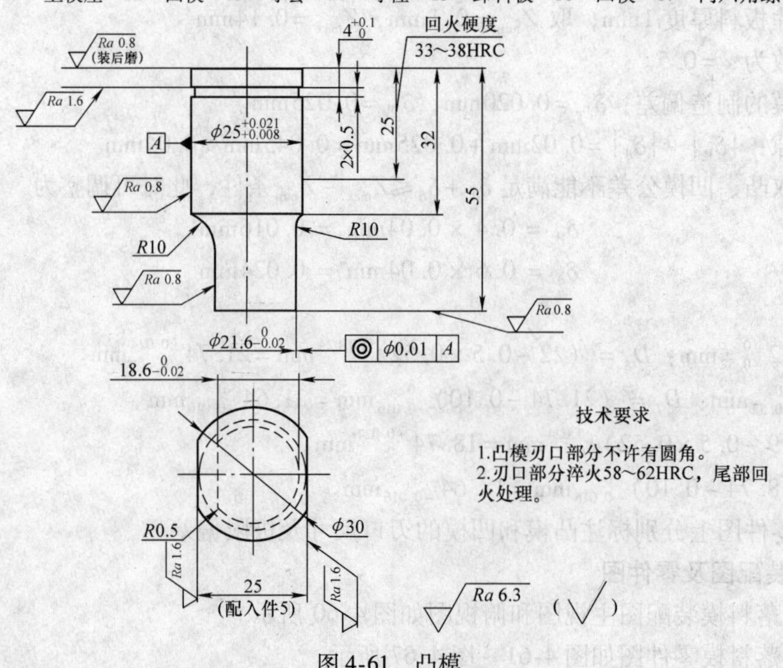

图 4-61　凸模

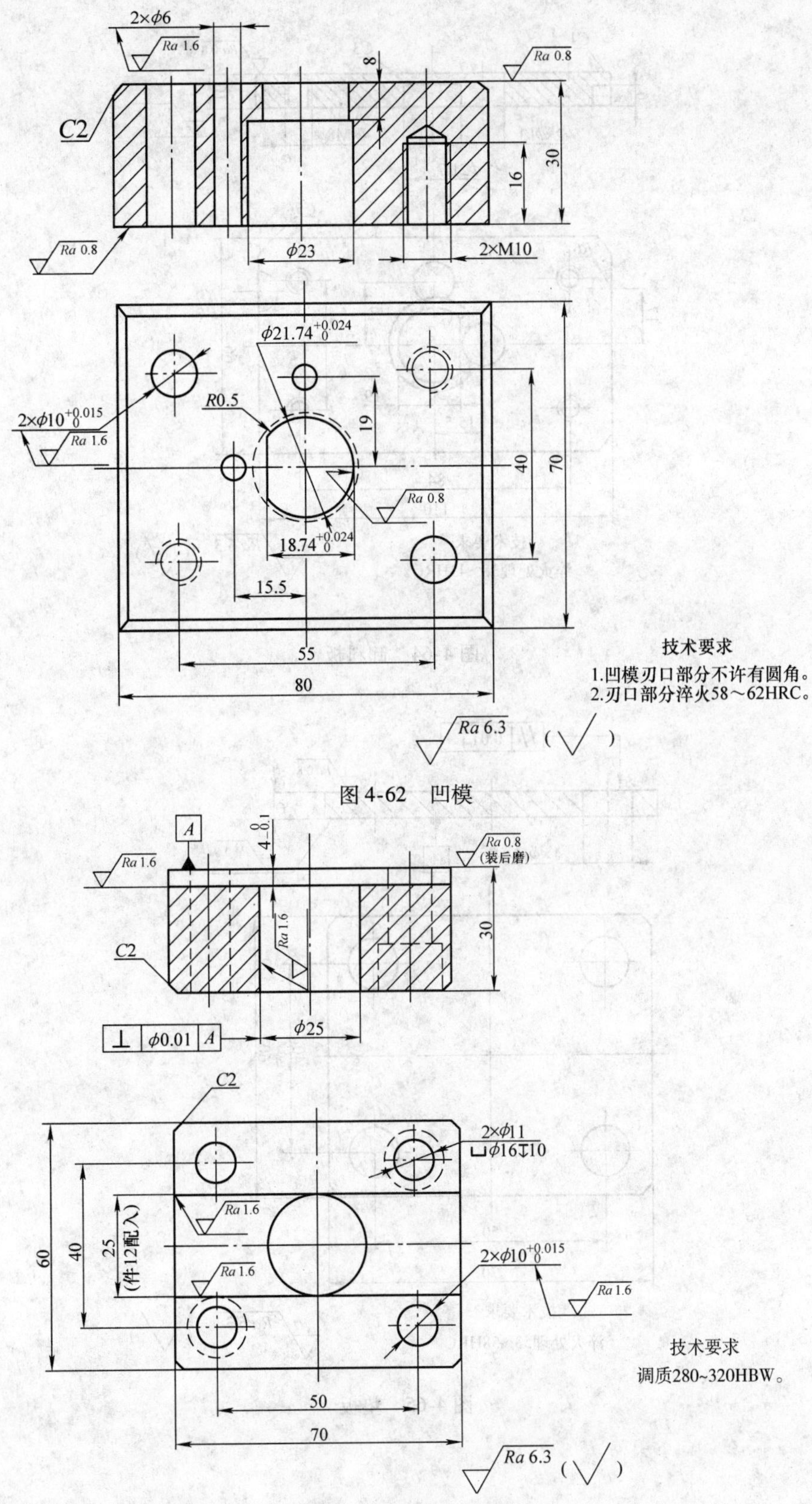

图4-62　凹模

图4-63　凸模固定板

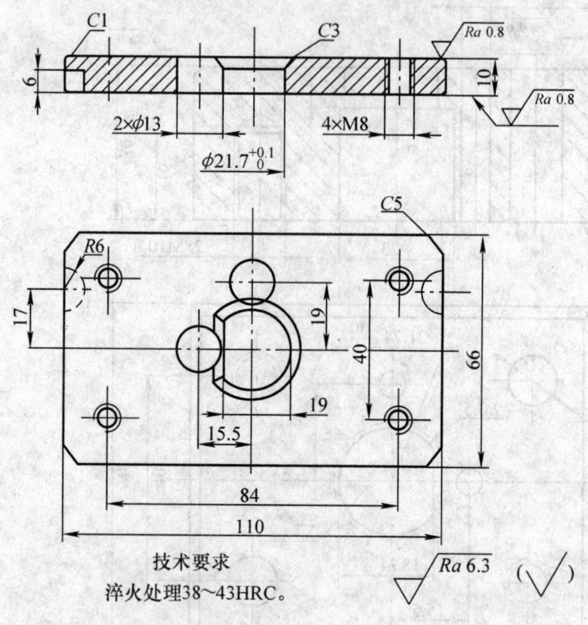

图 4-64　卸料板

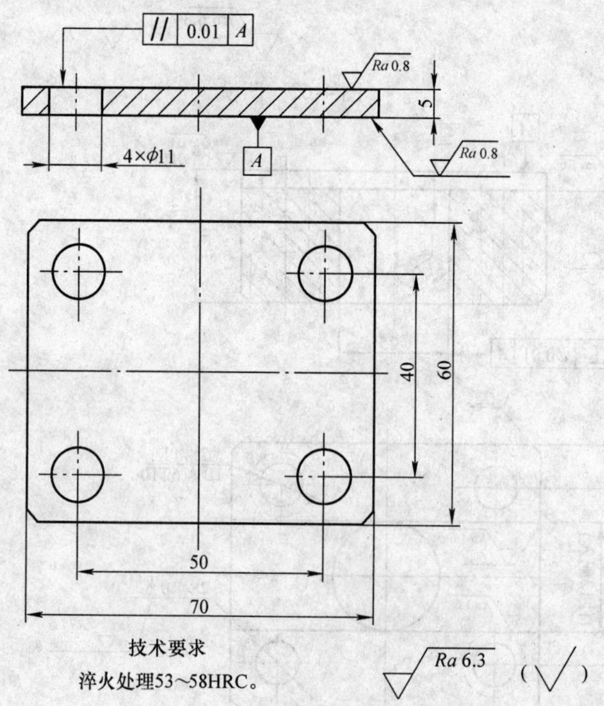

图 4-65　垫板

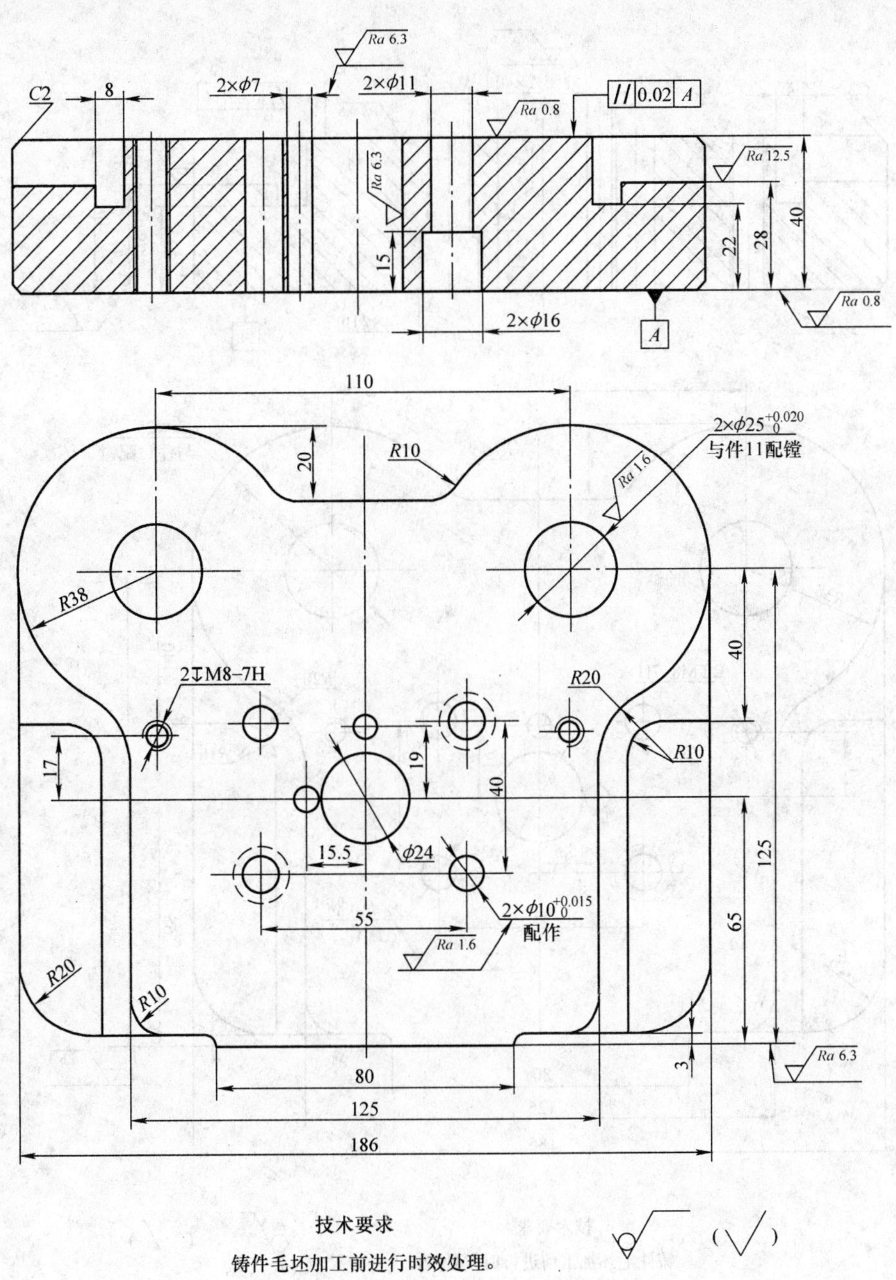

技术要求

铸件毛坯加工前进行时效处理。

图4-66　下模座

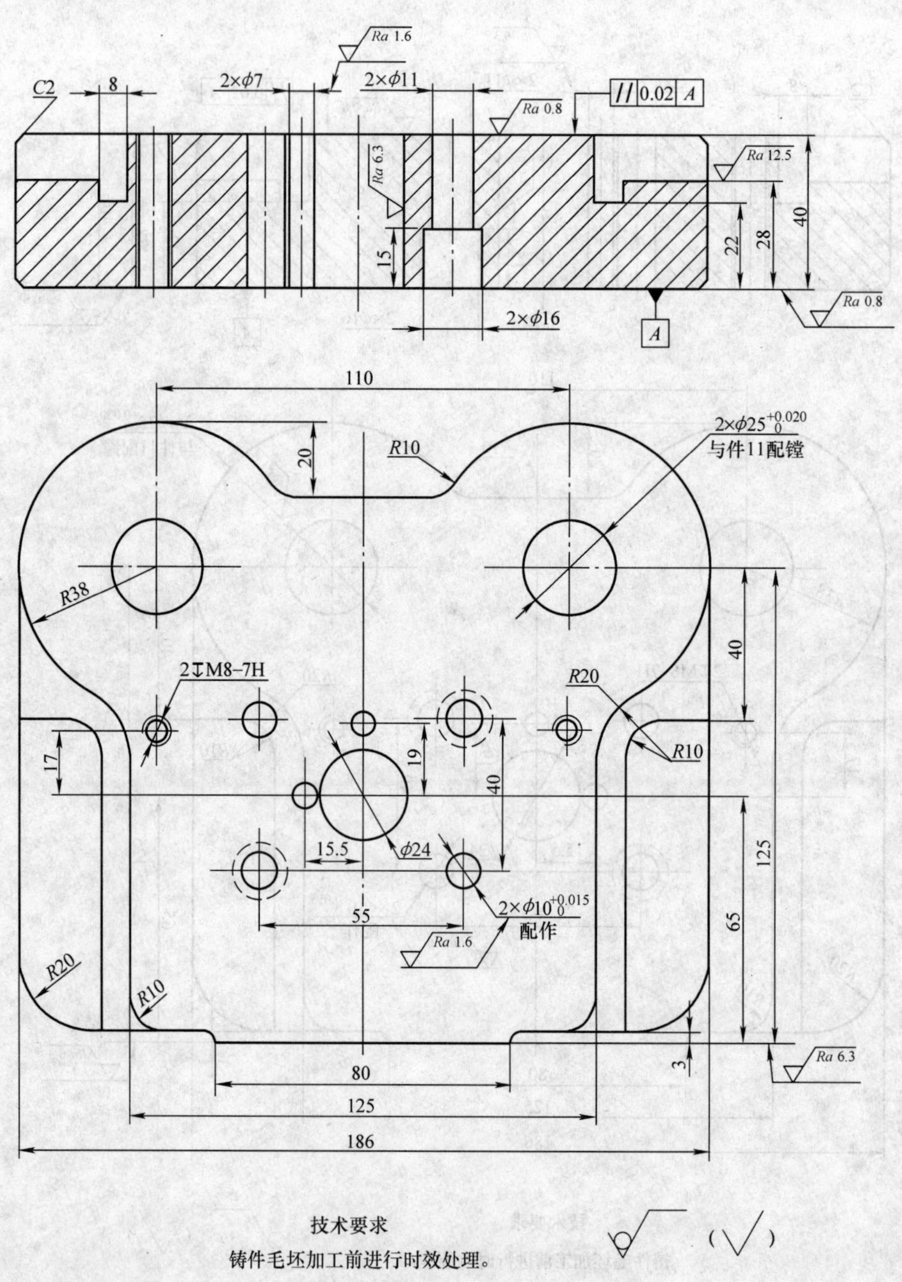
Ra 1.6
C2
8
2×ϕ7
2×ϕ11
Ra 0.8
// 0.02 A
Ra 6.3
Ra 12.5
15
22
28
40
2×ϕ16
A
Ra 0.8
110
2×ϕ25 +0.020 0
与件11配镗
20
R10
R38
40
2↧M8-7H
R20
R10
17
19
40
125
15.5
ϕ24
2×ϕ10 +0.015 0
配作
55
Ra 1.6
65
R20
R10
3
Ra 6.3
80
125
186
技术要求
铸件毛坯加工前进行时效处理。
(√)

图 4-67　上模座

【学生工作页】

表 4-23　任务一学生工作页（项目 4）

班级		姓名		学号		组号	
任务名称	冲裁模设计						
任务资讯	识读任务						
	必备知识						
任务计划	原材料准备	牌号	规格	数量	技术要求		
	资料准备						
	设备准备						
	劳动保护准备						
	工具准备						
	方案制订						
决策情况							
任务实施							
检查评估							
任务总结							

【教学评价】

采用自检、互检、专检的方式检查设计成果。即各组学生设计完成后，先自检，再互检，最后由指导教师进行专检。检查项目及内容见表 4-24，任务完成情况的评分标准见表 4-25。

表 4-24　任务一成绩评定表（项目 4）

姓名			班级		学号	
任务名称		冲裁模设计				
考评类别	序号	考评项目	分值	考核办法	评价结果	得分
平时考核	1	出勤情况	5	教师点名，组长检查		
	2	书面答题质量	10	教师评价		
	3	小组活动中的表现	10	学生、小组、教师三方共同评价		
技能考核	4	任务完成情况	50	学生自检，小组交叉互检，教师终检		
	5	安全操作情况	10	自检、互检和专检		
素质考核	6	产品图样的阅读理解能力	5	自检、互检和专检		
	7	个人任务独立完成能力	5	自检、互检和专检		
	8	团队成员间协作表现	5	自检、互检和专检		
合计			100	任务一总得分		

教师________、________　　　　日期________

表 4-25　任务一完成情况评分标准（项目 4）

项目	序号	任务要求	配分	评分标准	检测结果	得分
任务完成情况	1	设计的前期准备工作	10			
	2	模具总体方案的确定	30			
	3	工艺设计计算	20			
	4	绘制模具装配图	20			
	5	绘制模具零件图	10			
	6	编写设计说明书	10			
		总分	100		总得分	

【思考与练习】

1. 按材料分类形式的不同，冲裁一般可分为哪两大类？它们的主要区别是什么？
2. 板料冲裁时，其断面特征如何？影响冲裁件断面质量的因素有哪些？
3. 提高冲裁件尺寸精度和断面质量的有效措施有哪些？
4. 影响冲裁件尺寸精度的因素有哪些？
5. 什么是合理冲裁间隙？如何确定合理冲裁间隙？
6. 什么叫排样？排样合理与否对冲裁工作有何意义？
7. 排样的方式有哪些？各有何优缺点？
8. 什么叫搭边？搭边的作用有哪些？搭边值的大小与哪些因素有关？
9. 在冲裁工作中减小冲裁力有何实际意义？减小冲裁力的方法有哪些？
10. 什么是压力中心？设计冲模压力中心有何意义？
11. 简述冲裁模具的三种基本类型以及各自的特点与应用。

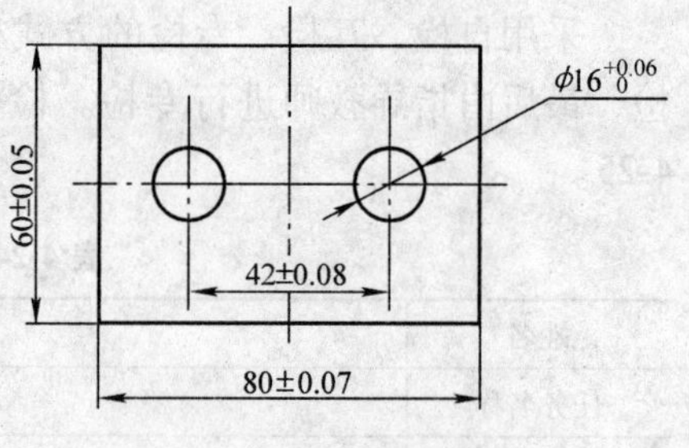

图 4-68　题 18 图

12. 冲裁模一般由哪些部分组成？各部分的作用是什么？
13. 单工序模有哪几种类型？各有什么特点？
14. 试比较级进模和复合模结构特点。
15. 怎样确定冲裁凹模的外形尺寸？
16. 级进模中使用定距侧刃有什么优点？怎样设计定距侧刃？
17. 简述冲裁凸、凹模刃口尺寸计算依据及计算原则。为什么冲孔要以凸模尺寸为基准，落料以凹模尺寸为基准？
18. 如图 4-68 所示零件，材料为 Q235，料厚为 2mm。试确定冲裁凸、凹模的刃口尺寸及其公差。
19. 某工件的冲裁尺寸如图 4-69 所示，材料 H62（黄铜），料厚为 0. 8mm，试确定冲裁凸、凹模刃口尺寸及其公差。

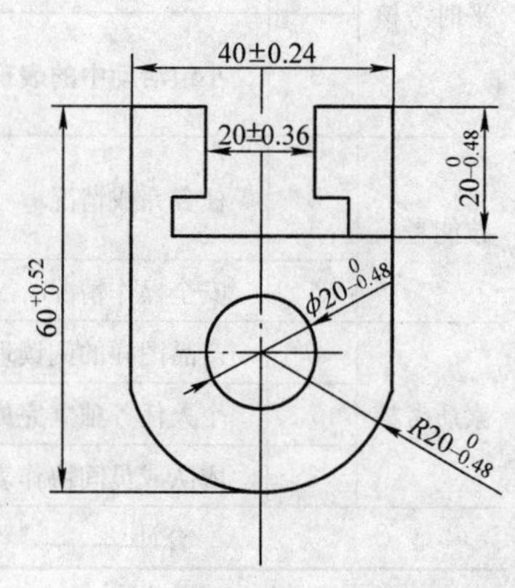

图 4-69　题 19 图

任务二　弯曲模设计

【学习目标】

知识目标：

1. 了解弯曲变形的特点及影响弯曲件质量的因素。
2. 掌握弯曲工艺的计算方法。
3. 掌握弯曲工艺性分析与工序安排方法。
4. 了解弯曲模典型结构及特点，掌握弯曲模工作部分的设计方法。

技能目标：

1. 了解板料弯曲的变形特点、最小弯曲半径及弯曲卸载后的回弹，能正确分析弯曲件常出现的质量问题，并提出控制弯曲件质量的合理措施。
2. 通过对弯曲件展开长度的计算及弯曲力的计算等内容的学习，能正确地进行弯曲件的工艺计算。
3. 通过对弯曲件工艺性分析、弯曲工序安排、模具结构设计及弯曲模工作部分设计等内容的学习，初步具备弯曲工艺设计和一般复杂程度的弯曲模设计的能力。
4. 通过计算机绘图在弯曲模设计中的应用，掌握绘图软件的应用。

【工作任务】

将板料、型材、管材或棒料等弯成一定的角度，形成一定形状零件的冲压方法称为弯曲。弯曲属于变形工序。弯曲工艺在冲压生产中占有很大的比例。图4-70所示为生产中采用弯曲方法加工的典型弯曲件。

a)

b)

图4-70　典型弯曲件

弯曲可以利用模具在压力机上进行，也可在其他专用弯曲设备（如折弯机、滚弯机、拉弯机、弯管机等）上进行折弯、滚弯、拉弯以及管材弯曲等。图4-71所示为常用的板料弯曲方法。尽管各种弯曲方法所用的设备与工具不同，但其变形过程及特点是有一些共同规律的。

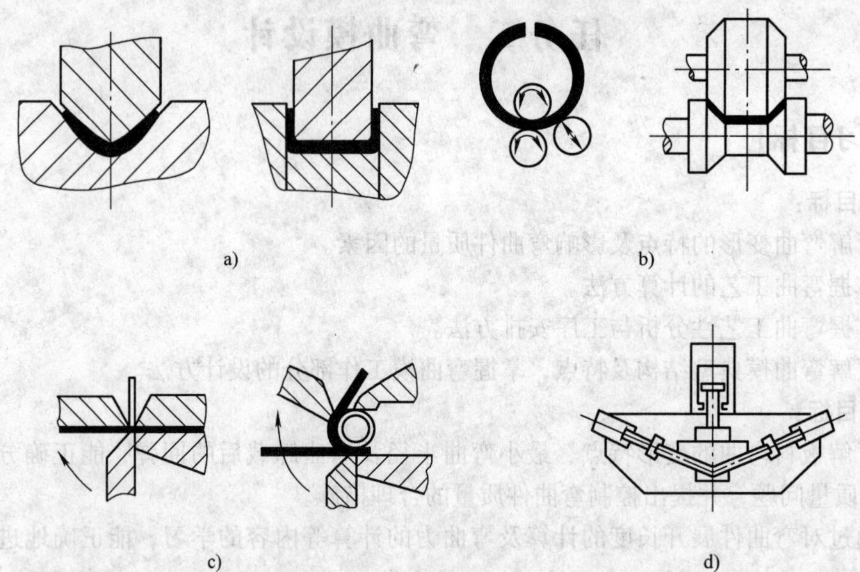

图 4-71　弯曲方法
a）模具压弯　b）滚弯　c）折弯　d）拉弯

本学习任务以图 4-72 所示的活接叉的弯曲模设计为载体，综合训练学生的弯曲工艺设计和弯曲模具结构设计的能力。

零件名称：活接叉弯曲件。

生产批量：中批量。

材料：45 钢。

料厚：3mm。

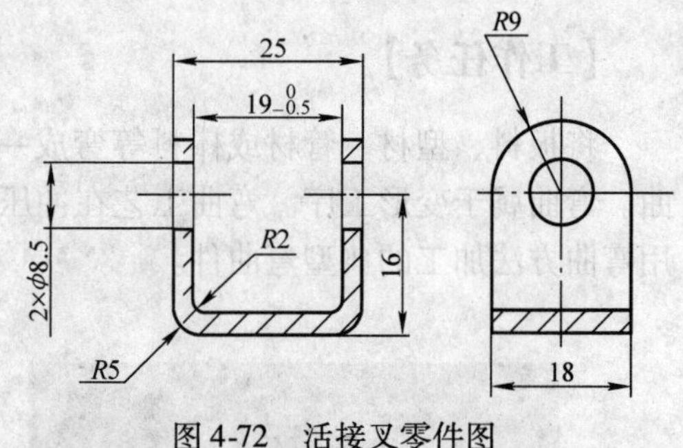

图 4-72　活接叉零件图

【知识准备】

一、弯曲的变形过程及变形特点

1. 弯曲的变形过程

V 形件的弯曲是坯料弯曲中最基本的一种，其弯曲过程如图 4-73 所示。在开始弯曲时，坯料的弯曲内侧半径大于凸模的圆角半径。随着凸模的下压，坯料的直边与凹模 V 形表面逐渐靠紧，弯曲内侧半径逐渐减小，即 $r_0 > r_1 > r_2 > r$；同时弯曲力臂也逐渐减小，即 $l_0 > l_1 > l_2 > l_k$。当凸模、坯料与凹模三者完全压合，坯料的内侧弯曲半径及弯曲力臂达到最小时，弯曲过程结束。

由于坯料在弯曲变形过程中弯曲内侧半径逐渐减小，因此弯曲变形部分的变形程度逐渐增加。又由于弯曲力臂逐渐减小，所以弯曲变形过程中坯料与凹模之间有相对滑动现象。凸模、坯料与凹模三者完全压合后，如果再对弯曲件增加一定的压力，则称为校正弯曲。没有这一过程的弯曲，称为自由弯曲。

2. 板料弯曲的变形特点分析

研究材料的冲压变形，常采用网格法，如图4-74所示。观察弯曲变形后位于工件侧壁的坐标网格的变化情况，就可以分析变形时坯料的受力情况，从而可以总结出板料弯曲的变形特点。

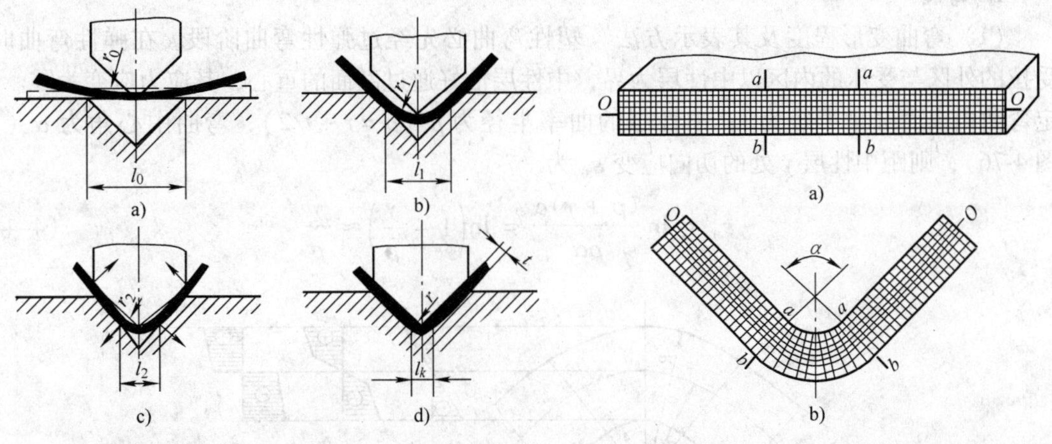

图4-73　V形零件弯曲过程　　图4-74　弯曲前后坐标网络的变化

（1）长度方向　弯曲变形主要发生在弯曲带中心角α范围内，中心角以外基本不变形。在弯曲变形区内正方形网格变成了扇形，靠近凹模的外侧长度伸长，靠近凸模的内侧长度缩短，说明在长度方向上内侧材料受压，外侧材料受拉。由内、外表面到板料中心，其缩短和伸长的程度逐渐变小。在缩短和伸长的两个变形区之间，必然有一层金属，它的长度在变形前后保持不变，这层金属称为中性层。当变形程度较小（r/t较大）时，中性层位于板料截面中心的轨迹上；当变形程度比较大（r/t较小）时，由于径向压应力的作用，中性层从板厚的中央向内侧移动，即出现了中性层的内移现象。

（2）厚度方向　由于内侧长度方向缩短，因此厚度应增加，但由于凸模紧压坯料，厚度方向增加不易。外侧长度伸长，厚度要变薄。因为增厚量小于变薄量，因此板料厚度在弯曲变形区内有变薄现象。弯曲变形程度越大（r/t越小），弯曲部位的变薄越严重。值得注意的是：弯曲时的厚度变薄不仅会影响零件的质量，而且在多数情况下会导致弯曲部位长度的增加。

（3）宽度方向　内侧材料受压，宽度应增加。外侧材料受拉，宽度要减小。这种变形根据坯料的宽度不同分为两种情况：在宽板（坯料宽度与厚度之比$B/t>3$）弯曲时，材料在宽度方向的变形会受到相邻金属的限制，横断面几乎不变，基本保持为矩形；而在窄板（$B/t\leqslant 3$）弯曲时，宽度方向变形几乎不受约束，断面变成了内宽外窄的扇形。图4-75所示为两种情况下的断面变化情况。由于窄板弯曲时变形区断面发生畸变，因此当弯

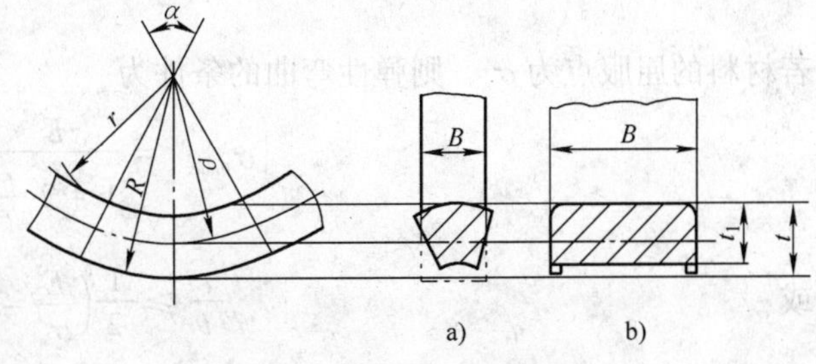

图4-75　弯曲变形区横断面的变形
a）窄板（$B/t\leqslant 3$）　b）宽板（$B/t>3$）

曲件的侧面尺寸有一定要求或要和其他零件配合时，需要增加后续辅助工序。对于一般的板料弯曲来说，大部分属于宽板弯曲。

二、弯曲件的主要质量问题

1. 弯裂

（1）弯曲变形程度及其表示方法　塑性弯曲必先经过弹性弯曲阶段。在弹性弯曲时，受拉的外区与受压的内区以中性层为界，中性层恰好通过剖面的重心，其应力应变为零。假定弯曲内表面圆角半径为 r，中性层的曲率半径为 ρ（$\rho = r + t/2$），弯曲中心角为 α（见图 4-76），则距中性层 y 处的切向应变 ε_θ 为

$$\varepsilon_\theta = \ln\frac{(\rho + y)\alpha}{\rho\alpha} = \ln\left(1 + \frac{y}{\rho}\right) \approx \frac{y}{\rho} \tag{4-44}$$

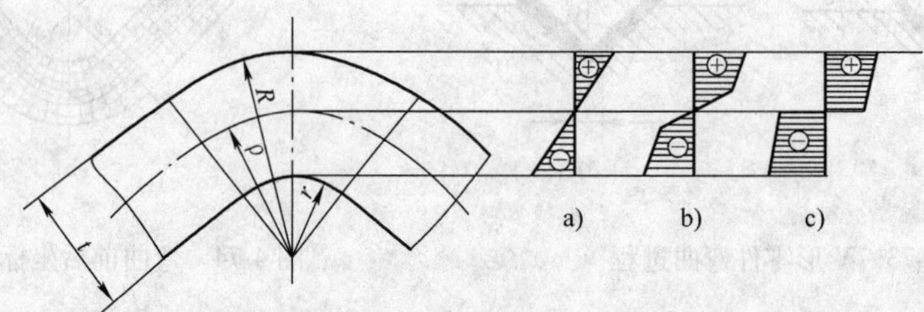

图 4-76　坯料弯曲变形区内切向应力的分布
a）弹性弯曲　b）弹 - 塑性弯曲　c）纯塑性弯曲

切向应力 σ_θ 为

$$\sigma_\theta = E\varepsilon_\theta = E\frac{y}{\rho} \tag{4-45}$$

从上式可见，材料切向的变形程度 ε_θ 和应力 σ_θ 的大小只取决于比值 y/ρ，而与弯曲中心角 α 无关。在弯曲变形区的内、外表面，切向应力、应变最大，$\sigma_{\theta\max}$ 与 $\varepsilon_{\theta\max}$ 为

$$\varepsilon_{\theta\max} = \pm\frac{\frac{t}{2}}{r + \frac{t}{2}} = \pm\frac{1}{1 + 2\frac{r}{t}} \tag{4-46}$$

$$\sigma_{\theta\max} = \pm E\varepsilon_{\theta\max} = \pm\frac{E}{1 + 2\frac{r}{t}} \tag{4-47}$$

若材料的屈服点为 σ_s，则弹性弯曲的条件为

$$|\sigma_{\theta\max}| = \frac{E}{1 + 2\frac{r}{t}} \leqslant \sigma_s \tag{4-48}$$

或

$$\frac{r}{t} \geqslant \frac{1}{2}\left(\frac{E}{\sigma_s} - 1\right) \tag{4-49}$$

r/t 称为相对弯曲半径，r/t 越小，板料表面的切向变形程度 $\varepsilon_{\theta\max}$ 越大。因此，生产中常用 r/t 来表示板料弯曲变形程度的大小。

$\frac{r}{t}>\frac{1}{2}\left(\frac{E}{\sigma_s}-1\right)$时，仅在板料内部引起弹性变形，称为弹性弯曲。变形区内的切向应力分布如图4-76a所示；当$\frac{r}{t}$减小到$\frac{1}{2}\left(\frac{E}{\sigma_s}-1\right)$时，板料变形区的内、外表面首先屈服，开始塑性变形。如果r/t继续减小，塑性变形部分由内、外表面向中心逐步地扩展，弹性变形部分则逐步缩小，变形由弹性弯曲过渡为弹—塑性弯曲；一般当$r/t\leqslant 4$时，弹性变形区已很小，可以近似认为弯曲变形区为纯塑性弯曲。切向应力的变化如图4-76b和图4-76c所示。

上述的r/t称为相对弯曲半径。由式（4-46）可知，r/t越小，板料表面的切向变形程度$\varepsilon_{\theta\max}$越大。因此，生产中常用r/t来表示板料弯曲变形程度的大小。当r/t小到一定值后，板料的外表面将超过材料的最大许可变形而产生裂纹。在板料不发生破坏的条件下，所能弯成零件内表面的最小圆角半径，称为最小弯曲半径$r_{\min}$，用它来表示弯曲时的成形极限。

（2）最小弯曲半径的影响因素　最小弯曲半径受材料的力学性能、板料表面和侧面的质量、弯曲线的方向、弯曲中心角α等因素的影响。

1）材料的塑性越好，塑性变形的稳定性越强（均匀伸长率δ_b越大），许可的最小弯曲半径就越小。

2）当板料表面和侧面（剪切断面）的质量较差时，或者冲裁或剪裁坯料未经退火，均应选用较大的最小弯曲半径$r_{\min}$。

3）由于轧制的钢板具有纤维组织，且顺纤维方向的塑性指标高于垂直纤维方向的塑性指标，当工件的弯曲线与板料的纤维方向垂直时，可具有较小的最小弯曲半径（见图4-77a）；相反，当工件的弯曲线与材料的纤维方向平行时，其最小弯曲半径则较大（见图4-77b）。因此，在弯制r/t较小的工件时，其排样应使弯曲线尽可能垂直于板料的纤维方向。若工件有两条互相垂直的弯曲线，应在排样时使两条弯曲线与板料的纤维方向成45°夹角（见图4-77c）。而在r/t较大时，可以不考虑纤维方向。

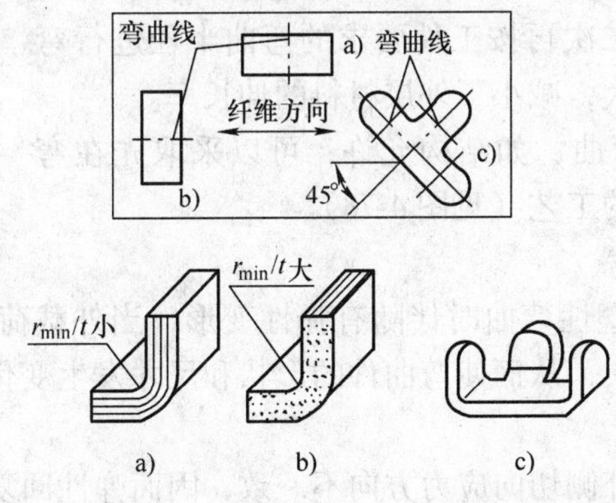

图4-77　纤维方向对$r_{\min}/t$的影响

4）板料弯曲实际上在接近圆角的直边部分存在一定的切向伸长变形（即扩大了弯曲变形区的范围），从而使变形区的变形得到一定程度的减轻，所以最小弯曲半径可以小些。弯曲中心角越小，变形分散效应越显著，当$\alpha>70°$时，其影响明显减弱。

（3）最小弯曲半径的数值　由于上述各种因素的综合影响十分复杂，所以最小弯曲半径的数值一般用试验方法确定，各种金属材料在不同状态下的最小弯曲半径的数值参见表4-26。

表 4-26　最小弯曲半径 r_{min}

材　料	退火状态		冷作硬化状态		材　料	退火状态		冷作硬化状态	
	弯曲线的位置					弯曲线的位置			
	垂直纤维	平行纤维	垂直纤维	平行纤维		垂直纤维	平行纤维	垂直纤维	平行纤维
08、10、Q195、Q215	$0.1t$	$0.4t$	$0.4t$	$0.8t$	铝	$0.1t$	$0.35t$	$0.5t$	$1.0t$
15、20、Q235	$0.1t$	$0.5t$	$0.5t$	$1.0t$	纯铜	$0.1t$	$0.35t$	$1.0t$	$2.0t$
25、30、Q255	$0.2t$	$0.6t$	$0.6t$	$1.2t$	软黄铜	$0.1t$	$0.35t$	$0.35t$	$0.8t$
35、40、Q275	$0.3t$	$0.8t$	$0.8t$	$1.5t$	半硬黄铜	$0.1t$	$0.35t$	$0.5t$	$1.2t$
45、50	$0.5t$	$1.0t$	$1.0t$	$1.7t$	磷青铜	—	—	$1.0t$	$3.0t$
55、60	$0.7t$	$1.3t$	$1.3t$	$2.0t$					

注：1. 当弯曲线与纤维方向成一定角度时，可采用垂直和平行纤维方向二者的中间值。
2. 冲裁或剪切后没有退火的毛坯弯曲时，应作为硬化的金属选用。
3. 弯曲时应使有毛刺的一边处于弯角的内侧。
4. 表中 t 为板料厚度。

（4）控制弯裂的措施　在一般情况下，不宜采用最小弯曲半径。当工件的弯曲半径小于表 4-26 所列数值时，为了使工件的弯曲不出现破裂，常采用以下措施：

1）经冷变形硬化的材料，可采用热处理的方法恢复其塑性。对于剪切断面的硬化层，还可以采取先去除然后再进行弯曲的方法。

2）清除冲裁毛刺，当毛刺较小时也可以使有毛刺的一面处于弯曲受压的内缘（即有毛刺的一面朝向弯曲凸模），以免应力集中而开裂。

3）对于低塑性的材料或厚料，可采用加热弯曲。

4）采取两次弯曲的工艺方法，即第一次弯曲采用较大的弯曲半径，然后退火；第二次再按工件要求的弯曲半径进行弯曲。这样就使变形区域扩大，减小了外层材料的伸长率。

5）对于较厚板料的弯曲，如结构允许，可以采取先在弯角内侧开槽后再进行弯曲的工艺（见图 4-78）。

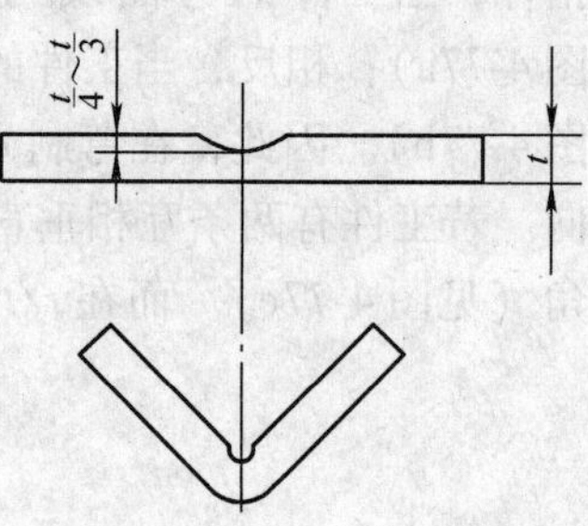

图 4-78　开槽后进行弯曲

2. 弯曲卸载后的回弹

（1）回弹现象　由于塑性弯曲时伴随有弹性变形，当外载荷去除后，塑性变形保留下来，而弹性变形会完全消失，从而使弯曲件的形状和尺寸发生变化而与模具尺寸不一致，这种现象叫做回弹。

由于塑性弯曲时内、外侧切向应力方向不一致，因而弹性回复方向也相反，即外侧弹性缩短而内侧弹性伸长，这种反向的弹性回复大大加剧了弯曲件形状和尺寸的改变。所以与其他变形工序相比，弯曲卸载后的回弹现象是一个非常重要的问题，它直接影响弯曲件的尺寸精度。

弯曲回弹的表现形式有如下两个方面（见图 4-79）：

1）曲率减小。卸载前弯曲中性层的半径为 ρ，卸载后增加至 ρ'，曲率则由卸载前的 $1/\rho$ 减小至卸载后的 $1/\rho'$。如以 ΔK 表示曲率的减少量，则

$$\Delta K=\frac{1}{\rho}-\frac{1}{\rho'} \qquad (4\text{-}50)$$

2）弯曲中心角减小。卸载前弯曲变形区的弯曲中心角为 α，卸载后减小至 α'，所以弯曲中心角的减小值 $\Delta\alpha$ 为

$$\Delta\alpha=\alpha-\alpha' \qquad (4\text{-}51)$$

由于弯曲角 $\beta=180°-\alpha$，故弯曲角的增大值 $\Delta\beta=\beta'-\beta$。ΔK 与 $\Delta\alpha$（或 $\Delta\beta$）即为弯曲件的回弹量。

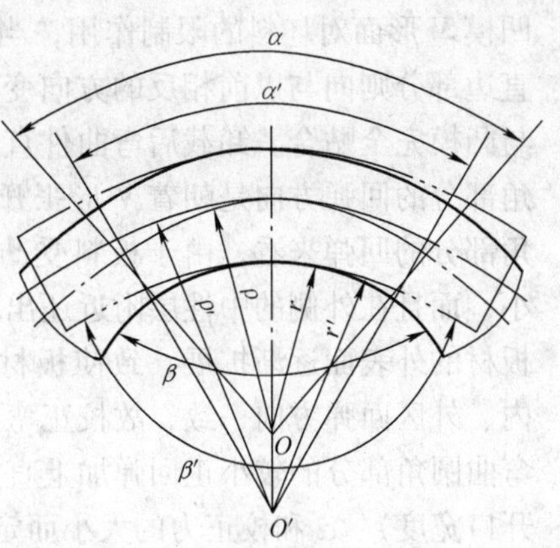

图4-79　弯曲变形的回弹

（2）影响回弹的因素

1）材料的力学性能。由于卸载时弹性回复的应变量与材料的屈服强度成正比，与弹性模量成反比，即 $\sigma_{0.2}/E$ 越大，回弹越大。如图4-80a所示的两种材料，屈服强度基本相同，但弹性模量不同（$E_1>E_2$），在弯曲变形程度相同的条件下（r/t 相同），退火软钢在卸载时的回弹变形小于软锰黄铜，即 $\varepsilon_1'<\varepsilon_2'$。又如图4-80b所示的两种材料，其弹性模量基本相同，而屈服强度不同，在弯曲变形程度相同的条件下，经冷变形硬化而屈服强度较高的软钢在卸载时的回弹变形大于屈服强度较低的退火软钢，即 $\varepsilon_4'>\varepsilon_3'$。

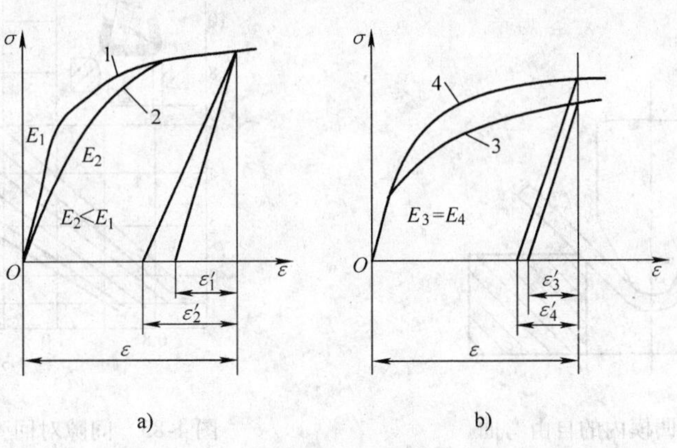

图4-80　材料的力学性能对回弹值的影响

1、3—退火软钢　2—软锰黄铜　4—经冷变形硬化的软钢

2）变形程度。r/t 越大，弯曲变形程度越小，中性层两侧的纯弹性变形区的增加越多。另外，塑性变形区总变形中弹性变形所占的比例同时也增大（从图4-81中的几何关系可以证明 $\frac{\varepsilon_1'}{\varepsilon_1}>\frac{\varepsilon_2'}{\varepsilon_2}$）。故相对弯曲半径 r/t 越大，则回弹越大。这也是 r/t 很大的工件不容易弯曲成形的道理。

3）弯曲中心角 α。α 越大，变形区的长度越大，回弹积累值越大，故回弹角 $\Delta\alpha$ 越大。

4）弯曲方式及弯曲模。在无底凹模内作自由弯曲时（见图4-82），回弹最大。在有底凹模作校正弯曲时（见图4-73），回弹较小。其原因之一是：从坯料直边部分的回弹看来，由于

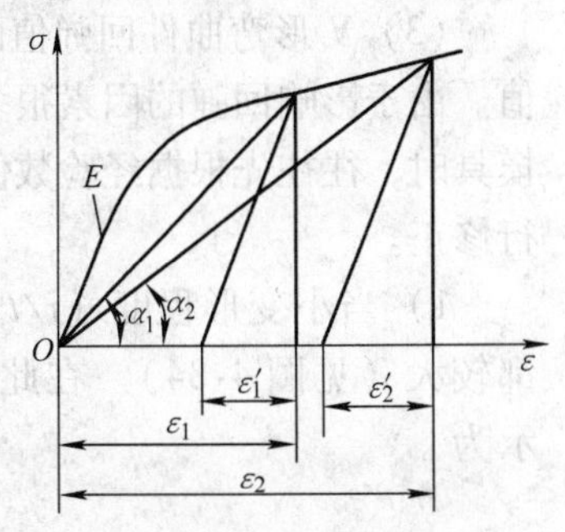

图4-81　变形程度对弹性回复值的影响

凹模 V 形面对坯料的限制作用，当坯料与凸模三点接触后，随着凸模的继续下压，坯料的直边部分则向与以前相反的方向变形，弯曲终了时可以使产生了一定曲度的直边重新压平并与凸模完全贴合。卸载后弯曲件直边部分的回弹方向是朝向 V 形闭合方向（负回弹），而圆角部分的回弹方向是朝着 V 形张开方向（正回弹），两者回弹方向相反。原因之二是：从圆角部分的回弹来看，由于板料受凸、凹模压缩的作用，不仅弯曲变形外侧的拉应力有所减小，而且在外侧的中性层附近还出现与内侧同号的压应力，随着校正力的增加，压应力区向板材的外表面逐渐扩展，致使板材的全部或大部分断面均出现压缩应力，于是圆角部分的内、外区回弹方向一致，故校正弯曲圆角部分的回弹比自由弯曲大为减小。综上所述，校正弯曲圆角部分的较小正回弹加上直边部分的负回弹的抵消，其结果视 r/t、L_A/t（L_A 为凹模开口宽度）、α 和校正力的大小而定。将有三种可能情况：总的回弹是正的、等于零，或是负的，当 r/t 小、L_A/t 大、α 小以及校正力大时，就会使制件出现负回弹。因此生产中应选取适宜的凸模圆角半径、凹模开口宽度及校正力等，以保证弯曲件的精度。

在弯曲 U 形件时，凸、凹模之间的间隙对回弹有较大的影响。间隙越大，回弹角也就越大（见图 4-83）。

图 4-82　无底凹模内的自由弯曲

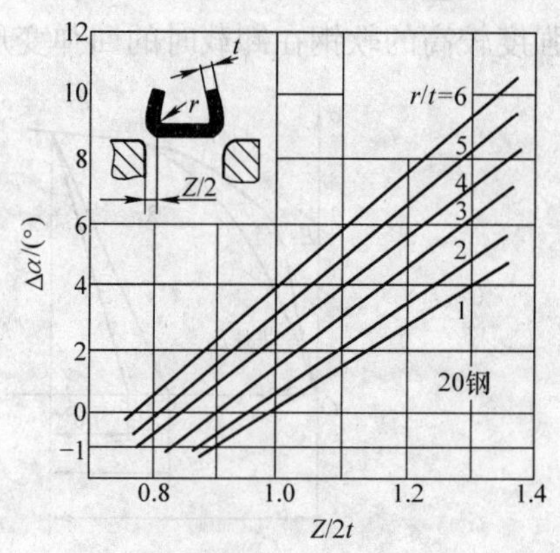

图 4-83　间隙对回弹的影响

5）工件的形状。一般而言，弯曲件越复杂，一次弯曲成形角的数量越多，则弯曲时各部分互相牵制作用越大，弯曲中伸长变形的成分越大，故回弹量就越小。例如，一次弯曲成形时，⊓形件的回弹量比 U 形件小，U 形件又比 V 形件小。

（3）V 形弯曲件回弹值的确定　为了得到一定形状与尺寸精度的工件，应当确定回弹值。由于影响回弹的因素很多，用理论计算方法很复杂，而且也不准确。通常在设计及制造模具时，往往先根据经验数值和简单的计算初步确定模具工作部分的尺寸，然后在试模时进行修正。

1）当小变形程度（$r/t \geqslant 10$）自由弯曲时，卸载后弯曲件的角度和圆角半径的变化都较大（见图 4-84）。在此情况下，板料弯曲的凸模工作部分圆角半径和角度计算可表示为

$$r_T = \frac{r}{1 + 3\dfrac{\sigma_s r}{Et}} \tag{4-52}$$

$$\alpha_T = \frac{r}{r_T}\alpha \tag{4-53}$$

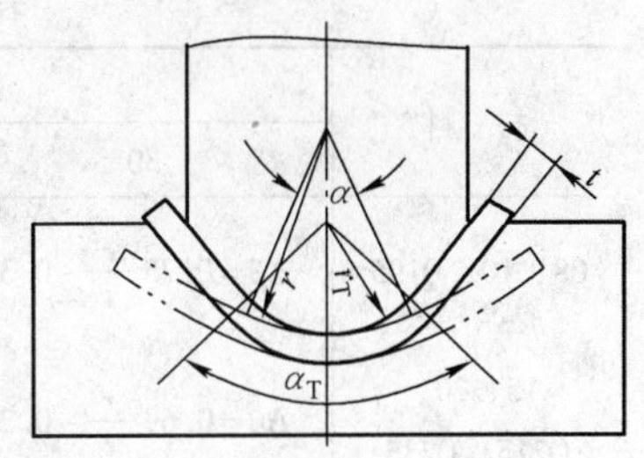

图4-84　r/t较大时的回弹现象

式中　r_T——凸模工作部分圆角半径；

r——弯曲件的圆角半径；

α_T——凸模圆角部分中心角；

α——弯曲件圆角部分中心角；

σ_s——弯曲件材料的屈服点；

E——弯曲件材料的弹性模量；

t——弯曲件材料的厚度。

2）当大变形程度（$r/t<5$）自由弯曲时，卸载后弯曲件圆角半径的变化是很小的，可以不予考虑，而弯曲中心角发生了变化。表4-27所示为自由弯曲V形件弯曲中心角为90°时部分材料的平均回弹角。

表4-27　90°V形件校正弯曲时的平均回弹角$\Delta\alpha_{90}$

材　料	$\frac{r}{t}$	材料厚度 t/mm			材　料	$\frac{r}{t}$	材料厚度 t/mm		
		<0.8	0.8~2	>2			<0.8	0.8~2	>2
软　钢 σ_b=350MPa	<1	4°	2°	0°		<1	7°	4°	2°
黄　铜 σ_b=350MPa	1~5	5°	3°	1°	硬钢 σ_b>550MPa	1~5	9°	5°	3°
铝和锌	>5	6°	4°	2°		>5	12°	7°	6°
中硬钢 σ_b=400~500MPa	<1	5°	2°	0°		<2	2°	3°	4°30′
硬黄铜 σ_b=350~400MPa	1~5	6°	3°	1°	硬铝 2A12	2~5	4°	6°	8°30′
硬青铜	>5	8°	5°	3°		>5	6°30′	10°	14°

当弯曲件弯曲中心角为90°时，其回弹角可用下式计算

$$\Delta\alpha = \frac{\alpha}{90°}\Delta\alpha_{90} \tag{4-54}$$

式中　$\Delta\alpha$——弯曲件的弯曲中心角为α时的回弹角；

α——弯曲件的弯曲中心角；

$\Delta\alpha_{90}$——弯曲中心角为90°时的回弹角（见表4-27）。

3）校正弯曲时的回弹值。对V形弯曲件进行校正弯曲时，一般r/t都比较小，可以不考虑弯曲半径的回弹，弯曲角的回弹量也比较小。当弯曲半径很小时，例如$r/t<0.2\sim0.3$，可能出现负回弹，即弯曲件在卸载后的实际弯曲角度小于凸模的角度。

V形弯曲件校正弯曲时的回弹角一般可参考公式计算法或查表法初步确定，并考虑弯曲过程中的各种影响因素适当修正，再经试模最后修正。

表4-28给出了一些牌号钢板的回弹角经验公式，公式中的符号如图4-85所示。设计模具时取凸模角度$\beta_T=\beta-\Delta\beta$，$\beta$为弯曲件要求的弯曲角。表4-29给出了几种常用材料90°V形件校正弯曲时的回弹角度值，系工厂经验数据。

表 4-28　V 形件校正弯曲时的回弹角 $\Delta\beta$

材　料	弯曲角 β			
	30°	60°	90°	120°
08、10、Q195	$\Delta\beta=0.75\frac{r}{t}-0.39$	$\Delta\beta=0.58\frac{r}{t}-0.80$	$\Delta\beta=0.43\frac{r}{t}-0.61$	$\Delta\beta=0.36\frac{r}{t}-1.26$
15、20、Q215、Q235	$\Delta\beta=0.69\frac{r}{t}-0.23$	$\Delta\beta=0.64\frac{r}{t}-0.65$	$\Delta\beta=0.434\frac{r}{t}-0.36$	$\Delta\beta=0.37\frac{r}{t}-0.58$
25、30、Q255	$\Delta\beta=1.59\frac{r}{t}-1.03$	$\Delta\beta=0.95\frac{r}{t}-0.94$	$\Delta\beta=0.78\frac{r}{t}-0.79$	$\Delta\beta=0.46\frac{r}{t}-1.36$
35、Q275	$\Delta\beta=1.51\frac{r}{t}-1.48$	$\Delta\beta=0.84\frac{r}{t}-0.76$	$\Delta\beta=0.79\frac{r}{t}-1.62$	$\Delta\beta=0.51\frac{r}{t}-1.71$

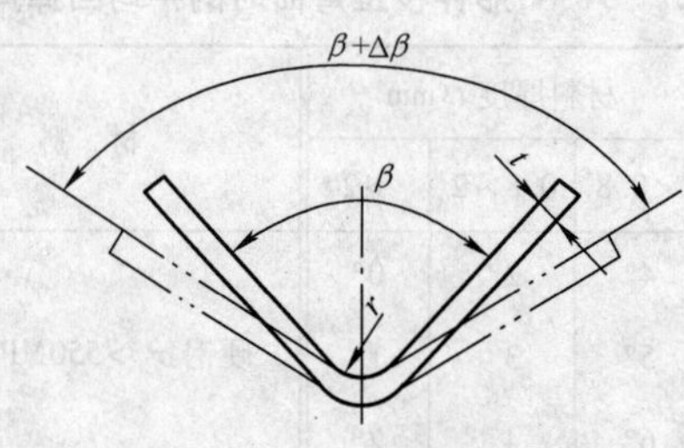

图 4-85　V 形件校正弯曲的回弹

表 4-29　90°V 形件校正弯曲时的回弹角 $\Delta\beta$

材　料	r/t		
	≤1	1~2	>2
Q215、Q235	-1°~1°30′	0°~2°	1°30′~2°30′
纯铜、黄铜、铝	0°~1°30′	0°~3°	2°~4°

（4）U 形件自由弯曲时的回弹角　表 4-30 给出了部分材料 U 形件自由弯曲时的回弹角 $\Delta\beta$，系单边回弹角。

表 4-30　U 形件自由弯曲时的回弹角 $\Delta\beta$

材　料	r/t	单边间隙 Z					
		$0.8t$	$0.9t$	$1.0t$	$1.1t$	$1.2t$	$1.5t$
2A12	2	−1°30′	0°	1°	3°	5°	7°
	4	−1°	1°	3°	4°30′	6°30′	9°
	6	−0°30′	1°30′	3°30′	6°	8°	10°
7A04	2	−3°	−2o	0°	3°	5°	6°30′
	4	−1°30′	−1°	2°30′	4°30′	7°	8°30′
	6	0°	−0°30′	3°30′	6°30′	8°30′	10°

（续）

材　料	r/t	单边间隙 Z					
		0.8t	0.9t	1.0t	1.1t	1.2t	1.5t
20（退火）	2	−2°	−0°30′	1°	2°	3°30′	5°
	4	−1°	0°30′	2°30′	4°	5°30′	7°
	6	−0°30′	2°	4°	6°	7°30′	9°
30CrMnSiA	2	−2°	−1°	1°	2°	4°	5°30′
	4	−0°30′	1°	3°	5°	6°30′	8°30′
	6	0°30′	2°	5°	7°	9°	11°
1Cr18Ni9Ti	2	−1°	−0°30′	0°	1°	1°30′	2°
	4	0°	1°	2°	2°30′	3°	4°
	6	1°30′	2°	3°	3°	5°	6°

注：单边弯曲 U 形件时，应按 V 形件确定回弹角。

（5）减少回弹的措施　在实际生产中，由于材料的力学性能和厚度的波动等因素，要完全消除弯曲件的回弹是不可能的。但应尽可能采取一些必要的措施来减小或补偿回弹所产生的误差，以提高弯曲件的精度。

1）改进弯曲件的设计。尽量避免选用过大的相对弯曲半径 r/t。如有可能，在弯曲变形区压制加强筋或压成形边翼，以提高弯曲件的刚度，抑制回弹（见图4-86）。在满足使用要求的前提下，尽量选用 σ_s/E 小、力学性能稳定、板料厚度波动小的材料，以减小弯曲卸载后产生的回弹。

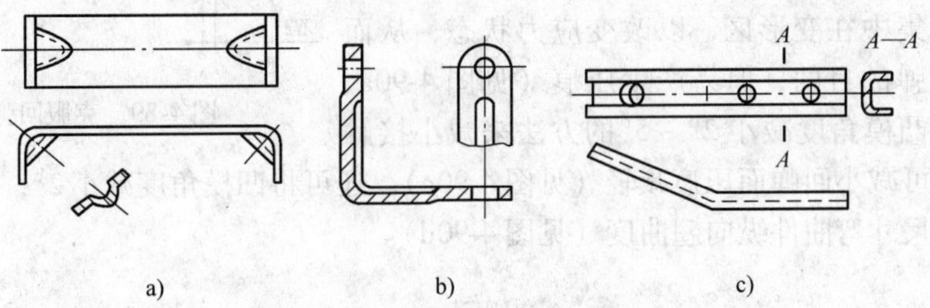

图4-86　在弯曲变形区压制加强筋或边翼

a）、b）加强筋　c）边翼

2）采用适当的弯曲工艺：用校正弯曲代替自由弯曲。对冷作硬化的材料须先退火，使其屈服点 σ_s 降低。对回弹较大的材料，必要时可采用加热弯曲。

弯制相对弯曲半径很大的弯曲件时，可采用拉弯工艺。拉弯用模具如图4-87所示。拉弯特点是在拉弯之前先使坯料承受一定的拉伸应力，其数值使坯料截面内的应力稍大于材料的屈服强度。随后在拉力作用的同时进行弯曲。图4-88所示为工件在拉弯过程中沿截面高度的应变分布。图4-88a所示为拉伸时的应变；图4-88b所示为普通弯曲时的应变；图4-88c所示为拉弯时总的合成应变；图4-88d所示为卸载时的应变；图4-88e所示为最终的永久变形。从图

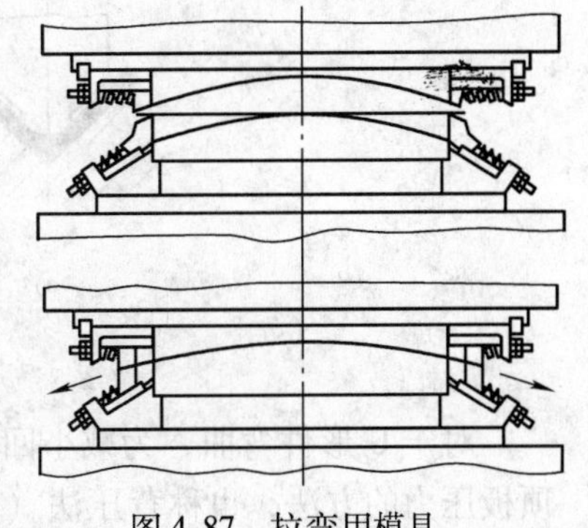

图4-87　拉弯用模具

4-88d 可看出：拉弯卸载时，坯料内、外侧回弹方向一致（ε_t、ε'_t 均为负值），故大大减小了工件的回弹。拉弯主要用于长度和曲率半径都比较大的零件。

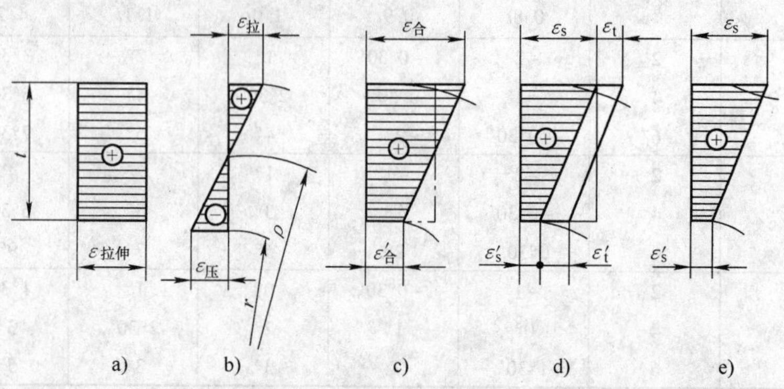

图 4-88　拉弯时断面内切向应变的分布

3）合理设计弯曲模。对于较硬材料（如 45 钢、50 钢、Q275 钢和 H62（硬）等），可根据回弹值对模具工作部分的形状和尺寸进行修正。对于软材料（如 Q215、Q235、10 钢、20 钢和 H62（软）等），其回弹角小于 5°时，可采用在模具上做出补偿角并取凸、凹模间小间隙的方法（见图 4-89）。

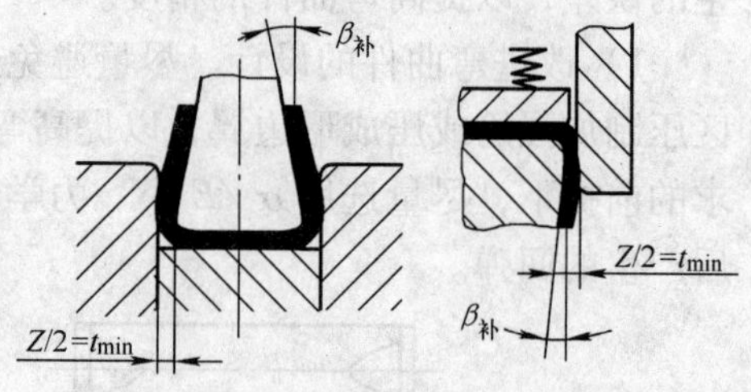

图 4-89　克服回弹措施 Ⅰ

对于厚度在 0.8mm 以上的软材料，相对弯曲半径又不大时，可把凸模做成局部突起的形状，使凸模的作用力集中在变形区，以改变应力状态，从而达到减小回弹的目的，但易产生压痕（见图 4-90a、b）。也可使凸模角度减小 2°～5°的方法来减小接触面积，同样可减小回弹而压痕减轻（见图 4-90c）。还可将凹模角度减小 2°，以此减小回弹，又能减小长尺寸弯曲件纵向翘曲度（见图 4-90d）。

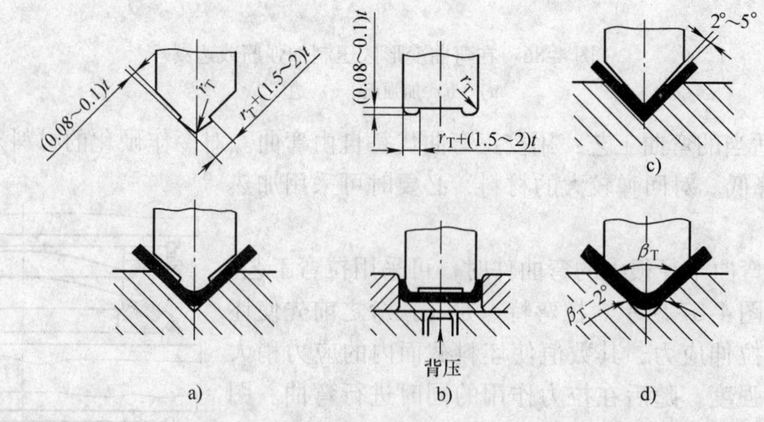

图 4-90　克服回弹措施 Ⅱ

对于 U 形件弯曲，为减小回弹常用的方法还有：当相对弯曲半径较小时，可采取调整顶板压力的方法，也称背压法（见图 4-90b）；当相对弯曲半径较大，背压法已无效时，可采取将凸模端面和顶板表面做成一定曲率的弧形（见图4-91a）。这两种方法的实质都是使底部产生的负回弹和角部产生的正回弹互相补偿。另一种克服回弹角的有效方法是采用摆动凹模，而凸模侧壁则减小回弹角 $\Delta\beta$（见图4-91b）。当材料厚度尺寸负偏差较大时，可设计成凸、凹模间隙可调的弯曲模（见图4-91c）。

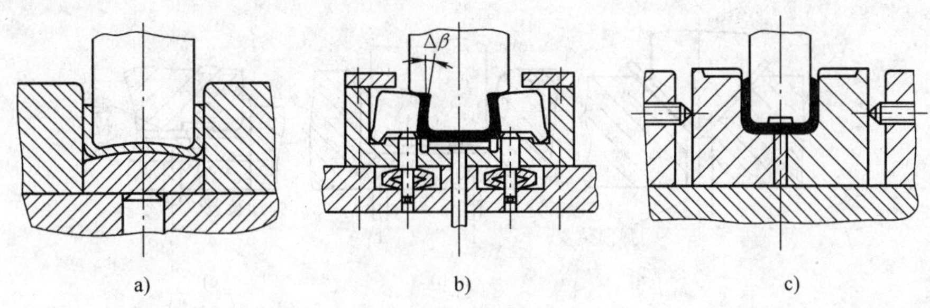

图4-91　克服回弹措施Ⅲ

在弯曲件直边的端部加压，使弯曲变形的内、外区都成为压应力而减小回弹，并能得到精确的弯边高度（见图4-92）。

用橡胶弹性体代替刚性凹模，并调节凸模压入深度，以控制弯曲角度（见图4-93）。

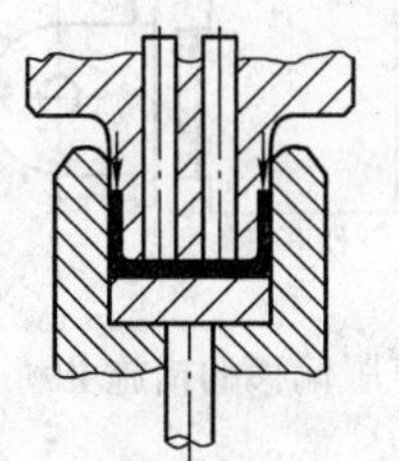

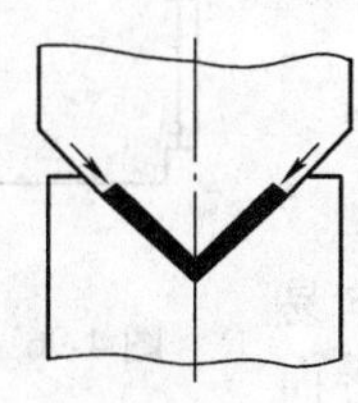

图4-92　坯料端部加压弯曲

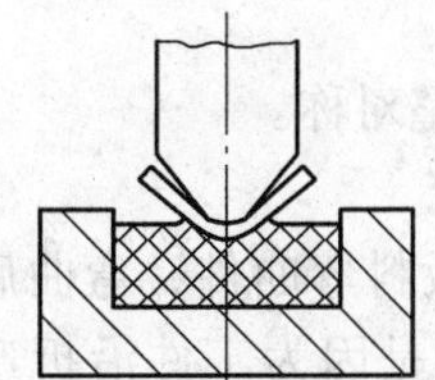

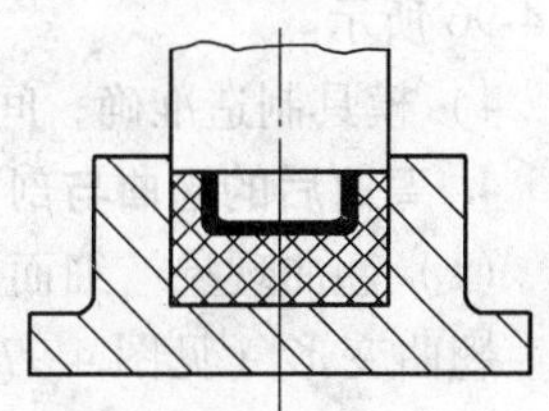

图4-93　软凹模弯曲

3. 弯曲时的偏移

板料在弯曲过程中沿凹模圆角滑移时，会受到凹模圆角处摩擦阻力的作用。当板料两边所受的摩擦阻力不等时，坯料在弯曲过程中就会沿工件的长度方向产生移动，使工件两直边的高度不符合图样要求，这种现象称为偏移。

(1) 偏移现象产生的原因　产生偏移的原因很多。图4-94a、b所示为工件坯料形状不对称造成的偏移；图4-94c所示为工件结构不对称造成的偏移；图4-94d、e所示为弯曲模结构不合理造成的偏移。此外，凸模与凹模的圆角不对称、间隙不对称等，也会导致弯曲时产生偏移现象。

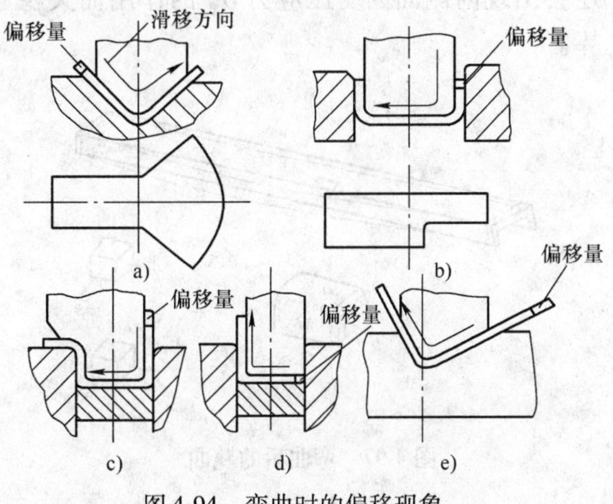

图4-94　弯曲时的偏移现象

(2) 克服偏移的措施

1) 采用压料装置，使坯料在压紧的状态下逐渐弯曲成形，从而防止坯料滑动，而且能得到较平整的零件，如图 4-95a、b 所示。

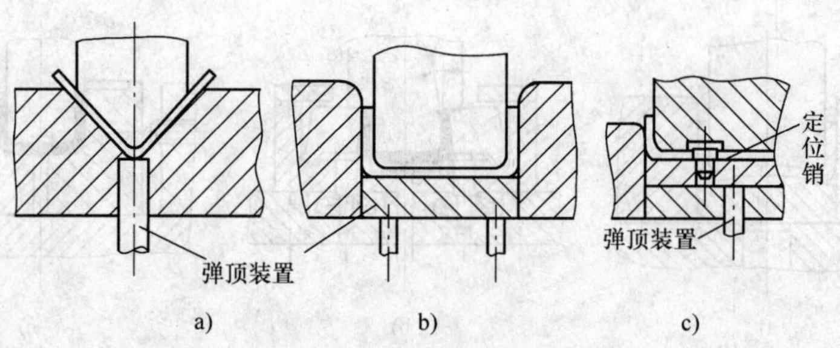

图 4-95　克服偏移的措施 I

2) 利用坯料上的孔或先冲出的工艺孔，将定位销插入孔内再弯曲，使坯料无法移动，如图 4-95c 所示。

3) 将形状不对称的弯曲件组合成对称弯曲件弯曲，然后再切开，使坯料弯曲时受力均匀，不容易产生偏移，如图 4-96 所示。

4) 模具制造准确，间隙调整对称。

4. 弯曲后的翘曲与剖面畸变

(1) 翘曲现象　细而长的板料弯曲件，弯曲后纵向易产生翘曲变形（见图 4-97）。这是因为工件沿折弯线方向的刚度小，塑性弯曲时，外区宽度方向的压应变和内区的拉应变使折弯线翘曲。当板料弯曲件短而粗时，沿工件纵向刚度大，宽度方向应变被抑制，翘曲则不明显。

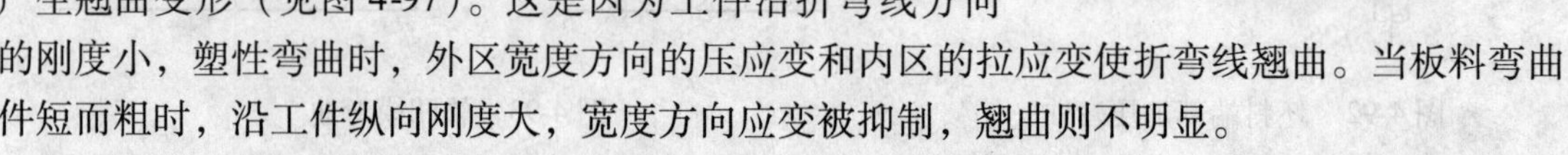

图 4-96　克服偏移的措施 II

(2) 剖面畸变现象　窄板弯曲如前所述（见图 4-75a）；管材、型材弯曲后的剖面畸变如图 4-98 所示，这种现象是因为径向压应力 σ_t 所引起的。另外，在薄壁管的弯曲中，还会出现内侧面因受压应力 σ_θ 的作用而失稳起皱的现象，因此弯曲时管中应加填料或芯棒。

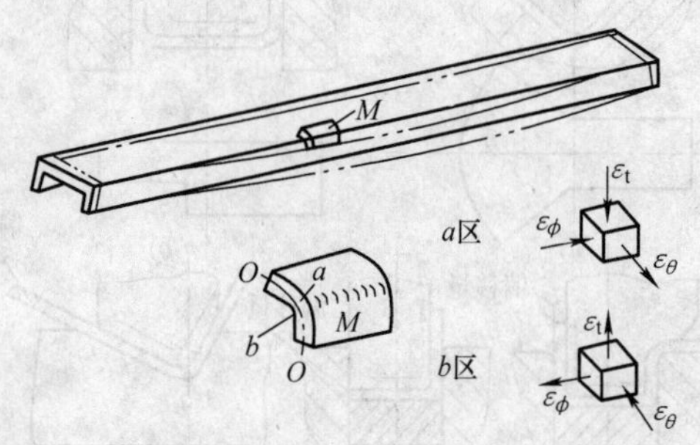

图 4-97　弯曲后的翘曲

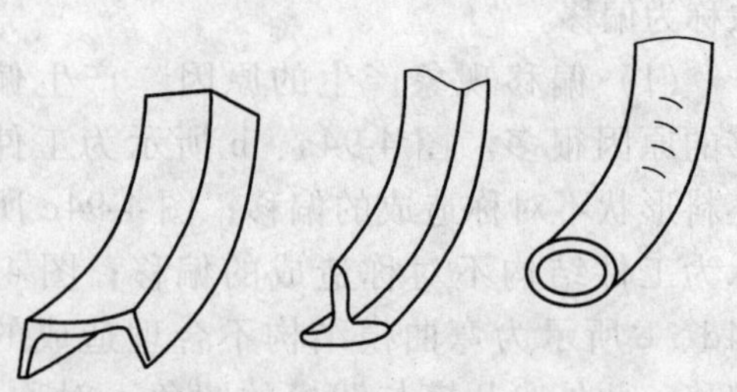

图 4-98　型材、管材弯曲后的剖面畸变

三、弯曲件的工艺计算

1. 弯曲中性层位置的确定

根据中性层的定义，弯曲件的坯料长度应等于中性层的展开长度。中性层位置以曲率半径 ρ 表示（见图4-99），通常采用下面经验公式确定

$$\rho = r + xt \tag{4-55}$$

式中　r——零件的内弯曲半径；

t——材料厚度；

x——中性层位移系数，见表4-31。

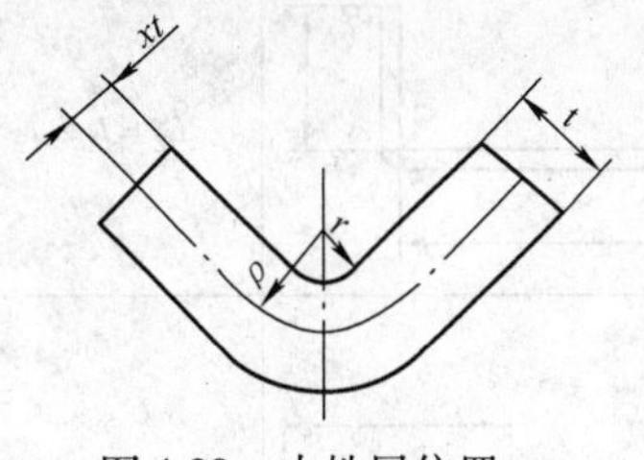

图4-99　中性层位置

表4-31　中性层位移系数 x 值

r/t	0.1	0.2	0.3	0.4	0.5	0.6	0.7	0.8	1.0	1.2
x	0.21	0.22	0.23	0.24	0.25	0.26	0.28	0.3	0.32	0.33
r/t	1.3	1.5	2	2.5	3	4	5	6	7	≥8
x	0.34	0.36	0.38	0.39	0.4	0.42	0.44	0.46	0.48	0.5

注：表中数据适用于低碳钢、90°V形校正压弯。

2. 弯曲件坯料尺寸的计算

中性层位置确定以后，对于形状比较简单，精度要求不高的弯曲件，可以直接采用下面介绍的方法计算坯料长度；而对于形状比较复杂或精度要求高的弯曲件，在利用下述公式初步计算坯料长度后，还需反复试弯不断修正，才能最后确定坯料的形状及尺寸。这是因为这里有很多因素没有考虑，可能产生较大的误差，故在生产中宜先制造弯曲模，后制造落料模（如果需要落料模时）。

（1）$r>0.5t$ 的弯曲件　此类弯曲件由于变形时变薄不严重，按中性层展开的原理，坯料总长度应等于弯曲件直线部分和圆弧部分长度之和（见图4-100），即

$$L_Z = l_1 + l_2 + \frac{\pi\alpha}{180^\circ}(r + xt) \tag{4-56}$$

式中　L_Z——坯料展开的总长度；

α——弯曲中心角（°）；

（2）$r<0.5t$ 的弯曲件　由于此类弯曲件变形时不仅在圆角变形区严重变薄，而且与其相邻的直边部分也变薄。故通常的做法是按变形前后体积不变条件确定坯料长度，再考虑直边的伸长变形和板厚的减薄等影响因素，适当进行修正。表4-32所示为 $r<0.5t$ 时一些常见弯曲件坯料长度的计算公式。

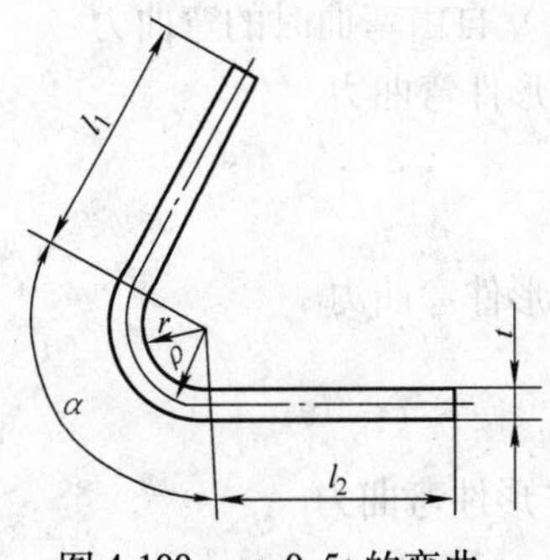

图4-100　$r>0.5t$ 的弯曲

表 4-32　$r < 0.5t$ 的弯曲件坯料长度计算公式

简图	计算公式	简图	计算公式
	$L_Z = l_1 + l_2 + 0.4t$		$L_Z = l_1 + l_2 + l_3 + 0.6t$ （一次同时弯曲两个角）
	$L_Z = l_1 + l_2 - 0.43t$		$L_Z = l_1 + 2l_2 + 2l_3 + t$ （一次同时弯曲四个角） $L_Z = l_1 + 2l_2 + 2l_3 + 1.2t$ （分两次弯曲四个角）

（3）铰链式弯曲件　对于 $r = (0.6 \sim 3.5)t$ 的铰链件（见图 4-101）。通常采用推圆的方法（见图 4-128）成形，在卷圆过程中，板料增厚，中性层外移，其坯料长度 L_Z 可按下式计算

$$L_Z = l + 1.5\pi(r + x_1 t) + r \tag{4-57}$$

式中　l——直线段长度；

r——铰链内半径；

x_1——中性层位移系数，见表 4-33。

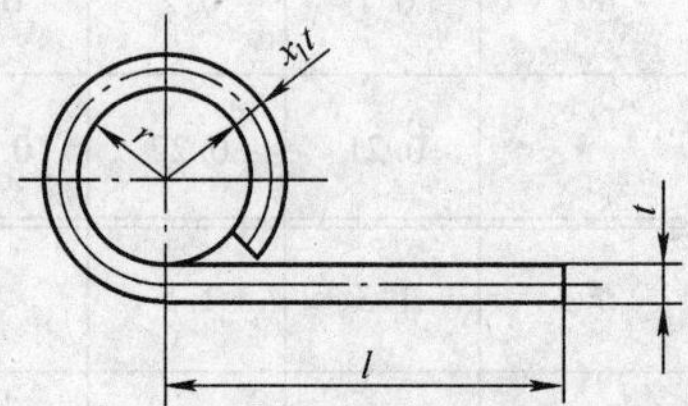

图 4-101　铰链式弯曲件

表 4-33　卷边时中性层位移系数 x_1 值（摘自 JB/T 5109—2001）

r/t	0.5	0.6	0.7	0.8	0.9	1.0	1.1	1.2
x_1	0.72	0.70	0.69	0.67	0.65	0.63	0.61	0.59
r/t	1.3	1.4	1.5	1.6	1.8	2.0	2.5	≥3.0
x_1	0.57	0.56	0.55	0.54	0.53	0.52	0.51	0.50

注：表中数值适用于低碳钢。

3. 弯曲力的计算

弯曲力是选择压力机和设计模具的重要依据之一。由于弯曲力受材料性能、零件形状、弯曲方法及模具结构等多种因素的影响，很难用理论分析的方法进行准确计算，所以在生产中常采用经验公式来计算。

（1）自由弯曲时的弯曲力

V 形件弯曲力

$$F_{自} = \frac{0.6KBt^2\sigma_b}{r + t} \tag{4-58}$$

U 形件弯曲力

$$F_{自} = \frac{0.7KBt^2\sigma_b}{r + t} \tag{4-59}$$

⅂⅃形件弯曲力

$$F_{自} = 2.4Bt\sigma_b\alpha\beta \tag{4-60}$$

式中　$F_{自}$——自由弯曲在冲压行程结束时的弯曲力（N）；

B——弯曲件的宽度（mm）；

t——弯曲件材料厚度（mm）；

r——弯曲件的内弯曲半径（mm）；

σ_b——材料的抗拉强度（MPa）；

K——安全系数，一般取 $K=1.3$；

α——系数，其值见表4-34，与其相应的伸长率见表4-35；

β——系数，其值见表4-36。

表4-34　系数 α 值

r/t ＼ 伸长率（%）	20	25	30	35	40	45	50
10	0.416	0.379	0.337	0.302	0.265	0.233	0.204
8	0.434	0.398	0.361	0.326	0.288	0.257	0.227
6	0.459	0.426	0.392	0.358	0.321	0.290	0.259
4	0.502	0.467	0.437	0.407	0.371	0.341	0.312
2	0.555	0.552	0.520	0.507	0.470	0.445	0.417
1	0.619	0.615	0.607	0.680	0.576	0.560	0.540
0.5	0.690	0.688	0.684	0.680	0.678	0.673	0.662
0.25	0.704	0.732	0.746	0.760	0.769	0.764	0.764

表4-35　各种金属板料的伸长率

材　料	延　伸　率	材　料	延　伸　率
Q195	0.20～0.30	纯铜	0.30～0.40
Q215	0.20～0.28	黄铜	0.35～0.40
Q235	0.18～0.25	锌	0.05～0.08
Q255	0.15～0.20		
Q275	0.13～0.18		

（2）校正弯曲时的弯曲力

$$F_{校} = Ap \tag{4-61}$$

式中　$F_{校}$——校正弯曲力；

A——校正部分投影面积；

p——单位面积校正力，其值见表4-37。

（3）顶件力或压料力　若弯曲模设有顶件装置或压料装置，其顶件力 F_D（或压料力 F_Y）可近似取自由弯曲力的30%～80%，即

$$F_D = (0.3 \sim 0.8)F_{自} \tag{4-62}$$

表 4-36　系数 β 值

Z/t \ r/t	10	8	6	4	2	1	0.5
1.20	0.130	0.151	0.181	0.245	0.388	0.570	0.765
1.15	0.145	0.161	0.185	0.262	0.420	0.605	0.822
1.10	0.162	0.184	0.214	0.290	0.460	0.675	0.830
1.08	0.170	0.200	0.230	0.300	0.490	0.710	0.960
1.06	0.180	0.207	0.250	0.322	0.520	0.755	1.120
1.04	0.190	0.222	0.277	0.360	0.560	0.835	1.130
1.02	0.208	0.250	0.353	0.410	0.760	0.990	1.380

注：1. Z/t 为间隙系数，Z 为凸、凹模间隙。

2. 一般非铁材料的 $Z/t=1.0\sim1.1$；金属材料的 $Z/t=1.05\sim1.15$。

表 4-37　单位面积校正力 p　　（单位：MPa）

材料	材料料厚 t/mm			
	≤1	>1～3	>3～6	>6～10
铝	15～20	20～30	30～40	40～50
黄铜	20～30	30～40	40～60	60～80
10～20 钢	30～40	40～60	60～80	80～100
25 钢、30 钢、35 钢	40～50	50～70	70～100	100～120

（4）压力机公称压力的确定

有压料的自由弯曲的弯曲力 F_1 为

$$F_1 = F_{自} + F_D \tag{4-63}$$

为了确保压力机的安全，生产中对于自由弯曲的压力机公称压力一般取

$$F_{压机} \geqslant (1.2 \sim 1.3) F_1 \tag{4-64}$$

对于校正弯曲，由于校正弯曲力比压料力 F_Y 或顶件力 F_D 大得多，故 F_Y 或 F_D 可以忽略，即

$$F_2 = F_{校} \tag{4-65}$$

同样，生产中对于校正弯曲的压力机公称压力一般取

$$F_{压机} \geqslant (1.2 \sim 1.3) F_2 \tag{4-66}$$

四、弯曲件的工艺性与工序安排

1. 弯曲件的工艺性

弯曲件的工艺性是指弯曲零件的形状、尺寸、精度、材料以及技术要求等是否符合弯曲加工工艺的要求。良好的弯曲件能简化弯曲的工艺过程及模具结构，提高工件的质量。

（1）弯曲件的精度　弯曲件的精度受坯料定位、偏移、翘曲和回弹等因素的影响，弯曲的工序数目越多，精度也越低。一般弯曲件的长度尺寸公差等级在 IT13 以下，角度公差大于 15′。其尺寸公差按 GB/T 13914—2002，角度公差按 GB/T 13915—2002，形状和位置未注公差按 GB/T 13916—2002，未注公差尺寸极限偏差按 GB/T 15055—2007。对弯曲件的精

度要求应合理。弯曲件未注公差的长度尺寸的极限偏差和弯曲件角度的自由公差也可按表4-38 和表 4-39 确定。

表 4-38　弯曲件未注公差的长度尺寸的极限偏差　　（单位：mm）

长度尺寸 l/mm		3~6	6~18	18~50	50~120	120~260	260~500
材料厚度 t/mm	≤2	±0.3	±0.4	±0.6	±0.8	±1.0	±1.5
	>2~4	±0.4	±0.6	±0.8	±1.2	±1.5	±2.0
	>4	—	±0.8	±1.0	±1.5	±2.0	±2.5

表 4-39　弯曲件角度的自由公差

l/mm	<6	6~10	10~18	18~30	30~50
$\Delta\beta$	±3°	±2°30′	±2°	±1°30′	±1°15′
l/mm	50~80	80~120	120~180	180~260	260~360
$\Delta\beta$	±1°	±50′	±40′	±30′	±25′

（2）弯曲件的材料　如果弯曲件的材料具有足够的塑性，屈强比（σ_s/σ_b）小，屈服点与弹性模量的比值小，则有利于弯曲成形和工件质量的提高，如软钢、黄铜和铝等材料的弯曲性能好。而脆性较大的材料，如磷青铜、铍青铜及弹簧钢等，最小相对弯曲半径大，回弹大，不利于成形。

（3）弯曲半径　弯曲件的弯曲半径不宜小于最小弯曲半径，也不宜过大。若弯曲半径过大，受到回弹的影响，弯曲角度与弯曲半径的精度都不易保证。

（4）弯曲件的形状　弯曲件形状对称，弯曲半径左右一致，则弯曲时坯料受力平衡而无滑动（见图 4-102a）。如果弯曲件不对称，由于摩擦阻力不均匀，坯料在弯曲过程中会产生滑动，造成偏移（见图 4-102b）。

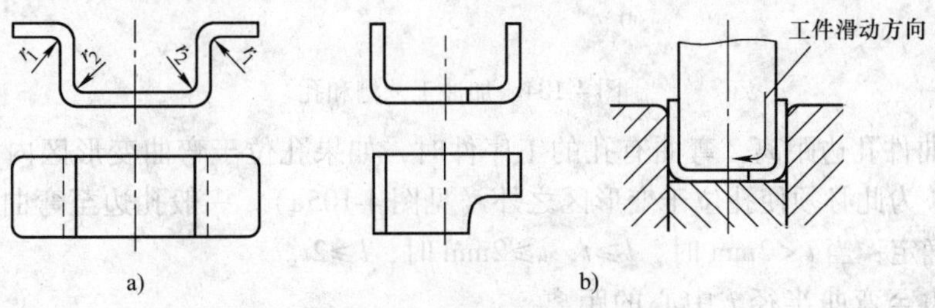

图 4-102　形状对称和不对称的弯曲件

（5）弯曲高度　弯曲件的弯边高度不宜过小，其值应为 $h>r+2t$（见图 4-103a）。当 h 较小时，弯边在模具上支持的长度过小，不容易形成足够的弯矩，很难得到准确的零件。当 $h<r+2t$ 时，须预先压槽或增加弯边高度，弯曲后再切掉（见图 4-103b）。如果所弯直边带有斜角，则在斜边高度小于 $r+2t$ 的区段不可能弯曲到要求的角度，而且此处也容易开裂（见图 4-103c）。可改变零件的形状，加高弯边尺寸（见图 4-103d）。

（6）防止弯曲根部产生裂纹的工件结构　在局部弯曲某一边缘时，为避免弯曲根部撕裂，应减小不弯曲部分的长度 B，使其退出至弯曲件之外，即 $b\geqslant r$（见图 4-103a）。如果零件的长度不能减小，应在弯曲部分与不弯曲部分之间切槽（见图 4-104a），或在弯曲前冲出工艺孔（见图 4-104b）。

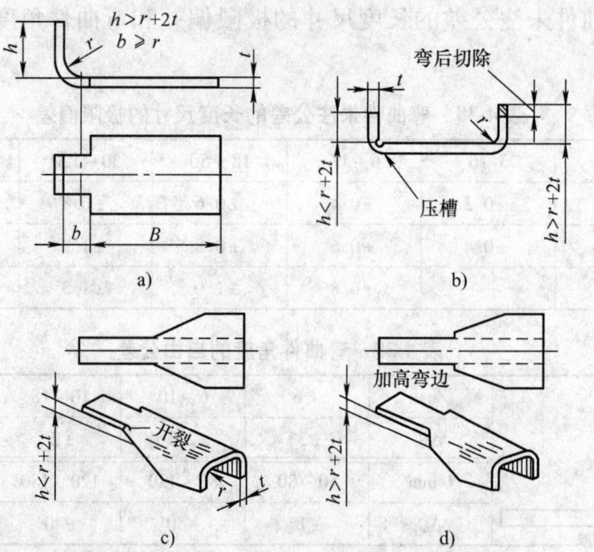

图 4-103　弯曲件的弯边高度

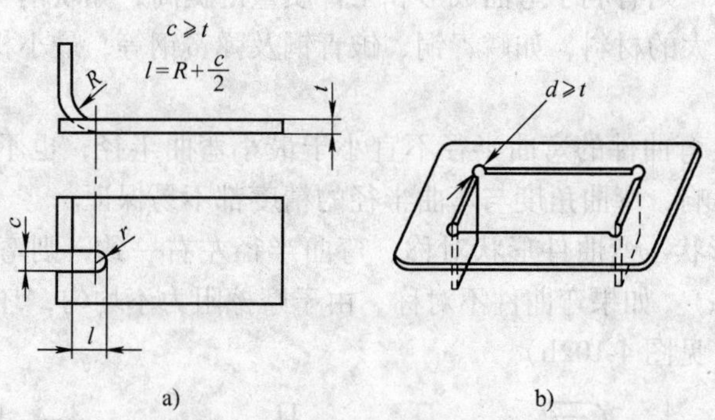

图 4-104　加冲工艺槽和孔

（7）弯曲件孔边距离　弯曲有孔的工序件时，如果孔位于弯曲变形区内，则弯曲时孔要发生变形，为此必须使孔位于变形区之外（见图 4-105a）。一般孔边至弯曲半径 r 中心的距离按料厚确定：当 $t<2\text{mm}$ 时，$l \geqslant t$；$t \geqslant 2\text{mm}$ 时，$l \geqslant 2t$。

如果孔边至弯曲半径 r 中心的距离过小，为防止弯曲时孔变形，可在弯曲线上冲工艺孔（见图 4-105b）或工艺槽（见图 4-105c）。如对工件孔的精度要求较高，则应弯曲后再冲孔。

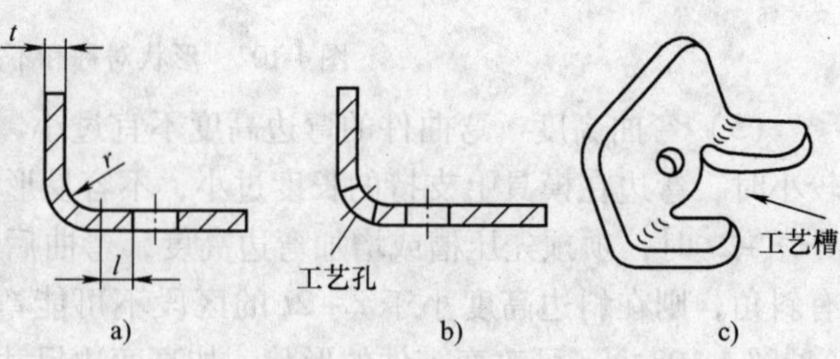

图 4-105　弯曲件孔边距离

（8）增添连接带和定位工艺孔　在弯曲变形区附近有缺口的弯曲件，若在坯料上先将缺口冲出，弯曲时会出现叉口，严重时无法成形。这时应在缺口处留连接带，待弯曲成形后再将连接带切除（见图 4-106a、b）。

为保证坯料在弯曲模内准确定位，或防止坯料在弯曲过程中偏移，最好能在坯料上预先

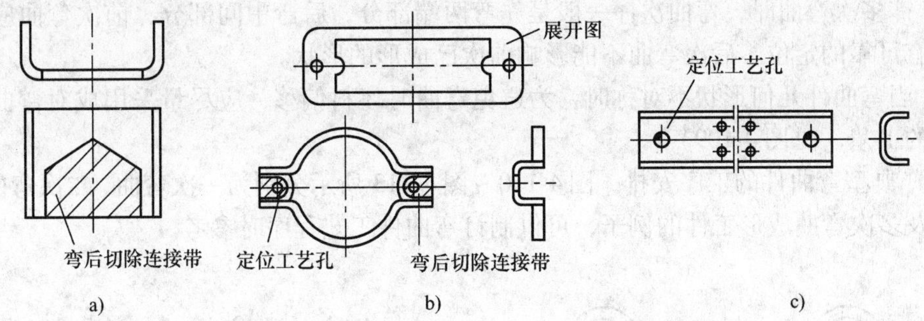

图 4-106　增添连接带和定位工艺孔的弯曲件

增添定位工艺孔（见图 4-106b、c）。

（9）尺寸标注　尺寸标注对弯曲件的工艺性有很大的影响。图 4-107 所示为弯曲件孔的位置尺寸的三种标注法。对于图 4-107a 标注法，孔的位置精度不受坯料展开长度和回弹的影响，将大大简化工艺设计。因此，在不要求弯曲件有一定装配关系时，标注尺寸应尽量考虑冲压工艺的方便。

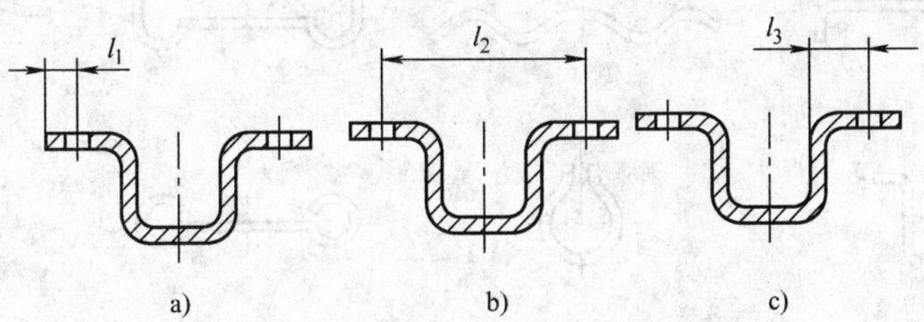

图 4-107　尺寸标注对弯曲工艺的影响

2. 弯曲件的工序安排

弯曲件的工序安排应根据工件形状、精度等级、生产批量以及材料的力学性能等因素进行考虑。弯曲工序安排合理，则可以简化模具结构、提高工件质量和劳动生产率。

（1）弯曲件工序安排的一般原则

1）对于形状简单的弯曲件，如 V 形、U 形及 Z 形工件等，可以采用一次弯曲成形。对于形状复杂的弯曲件，一般需要采用两次或多次弯曲成形。弯曲次数与弯曲件的形状复杂程度有很大关系。

2）对于批量大而尺寸较小的弯曲件，为使操作方便、定位准确和提高生产率，应尽可能采用多工位级进模（见图 4-108）。

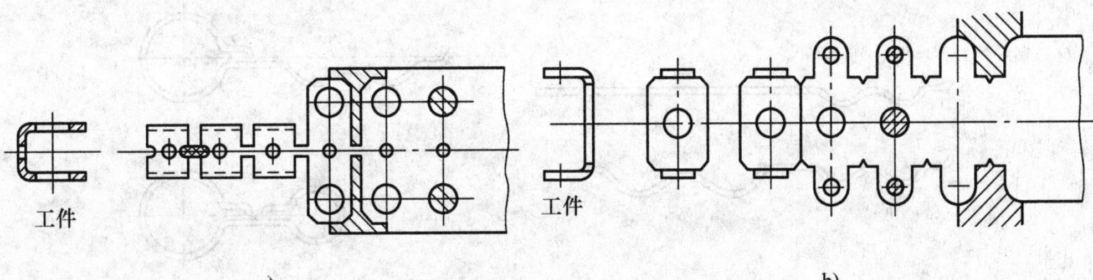

图 4-108　多工位级进模上的弯曲成形

3）需多次弯曲时，弯曲次序一般是先弯两端部分，后弯中间部分，前次弯曲应考虑后次弯曲有可靠的定位，后次弯曲不能影响前次已成形的形状。

4）当弯曲件几何形状不对称时，为避免弯曲时坯料偏移，应尽量采用成对弯曲、再切成两件的工艺（见图 4-109）。

（2）典型弯曲件的工序安排　图 4-110 ~ 图 4-113 所示分别为一次弯曲、二次弯曲、三次弯曲以及多次弯曲成形工件的例子，可供制订弯曲件工艺程序时参考。

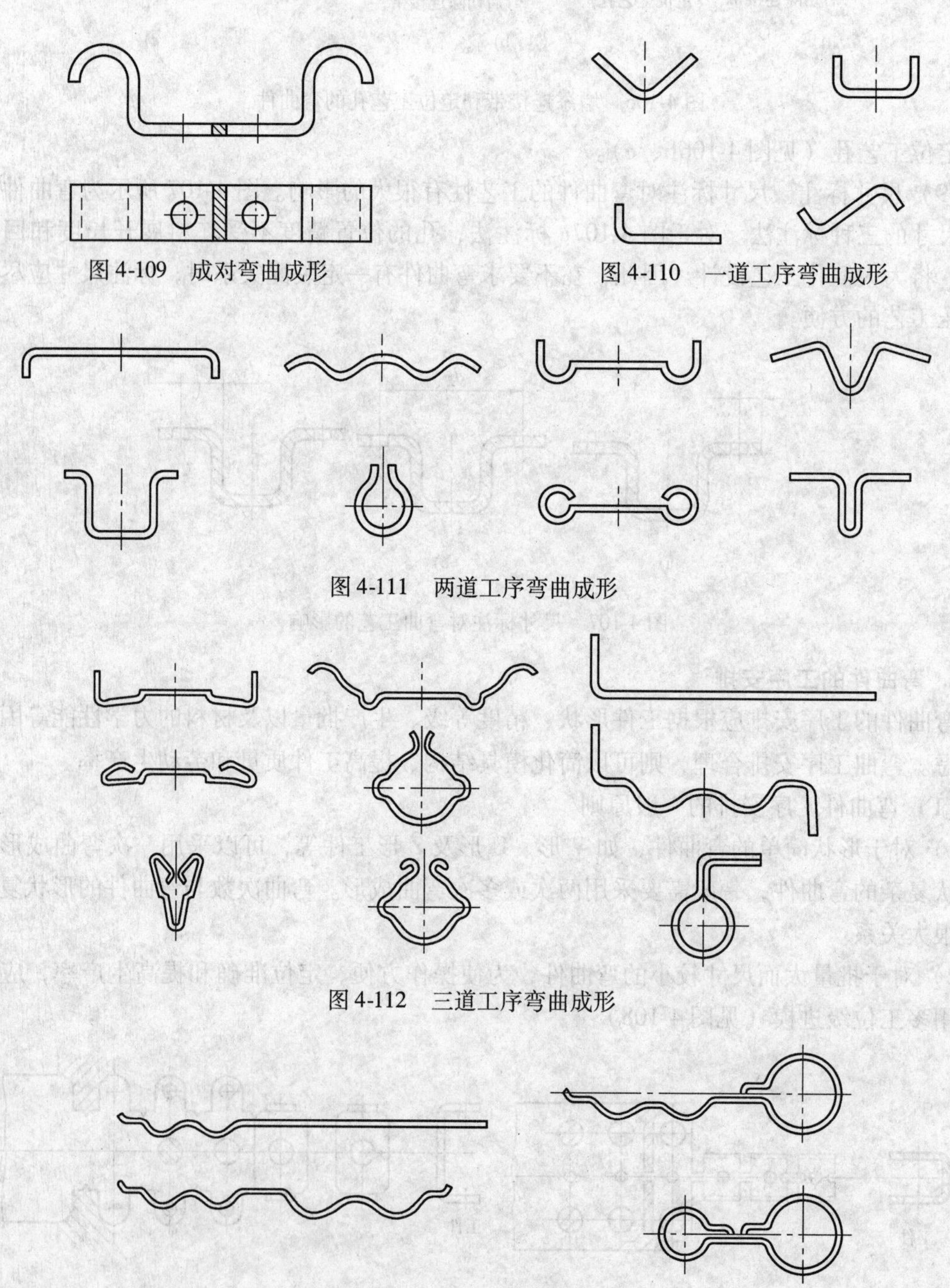

图 4-109　成对弯曲成形

图 4-110　一道工序弯曲成形

图 4-111　两道工序弯曲成形

图 4-112　三道工序弯曲成形

图 4-113　四道工序弯曲成形

五、典型弯曲模结构设计

在选定弯曲件的工艺方案后，就可以进行弯曲模的结构设计。下面介绍一些比较典型的弯曲模具结构设计。

1. 单工序弯曲模

（1）V形件弯曲模　图4-114a所示为简单的V形件弯曲模，特点是结构简单，通用性好。但弯曲时坯料容易偏移，影响工件精度。

图4-114b～图4-114d所示分别为带有定位尖、顶杆及V形顶板的模具结构，可以防止坯料滑动，提高工件精度。

图4-114e所示的V形弯曲模，由于有顶板及顶料销，可以有效防止弯曲时坯料的偏移，得到边长偏差为±0.1mm的工件。反侧压块的作用是克服上、下模之间水平方向的错移力，同时也为顶板导向，防止其窜动。

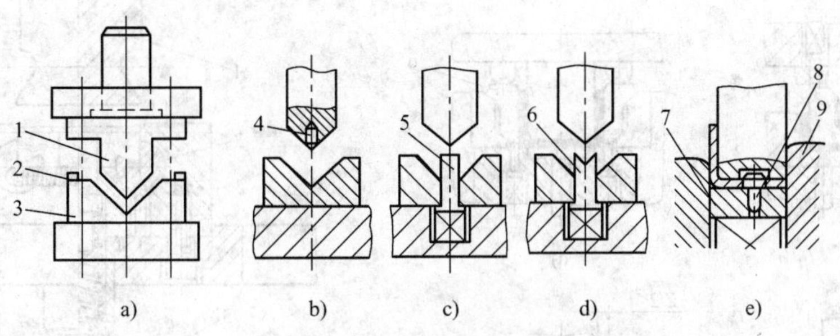

图4-114　V形弯曲模的一般结构形式
1—凸模　2—定位板　3—凹模　4—定位尖　5—顶杆
6—V形顶板　7—顶板　8—顶料销　9—反侧压块

图4-115所示为V形件精弯模，两块活动凹模4通过转轴5铰接，定位板3（或定位销）固定在活动凹模上。弯曲前顶杆7将转轴顶到最高位置，使两块活动凹模成一平面。在弯曲过程中，坯料始终与活动凹模和定位板接触，以防止弯曲过程中坯料偏移。这种结构特别适用于有精确位孔的小零件、坯料不易放平稳的带窄条的零件以及没有足够压料面的零件。

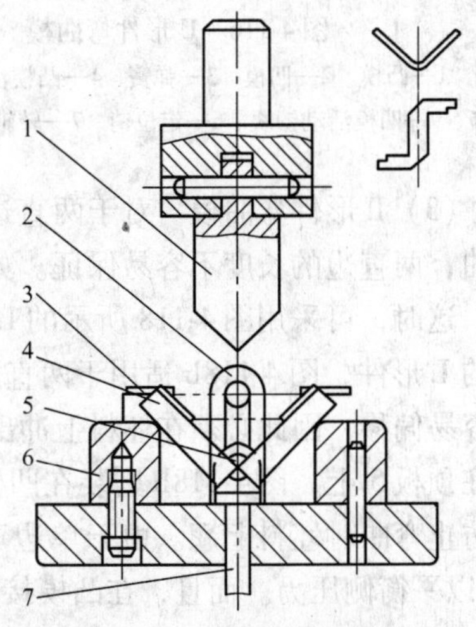

图4-115　V形件精弯模
1—凸模　2—支架　3—定位板（或定位销）
4—活动凹模　5—转轴　6—支承板　7—顶板

（2）U形件弯曲模　根据弯曲件的要求，常用的U形弯曲模有图4-116所示的几种结构形式。图4-116a所示为开底凹模，用于底部不要求平整的弯曲件。图4-116b所示模具用于底部要求平整的弯曲件。图4-116c所示模具用于料厚公差较大而外侧尺寸要求较高的弯曲件，其凸模为活动结构，可随料厚自动调整凸模横向尺寸。图4-116d所示模具用于料厚公差较大而内侧尺寸要求较高的弯曲件，凹模两侧为活动结构，可随料厚自动调整凹模横向尺寸。图 4-116e 所示为 U 形精弯模，两侧的凹模活动镶块用转轴分别与顶板铰接。弯曲前顶杆将顶板顶出凹模面，同时顶板与凹模活动镶块成一平面，镶块上有定位销供工序件定位之用。弯曲时工序件与凹模活动镶块一起运动，这样就保证了两侧孔的同轴度精度。图 4-116f 所示为弯曲件两侧壁厚变薄的弯曲模。

图 4-117 所示为弯曲角小于 90°的 U 形弯曲模。压弯时，凸模首先将坯料弯曲成 U 形，当凸模继续下压时，两侧的转动凹模使坯料最后压弯成弯曲角小于 90°的 U 形件。凸模上升，弹簧使转动凹模复位，工件则由垂直纸面方向从凸模上卸下。

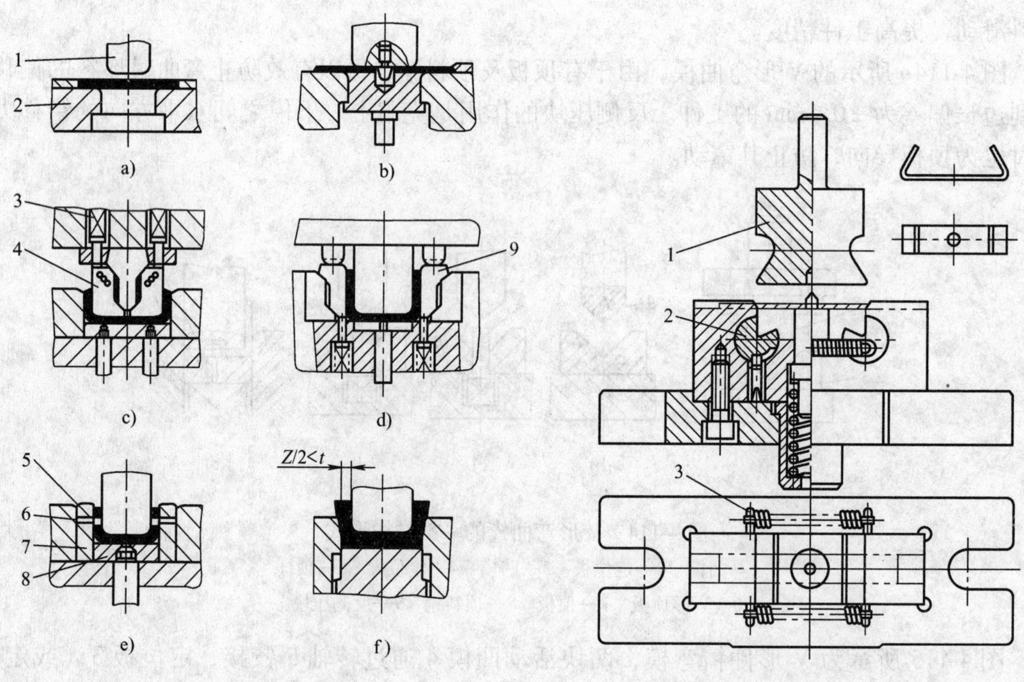

图 4-116　U 形件弯曲模

1—凸模　2—凹模　3—弹簧　4—凸模活动镶块　5、9—凹模活动镶块　6—定位销　7—转轴　8—顶板

图 4-117　弯曲角小于 90°的 U 形弯曲模

1—凸模　2—转动凹模　3—拉簧

(3) L 形件弯曲模　对于两直边不相等的 L 形弯曲件，如果采用一般的 V 形件弯曲模弯曲，两直边的长度不容易保证。如果先弯成 U 形件，再剖分为两件，又要增加一副切断模。这时，可采用图 4-118 所示的 L 形件弯曲模。其中，图 4-118a 适用于两直边长度相差不大的 L 形件，图 4-118b 适用于两直边长度相差较大的 L 形件。由于是单边弯曲，弯曲时坯料容易偏移，因此必须在坯料上冲出工艺孔，利用定位销钉 4 定位。图 4-118a 的定位销钉 4 装在顶板 5 上，图 4-118b 则装在凹模 3 上。图 4-118b 还必须采用强力压料板 6 将坯料压住，以防止弯曲时坯料上翘。由于单边弯曲时凸模 1 将承受较大水平侧压力，因此需设置挡块 2，以平衡侧压力。而且，在凸模接触板料之前，就应先靠住挡块。为此，挡块应高出凹模 3 的上端面，其高度差 h 可按下式确定

$$h \geqslant 2t + r_1 + r_2$$

式中　t——料厚；

r_1——挡块导向面入口端圆角半径；

r_2——凸模导向面端圆角半径。

可取 $r_1 = r_2 = (2 \sim 5)t$。

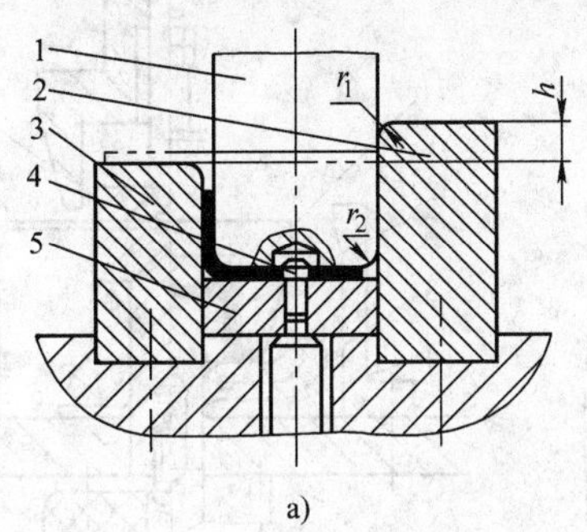

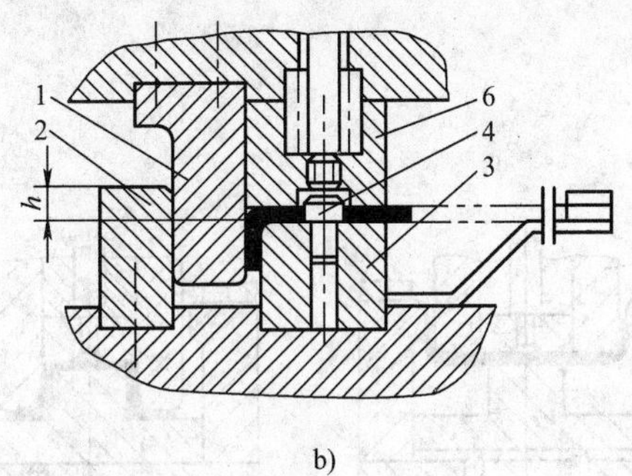

图 4-118　L 形件弯曲模

1—凸模　2—挡块　3—凹模　4—销钉　5—顶板　6—强力压料板

（4）⊔形件弯曲模　⊔形弯曲件的高度、弯曲半径及尺寸精度要求不同时，应采取不同的弯曲方法。

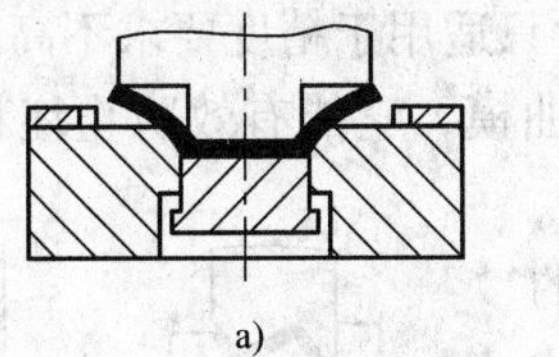

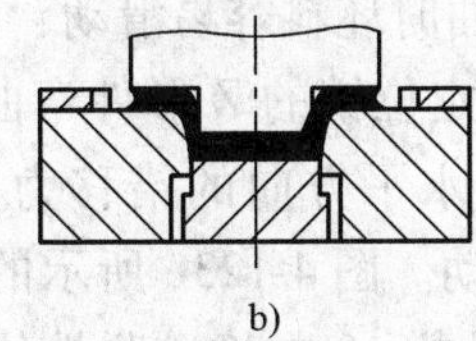

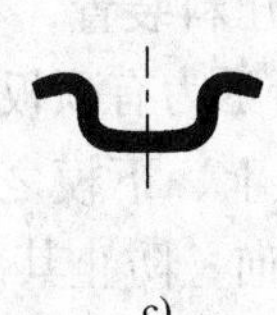

图 4-119　⊔形件一次成形弯曲模

图 4-119 所示为一次成形弯曲模。从图 4-119a 可以看出，在弯曲过程中，由于凸模肩部妨碍了坯料的转动，加大了坯料通过凹模圆角的摩擦力，弯曲件侧壁容易擦伤和变薄（图 4-119b），同时弯曲件两肩部与底面不易平行（见图 4-119c）。特别是材料厚、弯曲件直壁高以及圆角半径小时，这一现象更为严重。

图 4-120 所示为两次成形弯曲模，由于采用两套模具弯曲，从而避免了上述现象，提高了弯曲件质量。但从图 4-120b 可以看出，只有弯曲件高度 $H = (12 \sim 15)t$ 时，才能使凹模保持足够的强度。

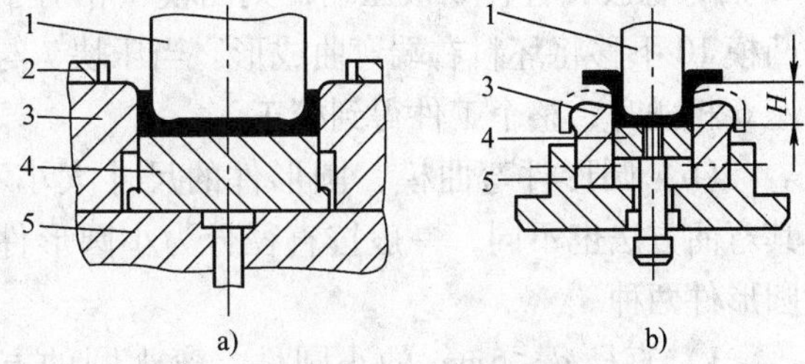

图 4-120　⊔形件两次成形弯曲模

a）首次弯曲　b）二次弯曲

1—凸模　2—定位板　3—凹模　4—顶板　5—下模座

图 4-121 所示为两次弯曲复合的⊔形件弯曲模。凸凹模下行，先用凹模将坯料压弯成 U 形，凸凹模继续下行与活动凸模作用，最后压弯成⊔形。这种结构需要凹模下腔空间较大，以方便工件侧边的转动。

图 4-122 所示为两次弯曲复合的弯曲模的另一种结构形式。凹模下行，利用活动凸模 2 的弹性力先将坯料弯成 U 形。凹模继续下行，当推板 5 与凹模底面接触时便强迫凸模向下运动，在铰接于凸模 2 侧面的一对摆块 3 的作用下，最后压弯成⊔形。其缺点是模具结构

复杂。

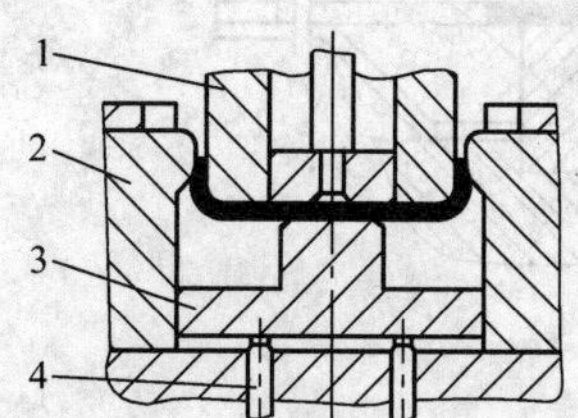

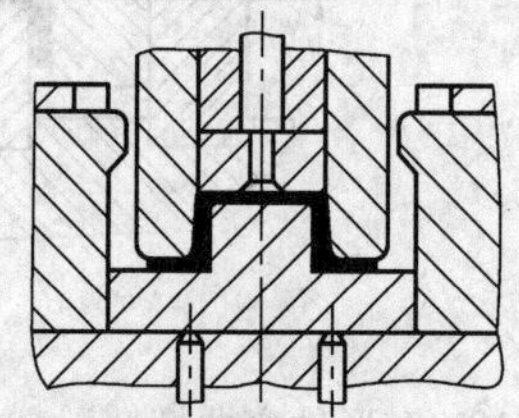

图 4-121　乚厂形件两次弯曲复合的弯曲模

1—凸凹模　2—凹模　3—活动凸模　4—顶杆

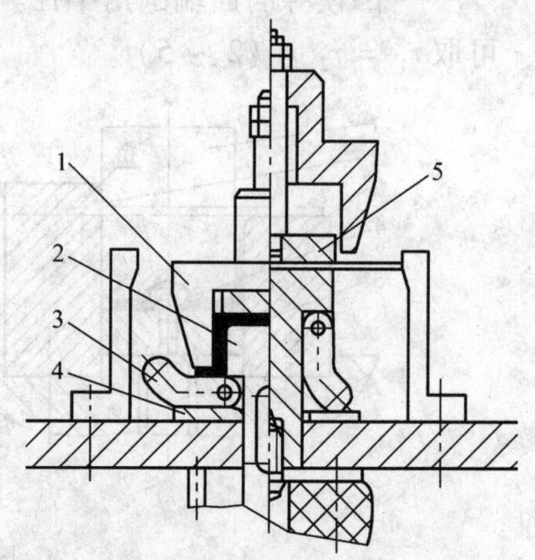

图 4-122　带摆块的乚厂形件弯曲模

1—凹模　2—活动凸模　3—摆块　4—垫板　5—推板

(5) Z 形件弯曲模　Z 形件一次弯曲即可成形。如图 4-123a 所示，Z 形件弯曲模结构简单，但由于没有压料装置，弯曲时坯料容易滑动，只适用于精度要求不高的零件。

图 4-123b 所示为有顶板和定位销的 Z 形件弯曲模，它能有效防止坯料的偏移。反侧压块的作用是克服上、下模之间水平方向的错移力，同时也为顶板导向，防止其窜动。图 4-123c 所示的 Z 形件弯曲模，在冲压前活动凸模 10 在橡胶弹性体 8 的作用下与凸模 4 平齐。冲压时，活动凸模与顶板 1 将坯料夹紧，并由于橡胶弹性体的弹力较大，推动顶板下移使坯料左端弯曲。当顶板接触下模座 11 后，橡胶弹性体 8 被压缩，则凸模 4 相对于活动凸模 10 下移将坯料右端弯曲成形。当压块 7 与上模座 6 相碰时，整个工件得到校正。

(6) 圆形件弯曲模　圆形件的尺寸大小不同，其弯曲方法也不同，一般按直径分为小圆形件和大圆形件两种。

1）直径 $d \leqslant 5$mm 的小圆件。弯小圆的方法是先弯成 U 形，再将 U 形弯成圆形，用两套简单模来完成小圆件的弯圆（图 4-124a）。由于工件小，分两次弯曲操作不便，故可将两道工序合并。图 4-124b 所示为有侧楔的一次弯圆模：上模下行，芯棒将坯料弯成 U 形，上模继续下行，侧楔推动活动凹模将 U 形弯曲成圆形。图 4-124c 所示也是一次弯圆模：上模下行时，压板将滑块往下压，滑块带动芯棒将坯料弯成 U 形，上模继续下行，凸模再将

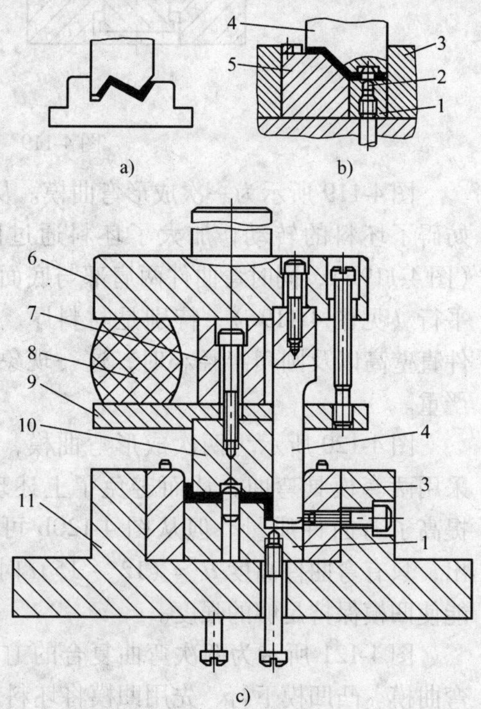

图 4-123　Z 形件弯曲模

1—顶板　2—定位销　3—反侧压块　4—凸模　5—凹模　6—上模座　7—压块　8—橡胶弹性体　9—凸模托板　10—活动凸模　11—下模座

U形弯成旋转工件连冲几次，以获得较好的圆度。工件由垂直纸面方向从芯棒上取下。

2）直径 $d \geqslant 20$mm 的大圆形件。图4-125所示为用三道工序弯曲大圆的方法，这种方法生产率低，适合材料较厚的工件。

图4-126所示为用两道工序弯曲大圆的方法，先预弯成三个120°的波浪形，然后再用第二套模具弯成圆形，工件沿凸模轴线方向取下。

图4-127a所示为带摆动凹模的一次弯曲成形模，凸模下行将坯料压成U形，凸模继续下行，摆动凹模将U形弯成圆形，工件沿凸模轴线方向推开支撑取下。这种模具生产率较高，但由于回弹在工件接缝处留有缝隙和少量直边，工件精度差，模具结构也较复杂。图4-127b所示为坯料绕芯棒卷制圆形件的方法。反侧压块的作用是为凸模导向，并平衡上、下模之间水平方向的错移力。模具结构简单，工件的圆度较好，但需要行程较大的压力机。

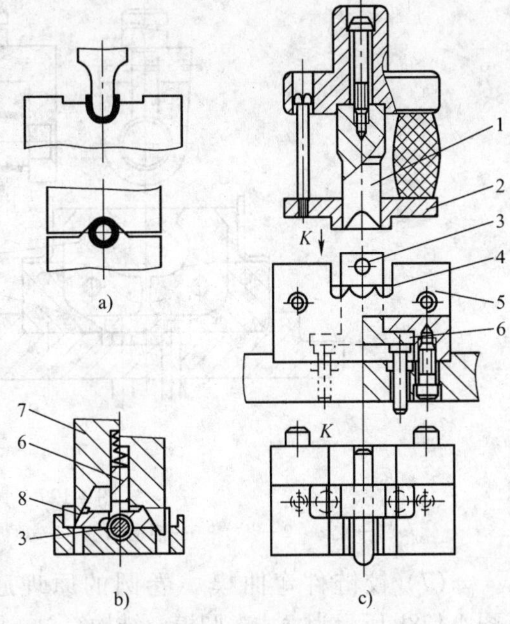

图4-124　小圆弯曲模

1—凸模　2—压板　3—芯棒　4—坯料　5—凹模　6—滑块　7—侧楔　8—活动凹模

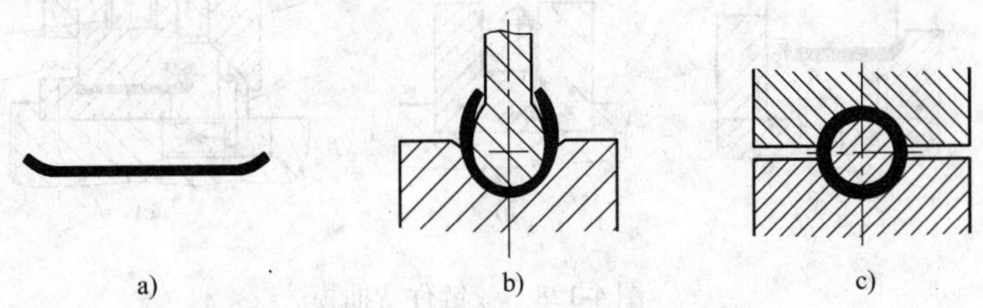

图4-125　大圆三次弯曲模

a）首次弯曲　b）二次弯曲　c）三次弯曲

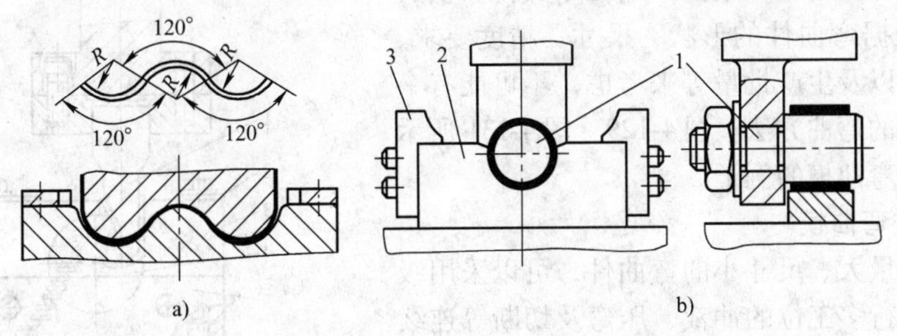

图4-126　大圆两次弯曲模

a）首次弯曲　b）二次弯曲

1—凸模　2—凹模　3—定位板

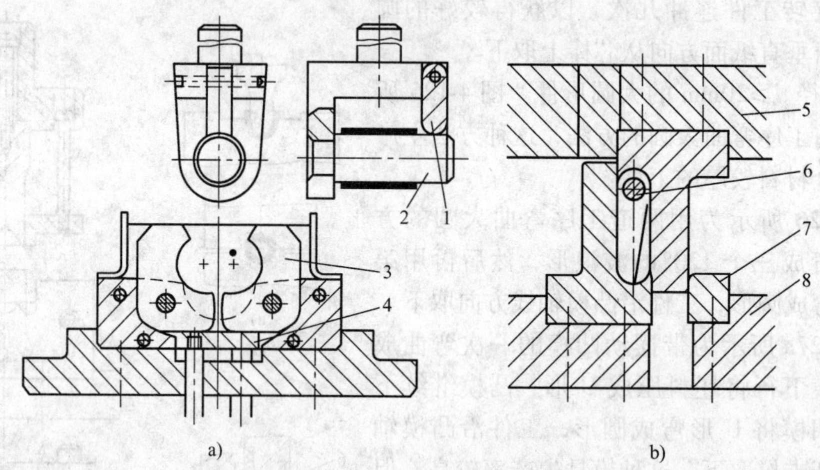

图 4-127　大圆一次弯曲成形模

1—支撑　2—凸模　3—活动凹模　4—顶板　5—上模座　6—芯棒　7—反侧压块　8—下模座

（7）铰链件弯曲模　卷圆的原理通常是采用推圆法。预弯模如图 4-128a 所示，图 4-128b 所示为立式卷圆模，结构简单。图 4-128c 所示为卧式卷圆模，有压料装置，工件质量较好，操作方便。

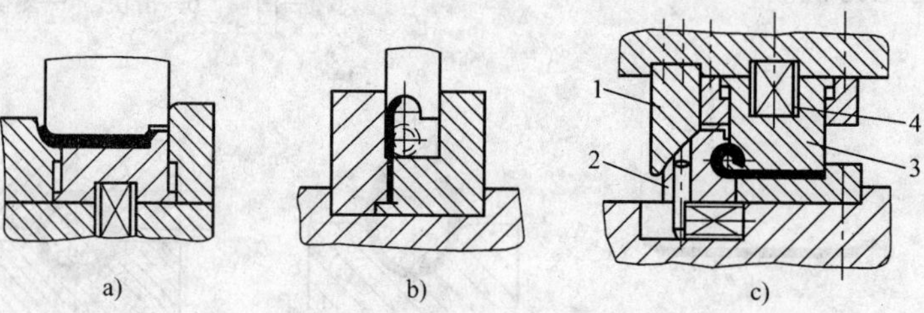

图 4-128　铰链件弯曲模

1—斜楔　2—凹模　3—凸模　4—弹簧

（8）其他形状弯曲件的弯曲模　对于其他形状的弯曲件，由于品种繁多，其工序安排和模具实际只能根据弯曲件的形状、尺寸、精度要求、材料的性能以及生产批量等来考虑，不可能有一个统一不变的弯曲方法。图 4-129 ~ 图 4-131 所示为几种工件弯曲模的例子。

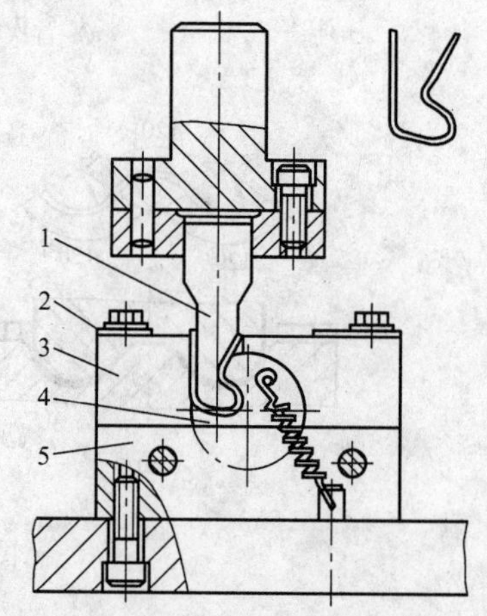

图 4-129　滚轴式弯曲模

1—凸模　2—定位板　3—凹模　4—滚轴　5—挡板

2. 级进弯曲模

对于批量大、尺寸小的弯曲件，可以采用级进弯曲模进行多工位的冲裁、压弯及切断等连续工艺成形，即将全部分离工序和弯曲工序安排在同一副模具上完成，不但操作安全，而且可以提高生产率，保证产品质量，这是现代冲压模具的发展趋势。

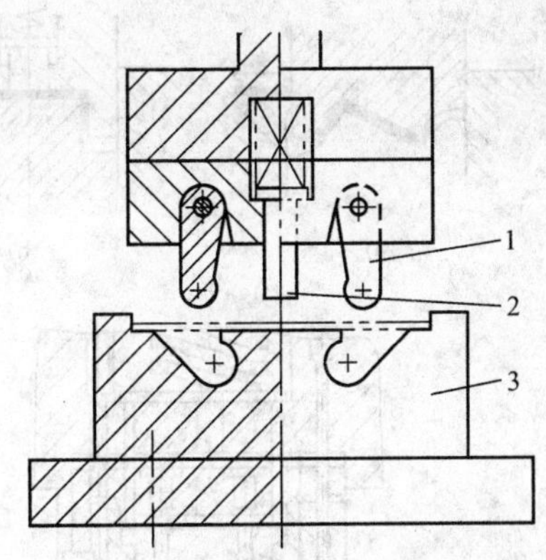

图 4-130　带摆动凸模的弯曲模

1—凸模　2—压料装置　3—凹模

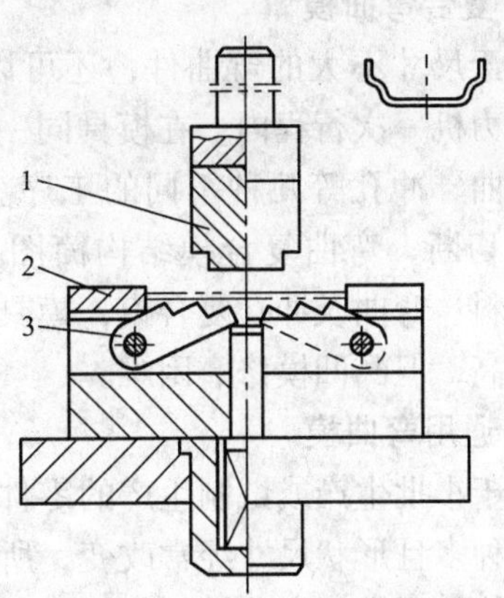

图 4-131　带摆动凹模的弯曲模

1—凸模　2—定位板　3—凹模

图 4-132 所示为同时进行冲孔、切断和弯曲的两工位级进模。条料以导料板导向，并从刚性卸料板下面送至挡块 1 右侧定位。上模下行时，在第一工位由冲孔凸模 4 与凹模 5 完成冲孔，同时条料被凸凹模 3 切断。随即在第二工位由弯曲凸模 6 将所切断的坯料压入凸凹模 3 内，完成弯曲成形。在回程时，卸料板卸下条料，弯曲后的工件由顶件销 2 从凸凹模 3 内推出，从而获得侧壁带孔的 U 形弯曲件。挡块 1 除起挡料作用外，还起到平衡单边切断时产生的侧向力的作用。因此，挡块 1 应高出凹模 5 足够高度，使凸凹模 3 在接触板料之前先靠住挡块 1。

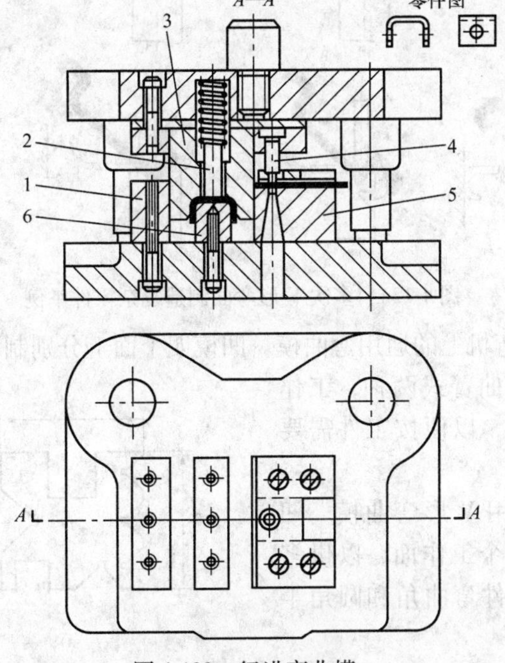

图 4-132　级进弯曲模

1—挡块　2—顶件销　3—凸凹模　4—冲孔凸模　5—凹模　6—弯曲凸模

3. 复合弯曲模

对于尺寸不大的弯曲件，还可以采用复合模，即在压力机一次行程内，在模具同一位置上完成落料、弯曲、冲孔等几种不同的工序。图 4-133a、b 所示为切断、弯曲复合模结构简图。图 4-133c 所示为落料、弯曲及冲孔复合模，模具结构紧凑，工件精度高，但凸凹模修磨困难。

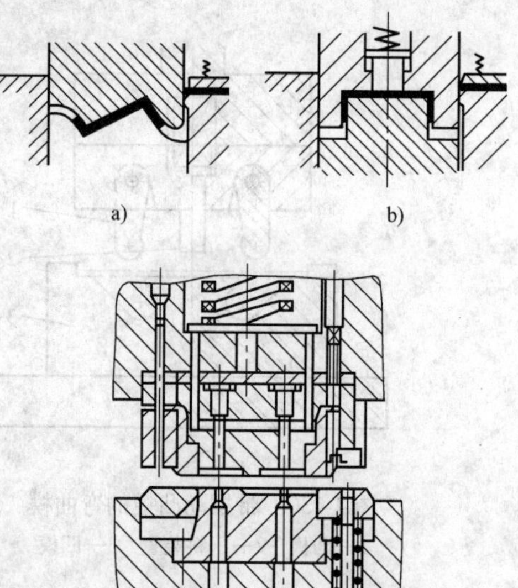

图 4-133　复合弯曲模

4. 通用弯曲模

对于小批生产或试制生产的零件，因为生产量小，品种多且形状尺寸经常改变，所以在大多数情况下不能使用专用弯曲模。如果采用手工加工，不仅会影响到零件的加工精度，增加劳动强度，而且延长了产品的周期，增加了产品的成本。解决这一问题的有效途径是采用通用弯曲模。

采用通用弯曲模不仅可以制造一般的 V 形、U 形零件，还可以制造精度要求不高的复杂形状零件。图 4-134 所示为多次 V 形弯曲制造复杂零件的例子。

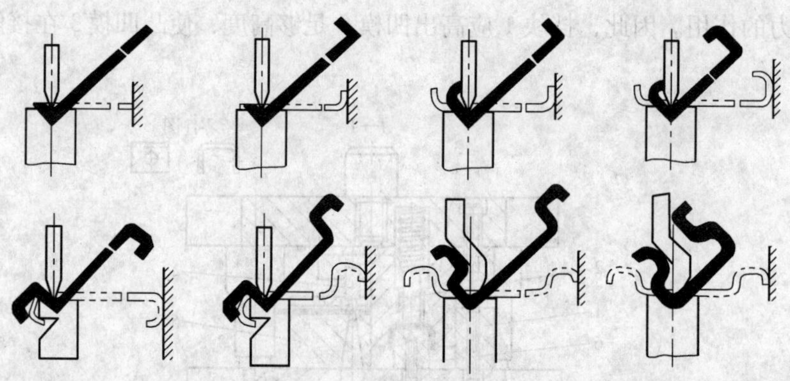

图 4-134　多次 V 形弯曲制造复杂零件举例

图 4-135 所示为折弯机上的通用弯曲模。凹模四个面上分别制出适用于弯曲零件的几种槽口。凸模有直臂式和曲臂式两种，工作圆角半径做成几种尺寸，以便按工件需要更换。

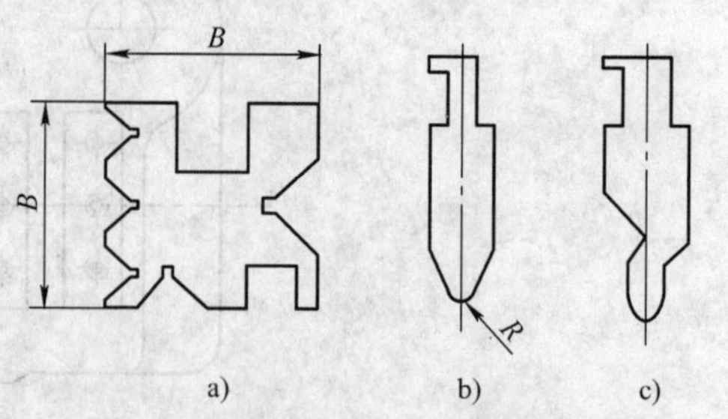

图 4-135　折弯机用弯曲模的端面形状

a）通用凹模　b）直臂式凸模　c）曲臂式凸模

图 4-136 所示为通用 V 形弯曲模。凹模由两块组成，具有四个工作面，以供多种弯曲使用。凸模按工件弯曲角和圆角半径大小更换。

图 4-137 所示为通用 U 形、ㄱㄏ形件弯曲模结构简图。一对活动凹模 14 装在框套

12 内，两凹模工作部分的宽度可根据不同的弯曲件宽度由螺栓 8 进行调节。一对顶件块 13 在弹簧 11 的作用下始终紧贴凹模，并通过垫板 10 和顶杆 9 起压料和顶件作用。一对主凸模 3 装在特制模柄 1 内，凸模的工作宽度可由螺栓 2 调节。弯曲四角形件时，还需一副凸模 7，副凸模的高低位置可通过螺栓 4、6 和斜顶块 5 调节。弯曲 U 形件时应把副凸模调节至最高位置。

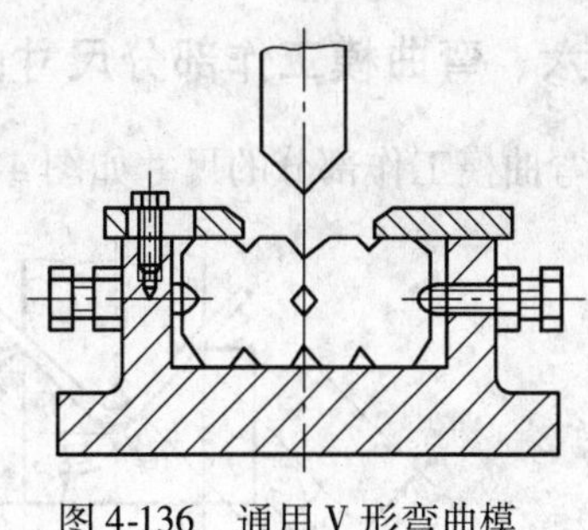

图 4-136　通用 V 形弯曲模

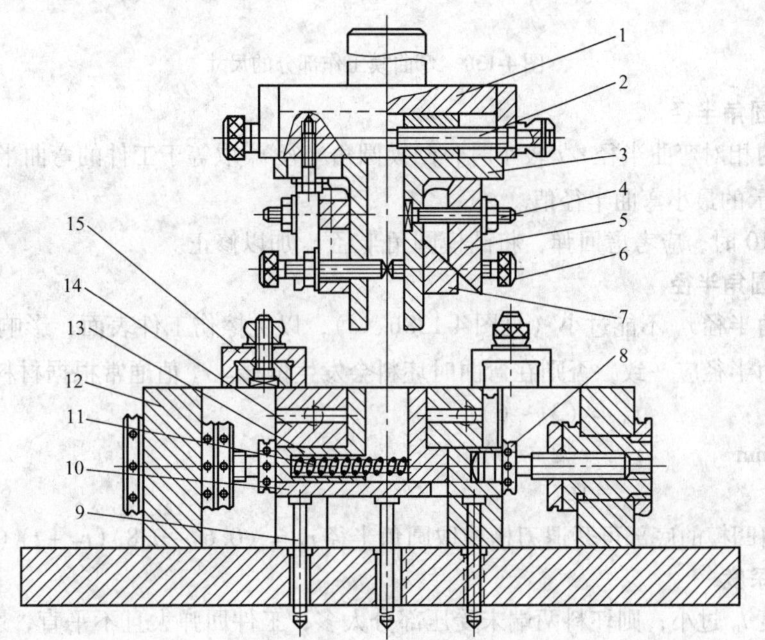

图 4-137　通用 U 形、⊓⊓形件弯曲模

1—模柄　2、4—螺栓　3—主凸模　5—斜顶块　6、8—特制螺栓　7—副凸模　9—顶杆　10—垫板　11—弹簧　12—框套　13—顶件块　14—凹模　15—定位装置

5. 弯曲模结构设计应注意的问题

为了保证弯曲件的质量，在弯曲模结构设计时应注意如下问题：

1）模具结构应能保证坯料在弯曲时不发生偏移。为了防止坯料偏移，应尽量利用零件上的孔，用定料销定位（见图 4-116b），定料销装在顶板上时应注意防止顶板与凹模之间产生窜动（见图 4-114e、图 4-123b）。工件无孔时可采用定位尖（见图 4-114b）、顶杆（见图 4-114c、图 4-132）、顶板（见图 4-114d、图 4-120）等措施防止坯料偏移。

2）模具结构不应妨碍坯料在合模过程中应有的转动和移动（见图 4-121、图 4-134）。

3）模具结构应能保证弯曲时上、下模之间水平方向的错移力得到平衡（见图 4-114e、图 4-123b 及图 4-127b）。

六、弯曲模工作部分尺寸的设计

弯曲模工作部分的尺寸如图 4-138 所示。

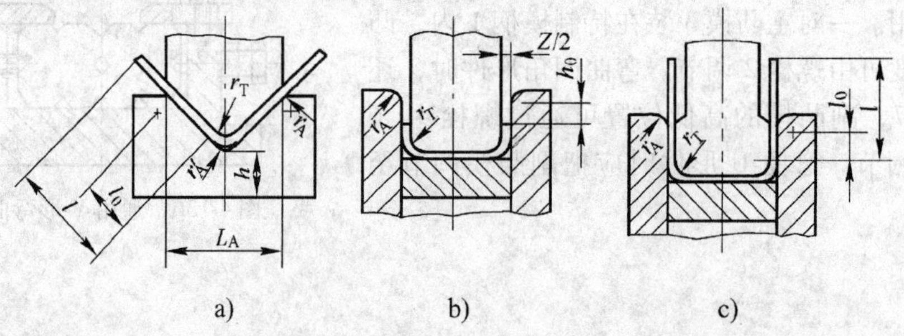

图 4-138　弯曲模工作部分的尺寸

1. 凸模圆角半径

当工件的相对弯曲半径 r/t 较小时，凸模圆角半径 r_T 取等于工件的弯曲半径，但不应小于表 4-26 所示的最小弯曲半径值。

当 $r/t>10$ 时，应考虑回弹，将凸模圆角半径 r_T 加以修正。

2. 凹模圆角半径

凹模圆角半径 r_A 不能过小（见图 4-138b、c），以免擦伤工件表面，影响冲模寿命。凹模两边的圆角半径应一致，否则在弯曲时坯料会发生偏移。r_A 值通常根据材料厚度取为

$t \leqslant 2\text{mm}$　　$r_A = (3 \sim 6)t$

$t = 2 \sim 4\text{mm}$　　$r_A = (2 \sim 3)t$

$t > 4\text{mm}$　　$r_A = 2t$

V 形弯曲凹模的底部可开退刀槽或取圆角半径 $r_A = (0.6 \sim 0.8)(r_T + t)$（见图 4-138a）。

3. 凹模深度

凹模深度 l_0 过小，则坯料两端未受压部分太多，工件回弹大且不平直，影响工件质量。若 l_0 过大，则浪费模具钢材，且需冲床有较大的工作行程。

V 形件弯曲模：凹模深度 l_0 及底部最小值 h 值可查表 4-40。但应保证凹模开口宽度 L_A 之值不能大于弯曲坯料展开长度的 0.8 倍（见图 4-138a）。

表 4-40　弯曲 V 形件的凹模深度 l_0 和底部最小厚度 h　　（单位：mm）

弯曲件边长 l/mm	材料厚度 t/mm					
	≤2		2～4		>4	
	h	l_0	h	l_0	h	l_0
10～25	20	10～15	22	15	—	—
25～50	22	15～20	27	25	32	30
50～75	27	20～25	32	30	37	35
75～100	32	25～30	37	35	42	40
100～150	37	30～35	42	40	47	50

U 形件弯曲模：对于弯边高度不大或要求两边平直的 U 形件，凹模深度应大于零件的

高度，如图4-138b所示，图中h_0值见表4-41；对于弯边高度较大，而平直度要求不高的U形件，可采用图4-138c所示的凹模形式，凹模深度l_0值见表4-42。

表4-41　弯曲U形件凹模的h_0值　（单位：mm）

材料厚度 t/mm	≤1	1~2	2~3	3~4	4~5	5~6	6~7	7~8	8~10
h_0	3	4	5	6	8	10	15	20	25

表4-42　弯曲U形件的凹模深度l_0值　（单位：mm）

弯曲件边长 l/mm	材料厚度 t/mm				
	<1	1~2	2~4	4~6	6~10
<50	15	20	25	30	35
50~75	20	25	30	35	40
75~100	25	30	35	40	40
100~150	30	35	40	50	50
150~200	40	45	55	65	65

4. 凸、凹模间隙

V形件弯曲模的凸、凹模间隙是靠调整压力机的闭合高度来控制的，设计时可以不考虑。对于U形件弯曲模，应当选择合适的间隙：间隙过小，会使工件弯边厚度变薄，降低凹模寿命，增大弯曲力；间隙过大，则回弹大，降低工件的精度。U形件弯曲模的凸、凹模单边间隙一般可按下式计算

$$Z = t_{max} + Ct = t + \Delta + Ct \tag{4-67}$$

式中　Z——弯曲模凸、凹模单边间隙；

t——工件材料厚度（基本尺寸）；

Δ——材料厚度的上极限偏差；

C——间隙系数，可查表4-43。

当工件精度要求较高时，其间隙应适当缩小，取$Z=t$。

表4-43　U形件弯曲凸、凹模的间隙系数C值

弯曲件高度 H/mm	弯曲件宽度 $B≤2H$				弯曲件宽度 $B>2H$				
	材料厚度 t/mm								
	<0.5	0.6~2	2.1~4	4.1~5	<0.5	0.6~2	2.1~4	4.1~7.5	7.6~12
10	0.05	0.05	0.04	—	0.10	0.10	0.08	—	—
20	0.05	0.05	0.04	0.03	0.10	0.10	0.08	0.06	0.06
35	0.07	0.05	0.04	0.03	0.15	0.10	0.08	0.06	0.06
50	0.10	0.07	0.05	0.04	0.20	0.15	0.10	0.06	0.06
70	0.10	0.07	0.05	0.05	0.20	0.15	0.10	0.10	0.08
100	—	0.07	0.05	0.05	—	0.15	0.10	0.10	0.08
150	—	0.10	0.07	0.05	—	0.20	0.15	0.10	0.10
200	—	0.10	0.07	0.07	—	0.20	0.15	0.15	0.10

5. U 形件弯曲凸、凹模横向尺寸及公差

决定 U 形件弯曲凸、凹模横向尺寸及公差的原则（见图 4-139）是：工件标注外形尺寸时应以凹模为基准件，间隙取在凸模上。工件标注内形尺寸时，应以凸模为基准件，间隙取在凹模上。而凸、凹模的尺寸和公差则应根据工件的尺寸、公差、回弹情况以及模具磨损规律而定。图 4-139 中 Δ'为弯曲件横向尺寸的极限偏差。

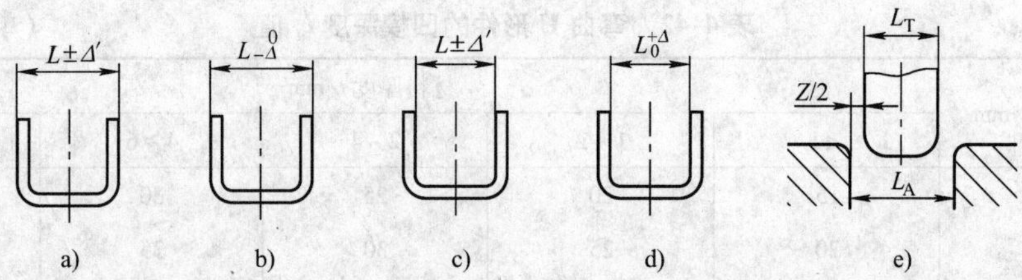

图 4-139　标注内形和外形的弯曲件及模具尺寸

（1）尺寸标注在外形上的弯曲件（见图 4-139a、b）

凹模尺寸为

$$L_d = (L_{max} - 0.75\Delta)_{\ 0}^{+\delta_d} \tag{4-68}$$

凸模尺寸为

$$L_P = (L_d - 2Z)_{-\delta_P}^{\ 0} \tag{4-69}$$

（2）尺寸标注在内形上的弯曲件（见图 4-139c、d）。

凸模尺寸为

$$L_P = (L_{min} + 0.75\Delta)_{-\delta_P}^{\ 0} \tag{4-70}$$

凹模尺寸为

$$L_d = (L_P + 2Z)_{\ 0}^{+\delta_d} \tag{4-71}$$

式中　L_P、L_d——凸、凹模横向尺寸；

L_{max}——弯曲件横向的最大极限尺寸；

L_{min}——弯曲件横向的最小极限尺寸；

Δ——弯曲件横向的尺寸公差，对称偏差时 $\Delta = 2\Delta'$；

δ_P、δ_d——凸、凹模的制造公差，可采用 IT7 ~ IT9，一般凸模的尺寸公差比凹模尺寸公差高一级。

【任务实施】

1. 零件工艺性分析

工件为图 4-72 所示活接叉弯曲件，材料为 45 钢，料厚 3mm。其工艺性分析内容如下。

（1）材料分析　45 钢为优质碳素结构钢，具有良好的弯曲成形性能。

（2）结构分析　零件结构简单，左右对称，对弯曲成形较为有利。可查得此材料所允许的最小弯曲半径 $r_{min} = 0.5t = 1.5\text{mm}$，而零件弯曲半径 $r = 2\text{mm} > 1.5\text{mm}$，故不会弯裂。另外，零件上的孔位于弯曲变形区之外，所以弯曲时孔不会变形，可以先冲孔后弯曲。计算零件相对弯曲半径：$r/t = 0.67 < 5$，卸载后弯曲件圆角半径的变化可以不予考虑，而弯曲中心

角发生了变化，采用校正弯曲来控制角度回弹。

（3）精度分析　零件上只有1个尺寸有公差要求，查表可得其公差要求为IT14，其余未注公差尺寸也均按IT14选取即可满足零件的精度要求。

（4）结论　由以上分析可知，该零件冲压工艺性良好，可以冲裁和弯曲。

2. 冲压工艺方案的确定

零件为U形弯曲件，该零件的生产包括落料、冲孔和弯曲三个基本工序，可有以下三种工艺方案：

方案一：先落料，后冲孔，再弯曲，采用三套单工序模生产。

方案二：落料—冲孔复合冲压，再弯曲，采用复合模和单工序弯曲模生产。

方案三：冲孔—落料连续冲压，再弯曲，采用连续模和单工序弯曲模生产。

方案一模具结构简单，但需要三道工序，三副模具，生产效率低。

方案二需要两副模具，且用复合模生产的冲压件几何精度和尺寸精度易保证，生产效率较高。但由于该零件的孔边距为4.75mm，小于凸凹模允许的最小壁厚6.7mm，故不宜采用复合冲压工序。

方案三也需要两副模具，生产效率也很高，但零件的冲压精度稍差。欲保证冲压件的几何精度，需要在模具上设置导正销导正，故其模具制造、安装较复合模复杂。

通过对上述三种方案的综合分析比较，该件的冲压生产采用方案三为佳。

3. 零件弯曲工艺计算

（1）毛坯尺寸计算　对于$r>0.5t$、有圆角半径的弯曲件，由于变薄不严重，按中性层展开的原理，坯料总长度应等于弯曲件直线部分和圆角弧长部分长度之和，查表可得中性层位移系数$x=0.28$，所以坯料展开长度为

$$L_Z=(16+9-5)\times 2\text{mm}+(25-10)\text{mm}+2\times\left[\frac{\pi\times 90}{180}(2+0.28\times 3)\right]\text{mm}\approx 64\text{mm}$$

由于零件宽18mm，故毛坯尺寸应为64mm×18mm。弯曲件平面展开图如图4-140所示，两孔中心距为46mm。

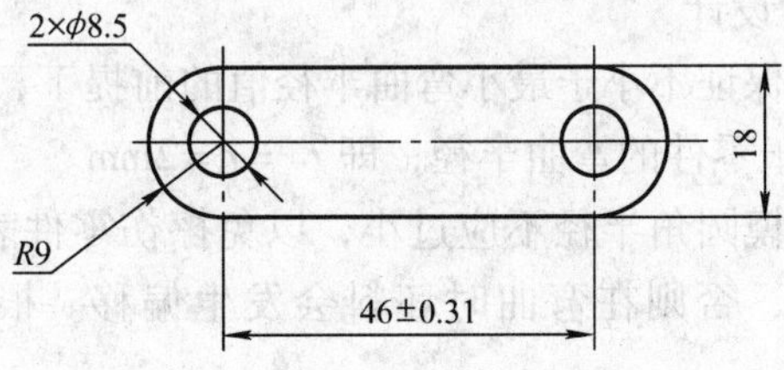

图4-140　弯曲件平面展开图

（2）弯曲力计算　弯曲力是设计弯曲模和选择压力机的重要依据。该零件是校正弯曲，校正弯曲时的弯曲力$F_{校}$和顶件力F_D分别为

$$F_{校}=Ap=25\times 18\times 120\text{N}=54\text{kN}$$

$$F_D=(0.3\sim 0.8)F_{自}$$

$$=0.3\times\frac{0.7KBt^2\sigma_b}{r+t}$$

$$= 0.3 \times \frac{0.7 \times 1.3 \times 18 \times 3^2 \times 550}{2+3}\text{N}$$

$$= 5\text{kN}$$

对于校正弯曲，由于校正弯曲力比顶件力大得多，故一般 F_D 可忽略，即

$$F_{压力机} \geqslant F_{校}$$

为安全起见，取 $F_{压力机} \geqslant 1.8F_{校} = 1.8 \times 54\text{kN} = 97.2\text{kN}$，根据弯曲力大小，初选压力机为 JH23-25。

(3) 弯曲设备的选用　根据弯曲力的大小，选取开式双柱可倾压力机 JH23-25，其主要技术参数如下：

公称压力：250kN

滑块行程：75mm

最大闭合高度：260mm

闭合高度调节量：55mm

滑块中心到机床距离：200mm

工作台尺寸：370mm×560mm

工作台孔尺寸：ϕ260mm

模柄孔尺寸：ϕ40mm×60mm

垫板厚度：50mm

(4) 弯曲模主要零部件设计

1) 模座的设计。根据工件材料、形状和精度要求等，该弯曲模采用无导向模架，且为非标准件，只有下模座，其轮廓尺寸为 255mm×110mm。初定其底板厚度为 45mm。底板上部铸有一体的左右挡块，以平衡弯曲时的侧向力。两挡块的厚度为 45mm，高度为 58mm，与弯曲凹模高度相等。

2) 模柄。模具采用槽形模柄，因选用的设备为 JH23-25，所以选用规格为 50mm×30mm 的槽型模柄。

3) 工作部分结构尺寸设计

① 凸模圆角半径。在保证不小于最小弯曲半径值的前提下，当零件的相对圆角半径 r/t 较小时，凸模圆角半径等于零件的弯曲半径，即 $r_T = r = 2\text{mm}$。

② 凹模圆角半径。凹模圆角半径不应过小，以免擦伤零件表面，影响冲模的寿命。凹模两边的圆角半径应一致，否则在弯曲时坯料会发生偏移。根据材料厚度取 $r_A = (2 \sim 3)t = 2.5 \times 3\text{mm} \approx 8\text{mm}$。

③ 凹模深度。凹模深度过小，则坯料两端未受压部分太多，零件回弹大且不平直，影响其质量；深度过大，则浪费模具钢材，且需压力机有较大的工作行程。该零件为弯曲高度不大且两边要求平直的 U 形弯曲件，则凹模深度应该大于零件的高度，且高出值 $h_0 = 5\text{mm}$，如图 4-141 所示。

④ 凸、凹模间隙。根据 U 形件弯曲模凸、凹模单边间隙的计算公式得

$$Z = t_{\max} + Ct = t + \Delta + Ct = (3 + 0.18 + 0.04 \times 3)\text{mm} = 3.3\text{mm}$$

⑤ U 形件弯曲凸、凹模横向尺寸及公差。零件标注内形尺寸时，应以凸模为基准，间隙取在凹模上。而凸、凹模的横向尺寸及公差则应根据零件的尺寸、公差、回弹情况以及模

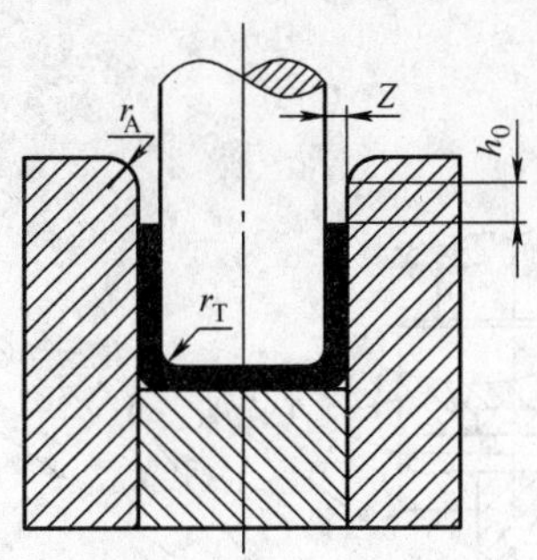

图 4-141　工作部分结构

具磨损规律而定。因此，凸模的横向尺寸分别为

$$L_T = (L_{min} + 0.75\Delta)_{-\delta_T}^{\ 0} = (18.5 + 0.75 \times 0.5)_{-0.033}^{\ 0}\text{mm} = 18.875_{-0.033}^{\ 0}\text{mm}$$

$$L_A = (L_T' + 2Z)_{\ 0}^{+\delta_A} = (18.875 + 2 \times 3.3)_{\ 0}^{+0.052}\text{mm} = 25.475_{\ 0}^{+0.052}\text{mm}$$

4）弹顶装置中弹性元件的计算。由于该零件在成形过程中需压料和顶件，所以模具采用弹性顶件装置，弹性元件选用橡胶垫，其尺寸计算如下：

① 确定橡胶垫的自由高度 H_0。

$$H_0 = (3.5 \sim 4)H_{工}$$

按橡胶垫自由状态时顶件板与凹模平齐计算，则橡胶垫的压缩量为

$$H_{工} = r_A + h_0 + h = (8 + 5 + 25)\text{mm} = 38\text{mm}$$

由以上两个公式取 $H_0 = 140\text{mm}$。

② 确定橡胶垫的横截面积 A。

$$A = \frac{F_D}{p}$$

查得圆筒形橡胶垫在预压量为 10% ~15% 时的单位压力为 0.5MPa，所以

$$A = \frac{5000}{0.5}\text{mm}^2 = 10000\text{mm}^2$$

③ 确定橡胶垫的平面尺寸。根据零件的形状特点，橡胶垫应为圆筒形，中间开有圆孔以避开螺杆。结合零件的具体尺寸，橡胶垫中间的避让孔尺寸为 17mm，则其直径 D 为

$$D = \sqrt{A \times \frac{4}{\pi}} = \sqrt{10000\text{mm}^2 \times \frac{4}{\pi}} \approx 113\text{mm}$$

④ 校核橡胶垫的自由高度 H_0。

$$\frac{H_0}{D} = \frac{140}{113} = 1.2$$

橡胶垫的高径比在 0.5 ~1.5 之间，所以选用的橡胶垫规格合理。橡胶垫的装模高度约为 $0.85 \times 140\text{mm} \approx 120\text{mm}$。

4. 弯曲模装配图和零件图

根据以上各步计算所得的数据，对弯曲模进行总体设计，设计出的弯曲模闭合高度 $H_{模} = (40 + 20 + 4 + 103)\ \text{mm} = 167\text{mm}$。然后利用计算机绘图软件绘制该弯曲模的装配图和非标准件的零件图，如图 4-142 ~图 4-148 所示。

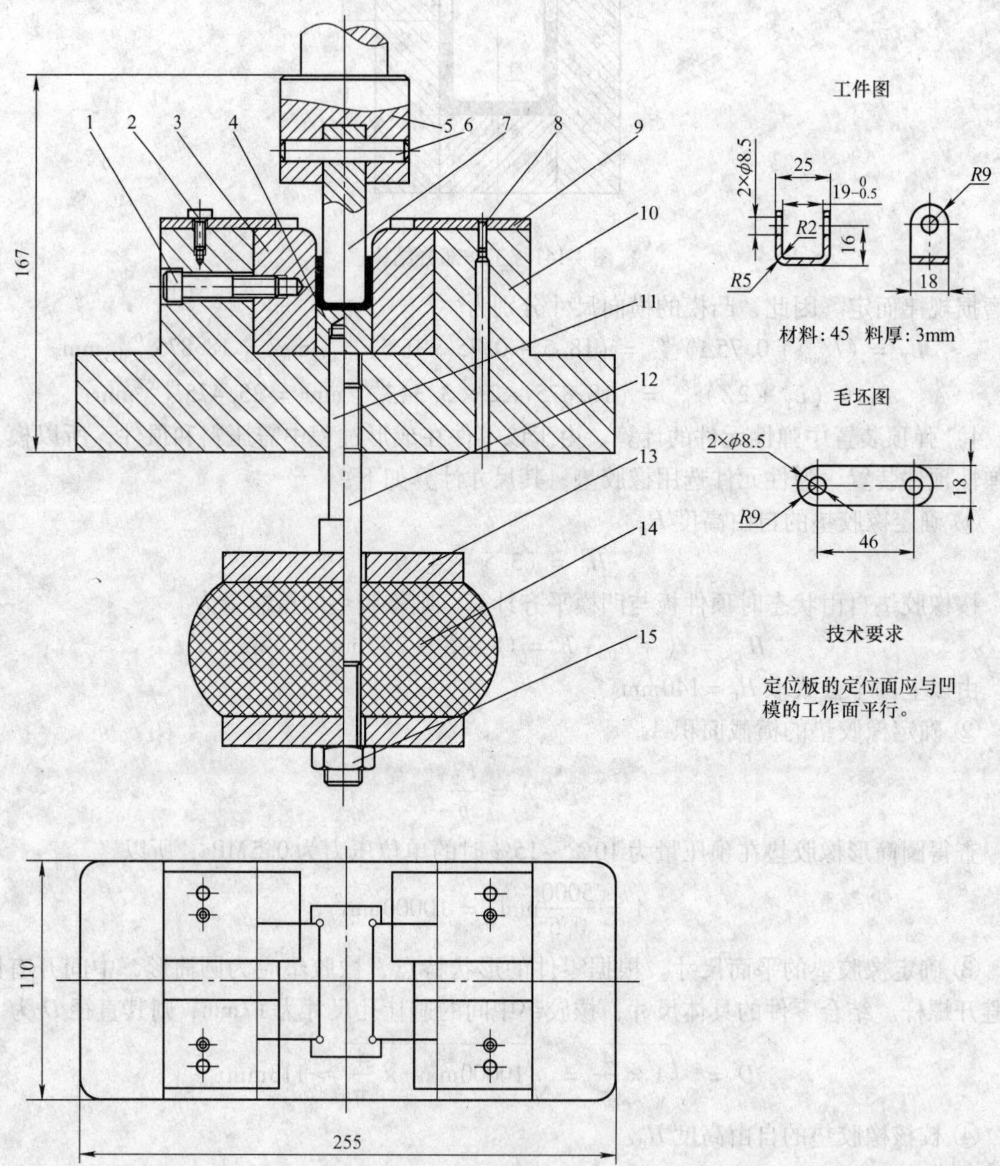

图 4-142　弯曲模装配图

1、2—螺钉　3—凹模　4—顶件板　5—槽形模柄　6、8—销钉　7—凸模　9—定位板
10—下模座　11—顶料螺钉　12—拉杆　13—托板　14—橡胶垫　15—螺母

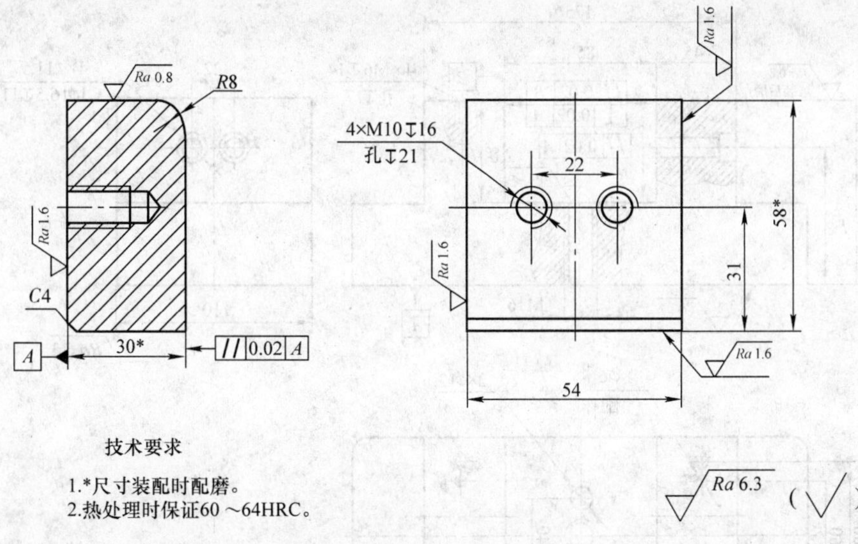

技术要求

1.*尺寸装配时配磨。

2.热处理时保证60 ～64HRC。

$\sqrt{Ra\ 6.3}$ （√）

图 4-143　弯曲凹模零件图

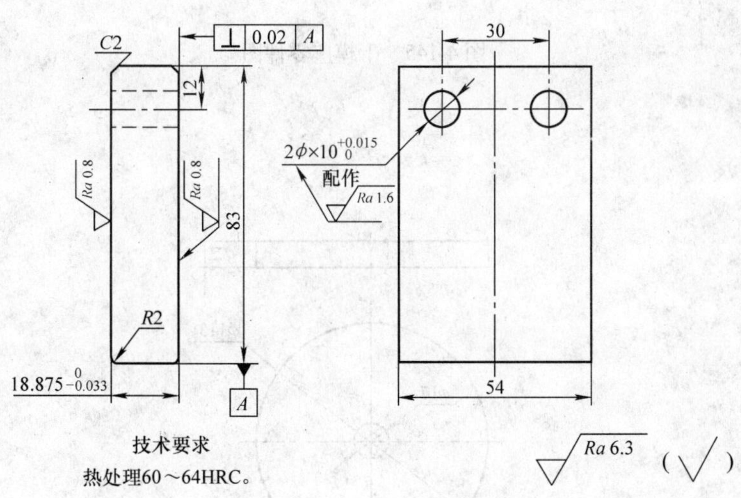

技术要求

热处理60～64HRC。

$\sqrt{Ra\ 6.3}$ （√）

图 4-144　弯曲凸模零件图

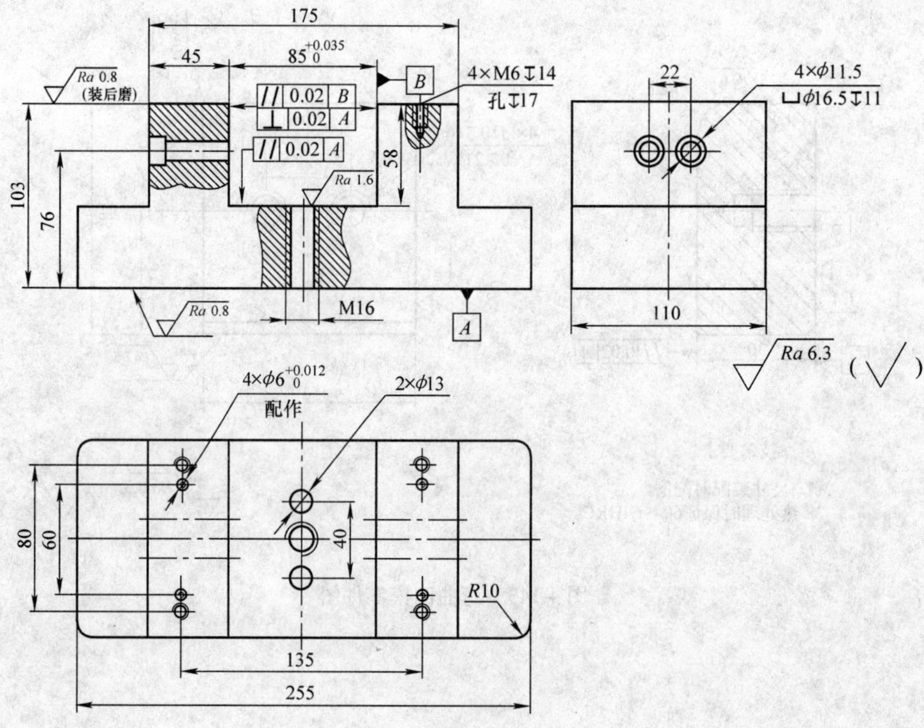

图 4-145　下模座零件图

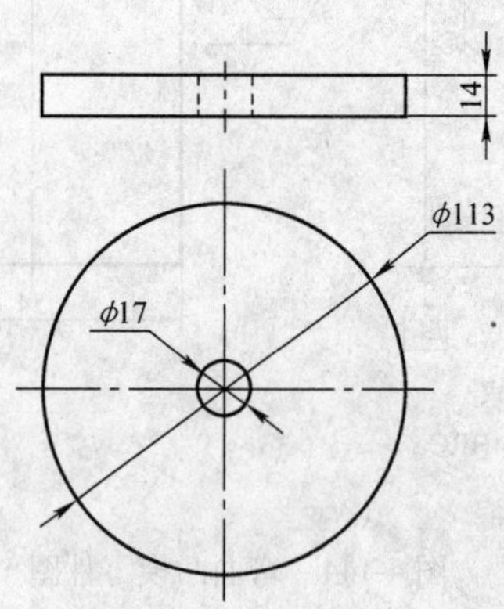

图 4-146　托板零件图

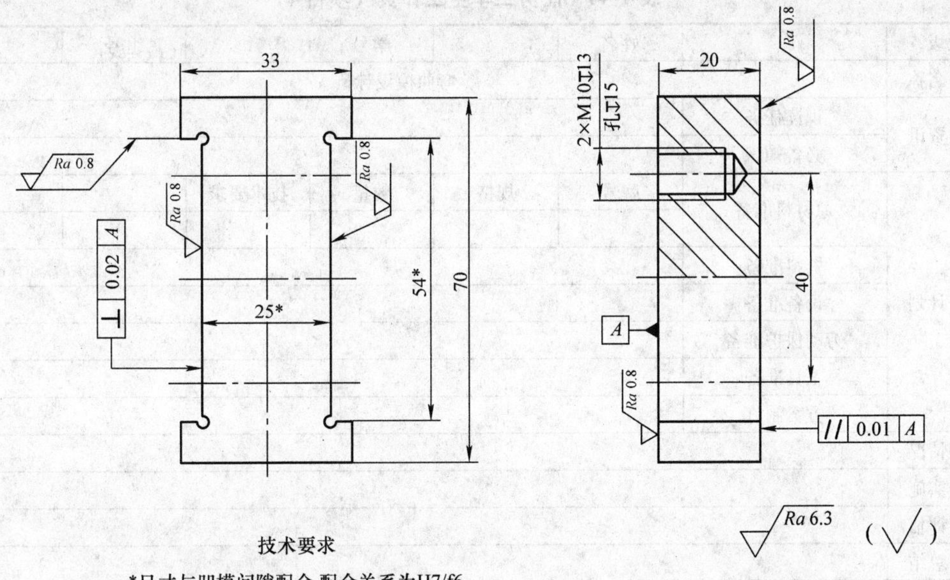

图 4-147　顶件板零件图

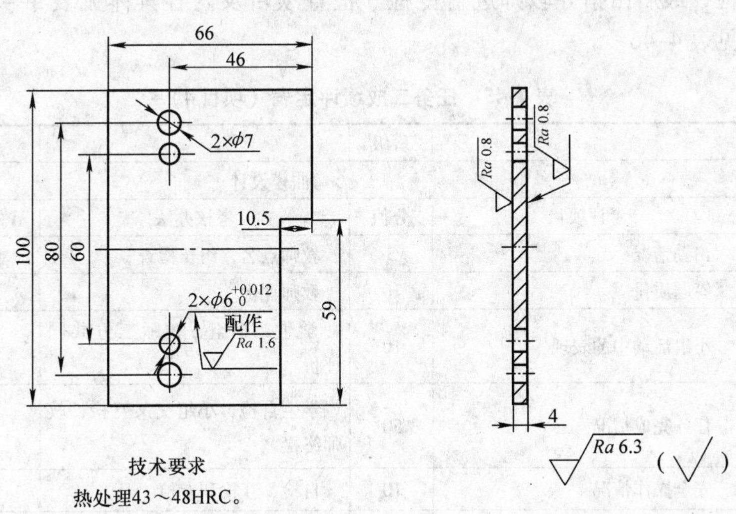

图 4-148　定位板零件图

【学生工作页】

表 4-44　任务二学生工作页（项目 4）

班级		姓名		学号		组号	
任务名称	弯曲模设计						
任务资讯	识读任务						
	必备知识						
任务计划	原材料准备	牌号	规格	数量	技术要求		
	资料准备						
	设备准备						
	劳动保护准备						
	工具准备						
	方案制订						
决策情况							
任务实施							
检查评估							
任务总结							

【教学评价】

采用自检、互检、专检的方式检查学生的设计成果。各组学生设计任务完成后，检查绘制的装配图零件图的结构、视图表达以及标注等，检查说明书的计算过程及结论是否正确。先自检，再互检，最后由指导教师进行专检。检查项目及内容具体见表 4-45，任务完成情况的评分标准见表 4-46。

表 4-45　任务二成绩评定表（项目 4）

姓名			班级		学号	
任务名称		弯曲模设计				
考评类别	序号	考评项目	分值	考核办法	评价结果	得分
平时考核	1	出勤情况	5	教师点名，组长检查		
	2	答题质量	10	教师评价		
	3	小组活动中的表现	10	学生、小组、教师三方共同评价		
技能考核	4	任务完成情况	50	学生自检，小组交叉互检，教师终检		
	5	安全操作情况	10	自检、互检和专检		
素质考核	6	产品图样的读图能力	5	自检、互检和专检		
	7	个人任务独立完成能力	5	自检、互检和专检		
	8	团队成员间协作表现	5	自检、互检和专检		
合计			100	任务二总得分		

教师＿＿＿＿＿＿、＿＿＿＿＿＿　　　　　　日期＿＿＿＿＿＿

表 4-46　任务二完成情况评分标准（项目4）

项目	序号	任务要求	配分	评分标准	检测结果	得分
任务完成情况	1	工艺方案制订合理	10			
	2	装配图规范、视图正确	5			
	3	装配图结构设计合理	10			
	4	装配图标注与技术要求完整	5			
	5	零件图结构表达清楚	5			
	6	零件图标注与技术要求合理	10			
	7	说明书内容完整，计算正确，书写整齐	5			
		总分	50		总得分	

【思考与练习】

一、简答题

1. 弯曲变形过程有哪几个阶段？每个阶段各有什么特点？
2. 窄板弯曲变形和宽板弯曲变形有什么不同？
3. 影响弯曲件回弹的因素有哪些？采取哪些措施能减小回弹？
4. 弯曲件的弯曲变形程度用什么表示？弯曲时的极限变形程度受哪些因素影响？
5. 在弯曲过程中，坯料可能产生偏移的原因有哪些？如何减小偏移？
6. 弯曲件的结构工艺性有哪些？
7. 弯曲件的工序是如何安排的？
8. 弯曲件在哪些情况下需要多次弯曲？多次弯曲时，预弯的作用是什么？

二、计算题

1. 图4-149所示弯曲件的材料为Q235A，材料厚度为2mm，计算该弯曲件的坯料长度。

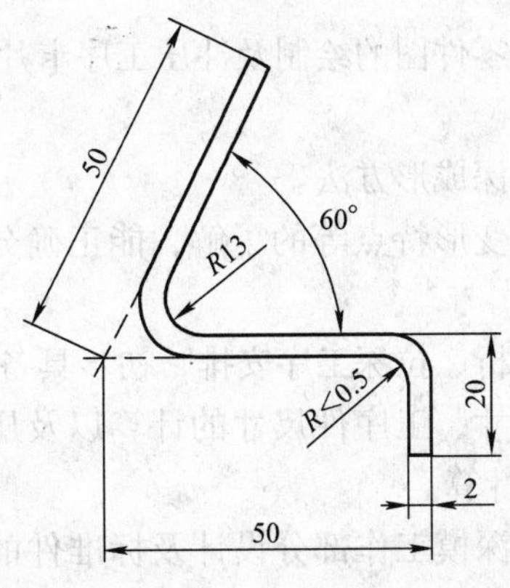

图4-149　题1图

2. 已知弯曲件的形状和尺寸如图4-150所示，材料为20钢，屈服点 $\sigma_s=250\text{MPa}$，弹性模量 $E=2.1\times10^5\text{MPa}$，工件厚度为1.0mm，内移系数 $x=0.5$，计算该工件的坯料长度及自由弯曲时的回弹值。

3. 计算图4-151所示弯曲件的模具工作部分尺寸，并标注制造公差，画出该工件的弯曲模结构简图。

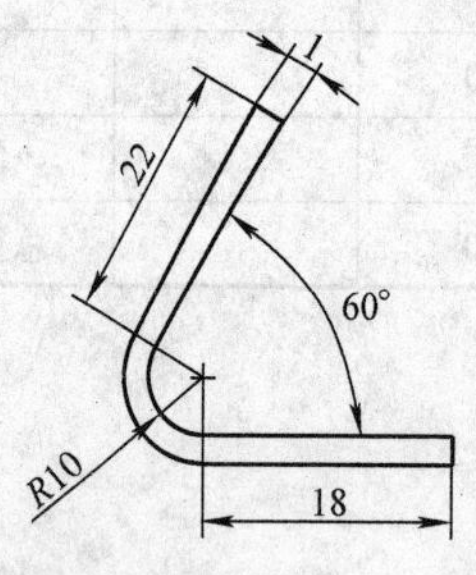

图4-150　题2图

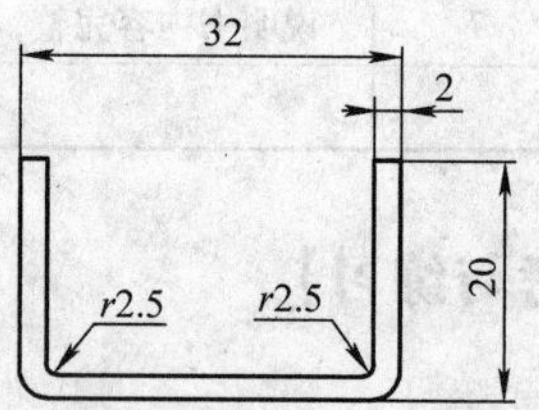

图4-151　题3图

任务三　拉深模设计

【学习目标】

知识目标：

1. 了解拉深变形的特点及影响拉深件质量的因素。
2. 掌握拉深件的工艺性分析及工序安排。
3. 掌握拉深件的工艺计算方法。
4. 了解拉深模典型结构及特点，掌握拉深模工作部分的设计方法及标准零件的选用。
5. 掌握拉深模具装配图、零件图的绘制及冲压工序卡片的填写。

技能目标：

1. 能判断各种拉深件的拉深成形方法。
2. 通过对拉深变形过程、变形特点等的了解，能正确分析拉深件在拉深过程中常出现的质量问题，并提出解决措施。
3. 通过拉深件的工艺性分析、拉深工序安排，初步具备拉深设计能力。
4. 通过对拉深件的坯料尺寸、工序件尺寸的计算以及压边力、拉深力的计算等内容的学习，能正确进行拉深件工艺计算。
5. 通过模具结构设计、拉深模工作部分设计及标准件的选用等内容的学习，具备一般复杂程度的拉深模设计的能力。
6. 能正确绘制模具的装配图和零件图，正确编制设计说明书和冲压工艺卡片。

【工作任务】

本学习任务以图4-152所示的无凸缘筒形件拉深模设计为载体，综合训练学生的拉深工艺设计和拉深模结构设计的能力。

零件名称：无凸缘筒形拉深件。

生产批量：中批量。

材料：10钢。

料厚：2mm。

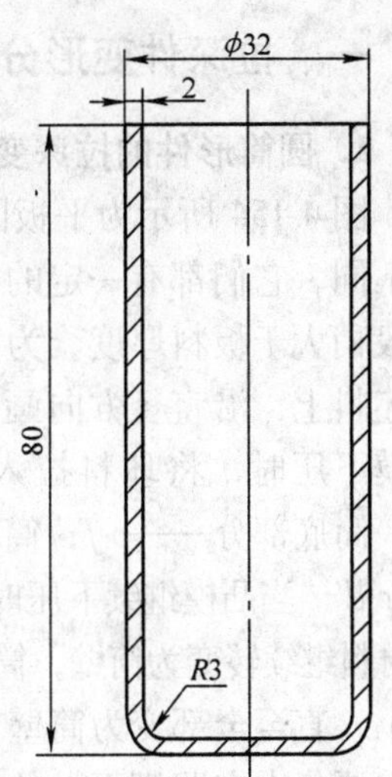

图4-152　无凸缘筒形拉深件

【知识准备】

拉深是利用拉深模使平板坯料变成开口空心件的冲压工序，广泛用于汽车、拖拉机、仪表、电子、电气、航空及航天等各种工业部门和日常生活用品的生产中，可以拉深从轮廓尺寸为几毫米、厚度仅为0.2mm的小零件到轮廓尺寸达2～3m、厚度为200～300mm的大型零件。拉深类零件可分为以下三大类：

1）旋转体拉深件，如过滤器壳、搪瓷盆、启动器壳和汽车灯壳等，如图4-153a所示。

2）盒形拉深件，如拖拉机工具箱、汽车油箱、矩形饭盒和日光灯的镇流器壳等，如图4-153b所示。

3）复杂形状拉深件，如汽车车门等汽车覆盖件，如图4-153c所示。

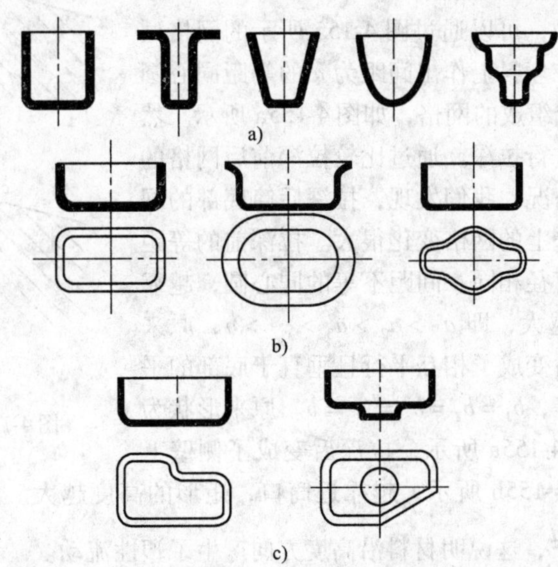

图4-153　拉深件示意图

a）旋转体拉深件　b）盒形拉深件　c）复杂形状拉深件

一、拉深件变形分析

1. 圆筒形件的拉深变形过程

图 4-154 所示为平板圆形坯料拉深为筒形件的变形过程示意图。拉深凸模和凹模与冲裁模不同，它们都有一定的圆角而不是锋利的刃口，其间隙一般稍大于板料厚度。为了说明拉深坯料变形过程，在平板坯料上，沿直径方向画出一个局部的扇形区域 *oab*。当凸模下压时，将坯料拉入凹模，扇形 *oab* 变为以下三部分：筒底部分——*oef*；筒壁部分——*efc′d′*；凸缘部分——*a′b′c′d′*。当凸模继续下压时，筒底部分基本不变，凸缘部分的材料继续转变为筒壁，筒壁部分逐步增高，凸缘部分逐步缩小，直至全部变为筒壁。可见，坯料在拉深过程中，变形主要集中在凹模面上的凸缘部分，可以说拉深过程就是凸缘部分逐步缩小并转变为筒壁的过程。坯料的凸缘部分是变形区，底部和已形成的侧壁为传力区。如果圆平板坯料直径为 D，拉深后筒形件的直径为 d，通常以筒形件直径与坯料直径比值来表示拉深变形程度的大小，即

$$m = \frac{d}{D}$$

m 称为拉深系数，m 越小，拉深变形程度越大；相反，m 越大，拉深变形程度就越小。

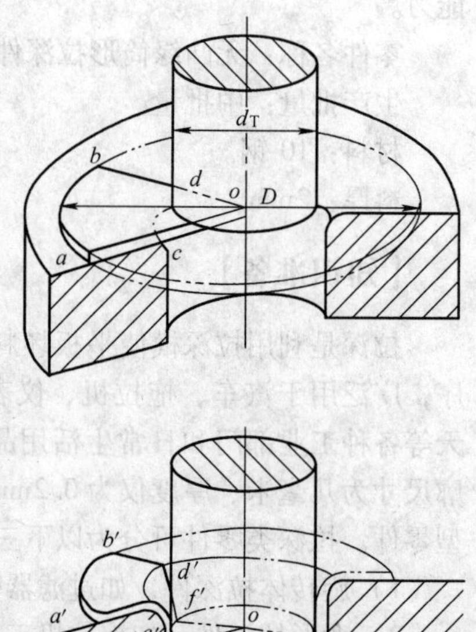

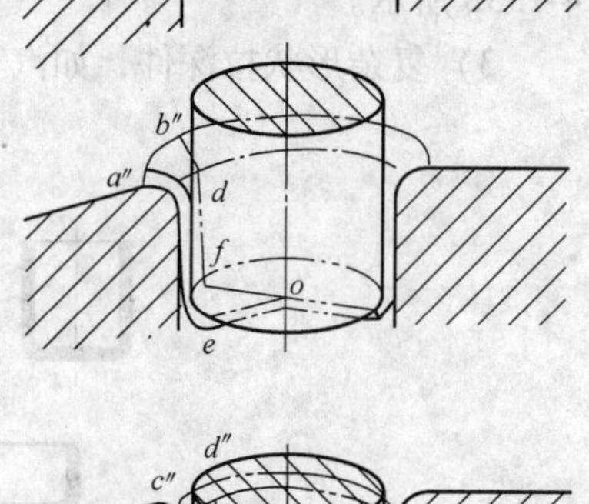

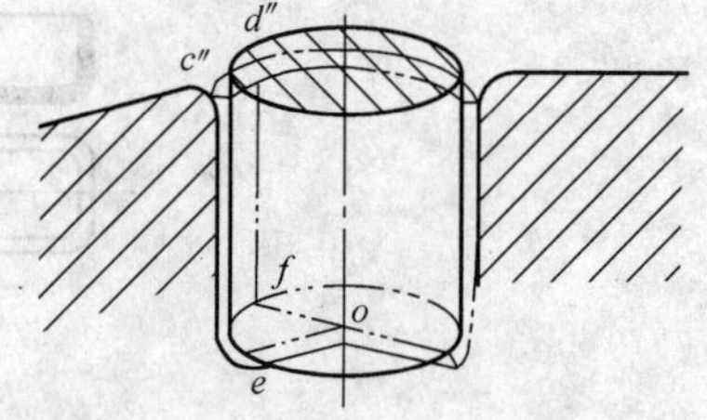

d″
c″
f
o
e

图 4-154　拉深变形过程

2. 圆筒形件的拉深变形特点

拉深时金属的流动，可以通过图 4-155 所示的网格试验来说明。拉深前，在坯料上作出间距为 a 的等距同心圆与分度为 b 的等分射线组成的网格，如图 4-155a 所示。然后将带有网格的坯料进行拉深。通过比较拉深前后网格的变化了解材料的流动情况。我们发现，拉深后筒底部的网格变化不明显，而侧壁上的网格变化很大。拉深前的等距同心圆拉深后变成了直径相同、间距不等的同心圆，越靠近筒口同心圆的间距越大，即 $a_1 > a_2 > a_3 > \cdots > a$；原来分度相等的射线拉深后变成了相互平行且垂直于底部的平行线，其间距完全相等，$b_1 = b_2 = b_3 = \cdots = b$。原来形状为扇形的网格 A_1，如图 4-155a 所示，拉深后变成了侧壁上的矩形网格 A_2，如图 4-155b 所示，越靠近筒口，矩形的高度越大。测量此时工件的高度，发现筒壁高度 $H > \frac{D-d}{2}$，这说明材料沿高度方向产生了塑性流动。

金属是怎样由拉深前的扇形网格变成拉深后的矩形网格的呢？对变形区任选的一个扇形格子进行分析，从图 4-155 中可看出，要使扇形格子拉深后要变成矩形格子，必须宽度减小而长度增大。很明显，扇形格子只要径向受拉产生伸长变形，切向受压产生压缩变形就能变

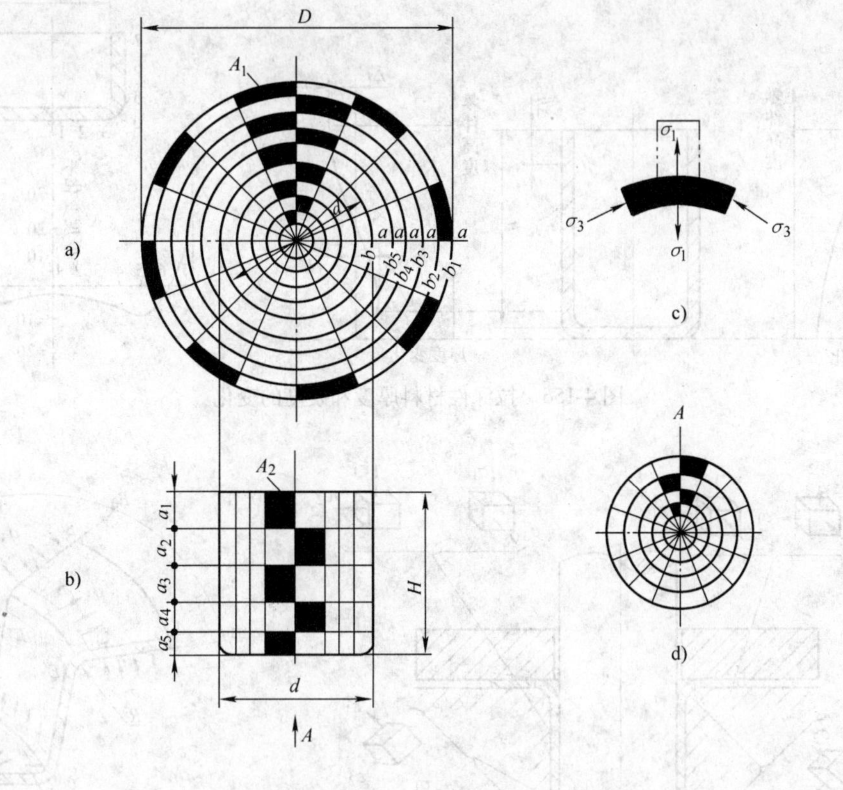

图 4-155　拉深变形特点

成矩形格子，拉深时凸模提供的拉深力产生了径向拉应力，材料间的相互挤压产生了切向压应力，如图 4-155c 所示。故（$D-d$）的凸缘部分在切向压应力和径向拉应力的作用下径向伸长、切向压缩，扇形格子就变成了矩形格子。

综上所述，拉深变形过程可以归结如下：在拉深过程中，坯料受凸模拉深力的作用，在坯料凸缘的径向产生拉应力 σ_1，切向产生压应力 σ_3。在 σ_1 和 σ_3 的共同作用下，凸缘变形区材料发生了塑性变形，径向伸长、切向压缩，并不断被拉入凹模内形成筒壁。

3. 圆筒形件拉深过程中坯料的应力、应变状态

图 4-156 所示为拉深变形后，沿圆筒形件侧壁，材料厚度和硬度变化的示意图。一般是底部厚度略有变簿，且筒壁从下向上逐渐增厚。此外，沿高度方向零件各部分的硬度也不同，越到零件筒口硬度越高，这些说明在拉深变形过程中坯料的变形极不均匀。在拉深的不同时刻，坯料内各部分由于所处的位置不同，坯料的变化情况也不一样。为了更深刻地了解拉深变形过程，有必要讨论一下在拉深过程中变形材料内各部分的应力与应变状态。

现以带压边圈的圆筒形拉深件的首次拉深为例，说明在拉深过程中的某一时刻（见图 4-157）坯料的变形和受力情况。假设 σ_1、ε_1 为坯料的径向应力与应变，σ_2、ε_2 为坯料厚度方向的应力与应变，σ_3、ε_3 为坯料的切向应力与应变。

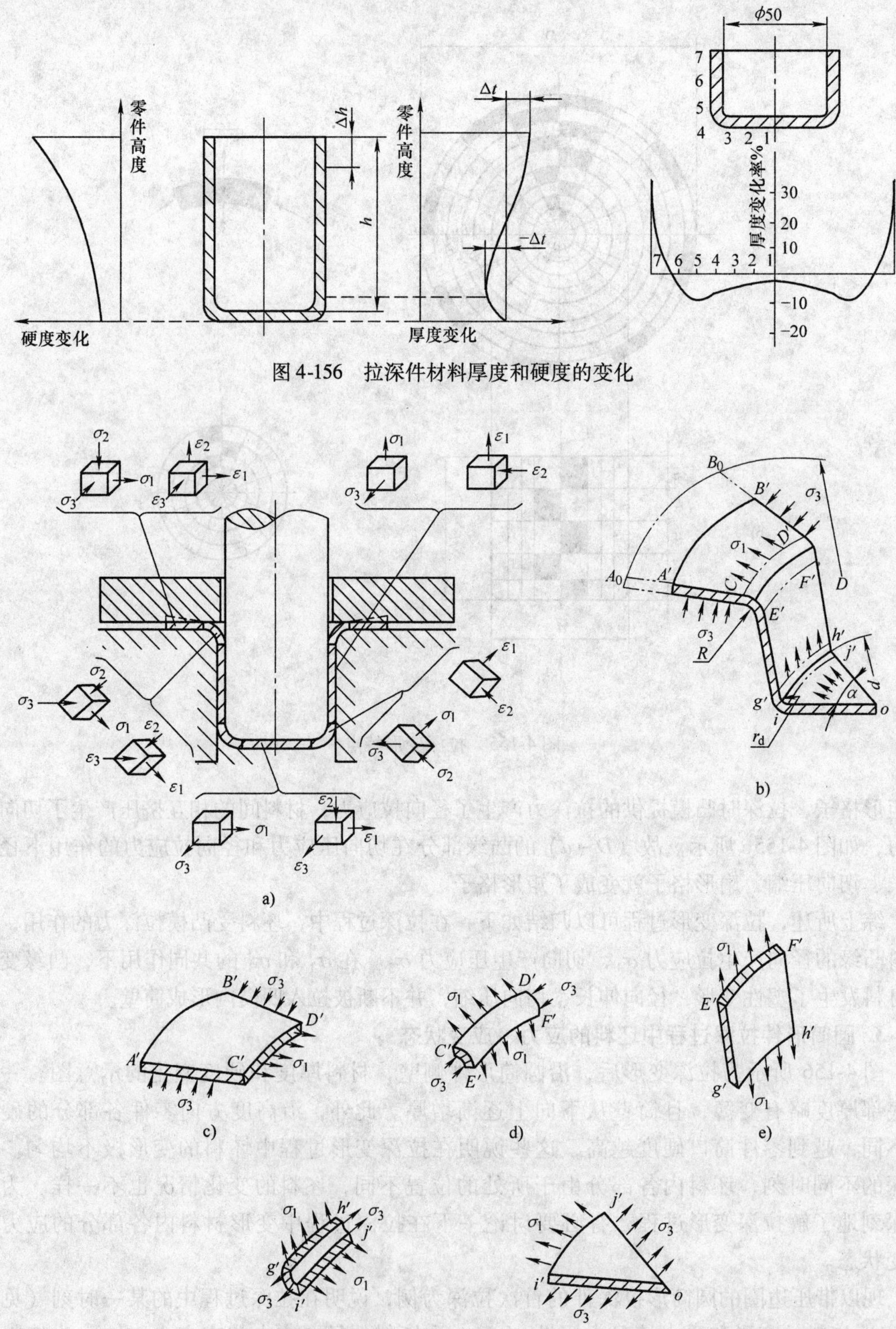

图 4-156　拉深件材料厚度和硬度的变化

图 4-157　拉深过程中坯料的应力、应变情况

根据圆筒形拉深件各部位的受力和变形性质不同，可将整个变形坯料分为五个区域。

1）平面凸缘区——主要变形区（见图 4-157a、b、c），是拉深变形的主要变形区，也是扇形网格变成矩形网格的区域。此处材料被拉深凸模拉入凸模与凹模间隙而形成筒壁。这一区域变形材料主要承受切向压应力 σ_3 和径向拉应力 σ_1，厚度方向承受由压边圈引起的压应力 σ_2 的作用，该区域是“二压一拉”的三向应力状态。由网格试验可知，变形材料在凸模拉深力的作用下被带入凹模时，切向产生压缩变形 ε_3，径向产生伸长变形 ε_1。而厚向的变形 ε_2 取决于 σ_2 与 σ_m（平均应力）的大小：$\sigma_2 > \sigma_m$ 时，ε_2 为拉应变；$\sigma_2 < \sigma_m$ 时，ε_2 为压应变。因此该区域的应变也是三向的。如果此时 σ_3 值过大，则坯料的凸缘部分，尤其是外缘部分因受压过大而失稳起皱，导致拉深不能正常进行。

2）凸缘圆角区——过渡区（见图 4-157a、b、d），是凸缘和筒壁部分的过渡区。这一区域材料的变形比较复杂，除有与凸缘部分相同的特点，即径向受拉应力 σ_1 和切向受压应力 σ_3 作用外，厚度方向上还要受凹模圆角的压力和弯曲作用产生的压应力 σ_2。该区域的变形状态也是三向的：ε_1 是绝对值最大的主应变（拉应变），ε_2 和 ε_3 是压应变，此处材料厚度减薄。

3）筒壁部分——传力区（见图 4-157a、b、e），是由凸缘部分材料塑性变形后转化而成的，它将凸模的作用力传给凸缘变形区，因此是传力区。如果间隙合适，厚度方向上将不受力的作用，即 σ_2 为零。σ_1 是凸模产生的拉应力。由于材料在切向受凸模的限制不能自由收缩，σ_3 也是拉应力。拉深过程中，切向受凸模的阻碍不再发生变化，即切向应变 ε_3 为零。其中，ε_1 为伸长应变，ε_2 为压缩应变。因此应变与应力均为平面状态。

4）筒底圆角区——过渡区（见图 4-157a、b、f），是筒壁和圆筒底部的过渡区，材料从一开始就承受较大的径向拉应力 σ_1、切向拉应力 σ_3 以及凸模圆角的压力和弯曲变形作用产生的压应力 σ_2，所以此处往往成为整个拉深件强度最薄弱的地方，尤其是筒壁与筒底圆角相切的位置，材料变薄最严重，最易出现拉裂现象，是拉深过程中的“危险断面”。

5）筒底部分——小变形区（见图 4-157a、b、g），这部分材料处于凸模下面，直接承收凸模施加的力，并由它将力传给筒壁，因此该区域也是传力区。该处材料在拉深开始就被拉入凹模内，并始终保持平面形状。它受两向拉应力 σ_1 和 σ_3 的作用，相当于周边受均匀拉力的圆板。此区域的变形是三向的，ε_1 和 ε_3 为拉伸应变，ε_2 为压缩应变。由于凸模圆角处的摩擦制约了底部材料向外流动，故圆筒底部变形不大，只有 1% ~3%，一般可忽略不计。

4. 圆筒形件拉深时的主要质量问题

（1）起皱

1）影响凸缘区起皱的因素。图 4-158a 所示为凸缘区起皱产生的原因，图 4-158b 所示为起皱后的拉深件。拉深过程中，凸缘区会不会起皱，主要决定于两个方面：一方面是切向压应力的大小，σ_3 越大越容易失稳起皱；另一方面是凸缘区板料本身的抗失稳能力，凸缘宽度越大、厚度越薄，材料弹性模量和硬化模量越小，抗失稳能力越小，越容易起皱。当 σ_3 超过材料所能承受的临界压应力时，材料就会失稳弯曲而拱起，在凸缘变形区沿切向就会形成高低不平的皱褶，这种现象即为起皱，如图 4-158b 所示。起皱首先在凸缘的外缘开始，因为此处的 σ_3 值最大。

变形区一旦起皱，对拉深的正常进行是非常不利的。因为坯料起皱后，拱起的皱褶很难通过凸、凹模间隙被拉入凹模，如果强行拉入，则拉应力迅速增大，侧壁易受过大的

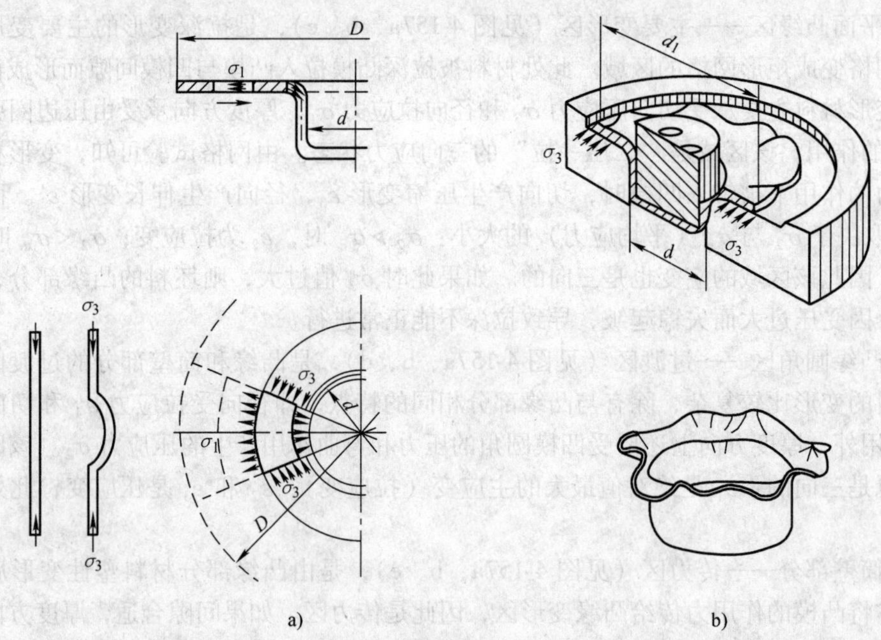

图 4-158　凸缘变形区的起皱

拉力而导致断裂报废，如图 4-159a 所示。即使模具间隙较大，或者起皱不严重，拱起的皱褶能勉强被拉进凹模内形成筒壁，皱折也会留在工件的侧壁上，从而影响零件的表面质量，如图 4-159b 所示。同时，起皱后的材料在通过模具间隙时与凸模、凹模间的压力增加，导致与模具间的摩擦加剧，磨损严重，使得模具磨损严重，寿命大为缩短。因此，起皱应尽量避免。

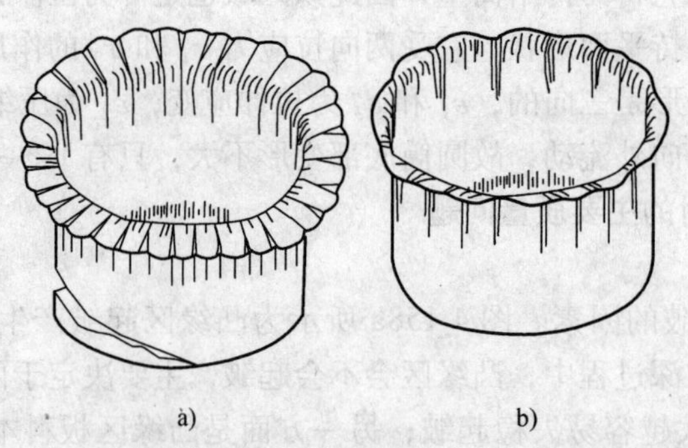

图 4-159　拉深过程中坯料的起皱

a）严重起皱导致拉裂　b）轻微起皱影响拉深件质量

2）防止起皱的措施。拉深能否失稳，与拉深件凸缘上所受的压力大小和拉深件的凸缘变形区几何尺寸有关。主要取决于下列因素。

① 凸缘部分材料的相对厚度，即 $t/(D_f-d)$ 或 $t/(R_f-r)$（t 为料厚；D_f 为凸缘外径；d 为工件直径；r 为工件半径；R_f 为凸缘半径）。凸缘相对料厚越大，说明 t 较大，而（D_f-d）较小，即料较厚，变形区较小，因此抗失稳能力强，稳定性好，不易起皱。反之，材料抗失稳能力弱，容易起皱。

② 切向压应力 σ_3 的大小。拉深时 σ_3 的值取决于变形程度：变形程度越大，需要转移的剩余材料越多，加工硬化现象越严重，则 σ_3 越大，就越容易起皱。

③ 材料的力学性能。板料的屈强比 σ_s/σ_b 小，则屈服极限小，变形区内的切向压应力也相对减小，板料不容易起皱。当板厚向异性系数 $R>1$ 时，说明板料在宽度方向上的变形易于厚度方向，材料易于沿平面流动，因此不容易起皱。

④ 凹模工作部分的几何形状。与普通的平端面凹模相比，锥形凹模允许用于相对厚度较小的坯料而不致起皱。生产中可用下述公式概略估算拉深件是否会起皱。

平端面凹模拉深时，坯料首次拉深不起皱的条件为

$$t/D \geqslant (0.09 \sim 0.17)(1-d/D)$$

用锥形凹模首次拉深时，材料不起皱的条件为

$$t/D \geqslant 0.03(1-d/D)$$

式中　D——坯料的直径；

d——工件的直径；

t——板料的厚度。

如果不能满足上述要求，就要起皱。在这种情况下，必须采取措施防止起皱发生。最简单的方法（也是实际生产中最常用的方法）是采用压边圈。加压边圈后，材料被强迫在压边圈和凹模平面间流动（切向和径向），稳定性得到增加，起皱也就不容易发生。

除此之外，防皱措施还应从零件形状、模具设计、拉深工序的安排、冲压条件以及材料特性等多方面考虑。当然，零件的形状取决于它的使用性能和要求。因此，在满足零件使用要求的前提下，应尽可能降低拉深深度，以减小圆周方向的切向压应力。

在模具设计方面，应注意压边圈和拉深筋的位置和形状；模具表面形状不要过于复杂。在考虑拉深工序的安排时，应尽可能使拉深深度均匀，使侧壁斜度较小；对于深度较大的拉深零件，或者阶梯差较大的零件，可多次拉深成形，以减小一次拉深的深度和阶梯差。多次拉深时，也可用反拉深防止起皱，如图4-160所示。将前道工序拉深得到的直径为 d_1 的工序件套在筒状凹模上进行反拉深，使坯料内表面变成外表面。由于反拉深时坯料与凹模的包角为180°，板料沿凹模流动的摩擦阻力和变形抗力显著增大，从而使径向拉应力增大，切向压应力的作用相应减小，能有效防止起皱。

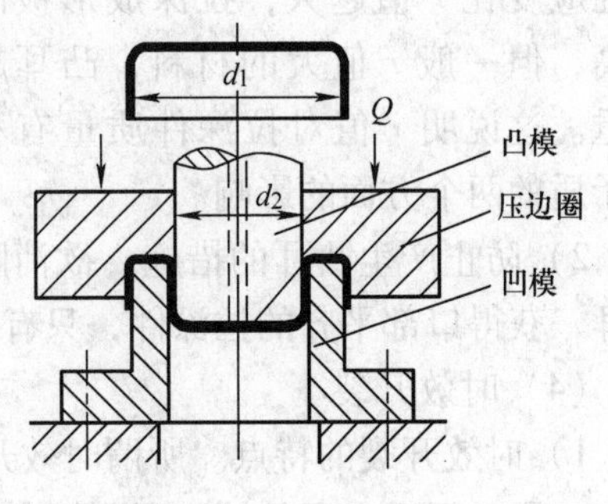

图4-160　反拉深

冲压条件方面的措施主要是指均衡的压边力和润滑。凸缘变形区材料的压边力一般都是均衡的，但有的零件在拉深过程中，某个局部非常容易起皱，应对凸缘的这个局部加大压边力。高的压边力虽不易起皱，但易发生高温粘结，因而在凸缘部分进行润滑仍是必要的。

（2）拉裂

1）影响筒壁区拉裂的因素。图 4-161 所示为拉深过程中，坯料各部分的受力关系。筒壁受的拉应力除了变形区所需的变形力 σ_1 外，还需要克服其他一些附加阻力，如图 4-161a 所示，包括坯料在压边圈和凹模平面间流动时产生的摩擦应力而引起的摩擦阻力，坯料流过凹模圆角表面遇到的摩擦阻力，坯料经过凹模圆角时产生弯曲变形，以及离开凹模圆角进入凸、凹模间隙后又被拉直而产生反向弯曲变形，拉深初期坯料在凸模圆角处也有弯曲变形力。因此，从筒壁传力区传过来的力至少应等于上述各力之和。上述各附加阻力可根据各种假设条件，并考虑拉深中材料的硬化来求出。筒壁传力区会不会拉裂主要取决于两个方面：一方面是筒壁传力区的拉应力 σ_L；另一方面是筒壁传力区的抗拉强度。“危险断面”是拉深时最容易拉裂处，当筒壁拉应力 σ_L 超过危险断面的有效抗拉强度 σ_K 时，拉深件筒壁的危险断面处就会破裂。即使拉深件未被拉裂，由于材料变薄过于严重，也可能使产品报废。

2）防拉裂的措施。防止危险断面破裂的根本措施是减小拉深时的变形抗力。通常是根据板料的成形性能，确定合理的拉深系数，采用适当的压边力和较大的模具圆角半径，改善凸缘部分的润滑条件，增大凸模的表面粗糙度，选用 σ_s/σ_b 比值小，n 值和 r 值大的材料等。

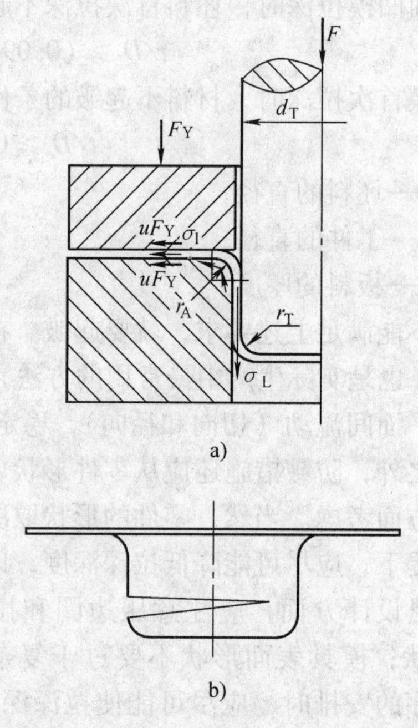

图 4-161　拉深坯料各部位的受力关系及筒壁拉裂情况

（3）拉深凸耳

1）影响凸耳的因素。筒形件拉深时，在拉深件口端出现有规律的高低不平现象就是拉深凸耳，凸耳的数目一般为 4 个。需要指出的是，板料的塑性应变比 r 值越大，拉深成形极限越高，但一般 r 值大的材料，凸耳越严重。这说明 r 值对拉深件质量有相互矛盾的两个方面的影响。

2）防止产生凸耳的措施。欲消除凸耳，获得口部平齐的拉深件，只有进行修边。修边余量应大于（$h_{max}-h_{min}$）。

（4）时效开裂

1）时效开裂的特点。所谓时效开裂，是指拉深件成形后，由于受到撞击或振动，甚至存放一段时间后出现的筒口开裂现象，且一般是从筒口先开裂，进而向内扩展开来。

2）预防时效开裂的措施：拉深后及时修边；在拉深过程中及时进行中间退火；多次拉深时尽量在其口部留一条宽度较小的凸缘边等。

二、旋转体拉深件坯料尺寸的确定

1. 拉深件坯料尺寸计算的原则

（1）形状相似原则　拉深件坯料的形状一般与拉深件的横截面形状相似，即零件的横截面是圆形、椭圆形时，其拉深前坯料展开形状也基本上是圆形或椭圆形。对于异形件拉深，其坯料的周边轮廓必须采用光滑曲线连接，应无急剧的转折和尖角。

（2）面积相等原则　由于拉深前和拉深后材料的体积不变，对于不变薄拉深，虽然在拉深过程中板料的厚度有增厚也有变薄，但实践证明，其平均厚度与坯料的厚度差别不大，因而可以假设材料厚度拉深前后不变，拉深件坯料的尺寸按“拉深前坯料的表面积等于拉深后零件的表面积”的原则来确定（坯料尺寸确定还可按等体积、等重量原则）。

拉深件坯料形状的确定和尺寸计算是否正确，不仅直接影响生产过程，而且对冲压件生产有很重要的经济意义，因为在冲压零件的总成本中，材料费用一般占到60%以上。

由于拉深件材料厚度有偏差，板料具有各向异性，模具间隙和摩擦阻力的不一致以及坯料定位不准确等原因，拉深后零件的口部将出现凸耳（口部不平）。为了得到口部平齐、高度一致的拉深件，需要在拉深后增加切边工序，将不平齐的部分切去。所以在计算坯料之前，应先在拉深件上增加切边余量（见表4-47、4-48）。

表4-47　无凸缘圆筒形拉深件的切边余量 Δh　（单位：mm）

拉深件高度 h	拉深相对高度 h/d				附图
	0.5~0.8	0.8~1.6	1.6~2.5	2.5~4	
≤10	1.0	1.2	1.5	2	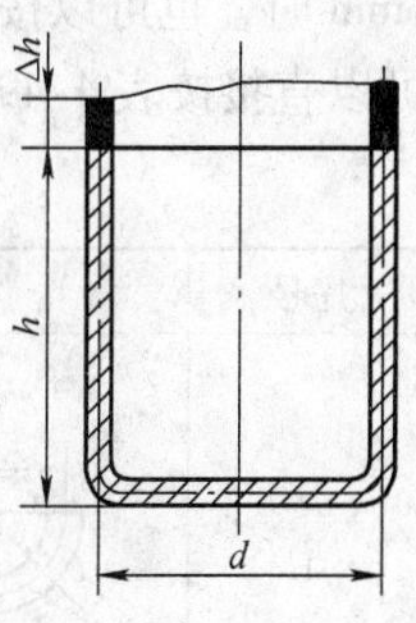
10~20	1.2	1.6	2	2.5	
20~50	2	2.5	2.5	4	
50~100	3	3.8	3.8	6	
100~150	4	5	5	8	
150~200	5	6.3	6.3	10	
200~250	6	7.5	7.5	11	
>250	7	8.5	8.5	12	

表4-48　有凸缘圆筒形拉深件的切边余量 ΔR　（单位：mm）

凸缘直径 d_t	凸缘的相对直径 d_t/d				附图
	<1.5	1.5~2	2~2.5	2.5~3	
≤25	1.8	1.6	1.4	1.2	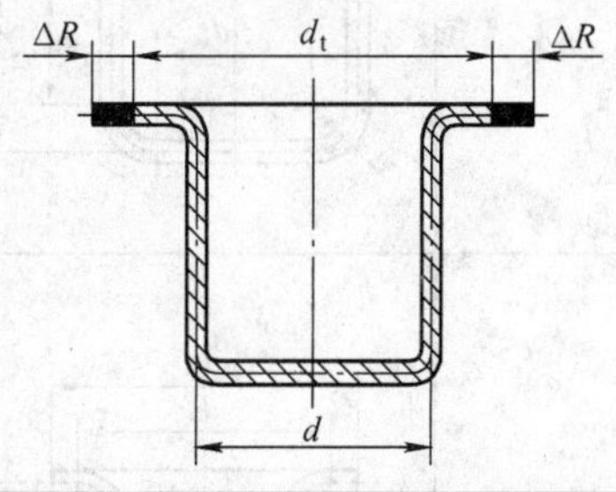
25~50	2.5	2.0	1.8	1.6	
50~100	3.5	3.0	2.5	2.2	
100~150	4.3	3.6	3.0	2.5	
150~200	5.0	4.2	3.5	2.7	
200~250	5.5	4.6	3.8	2.8	
>250	6.0	5.0	4.0	3.0	

2. 简单形状的旋转体拉深件坯料尺寸的确定（见图4-162）

对于简单形状的旋转体拉深件，求其坯料尺寸时，一般可将拉深件分解为若干简单的几何体，分别求出它们的表面积后再相加（含切边余量在内）。由于旋转体拉深件的坯料为圆形，根据面积相等原则，可计算出拉深零件的坯料直径。即

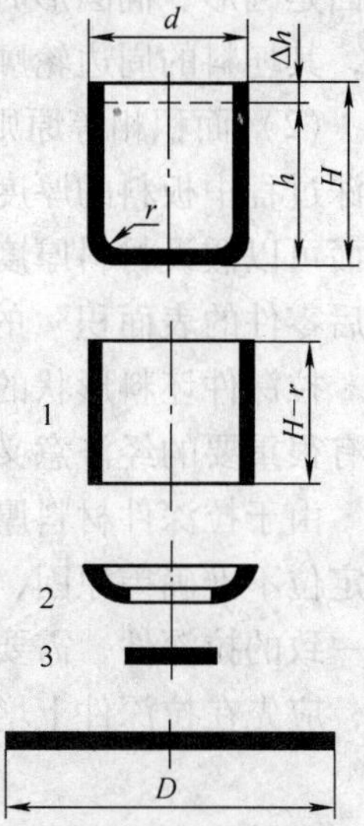

圆筒直壁部分的表面积

$$A_1 = \pi d(H-r)$$

圆角球台部分的表面积

$$A_2 = \frac{\pi}{4}[2\pi r(d-2r)+8r^2]$$

底部表面积为

$$A_3 = \frac{\pi}{4}(d-2r)^2$$

工件的总面积：$\frac{\pi}{4}D^2 = A_1 + A_2 + A_3 = \Sigma A_i$

则坯料直径 $$D = \sqrt{\frac{4}{\pi}\Sigma A_i} \tag{4-72}$$

$$D = \sqrt{(d-2r)^2 + 4d(H-r) + 2\pi r(d-2r) + 8r^2} \tag{4-73}$$

式中 D——坯料直径；

ΣA_i ——拉深件各分解部分表面积的代数和。

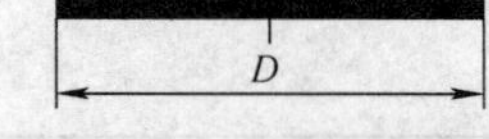

图 4-162 圆筒形拉深件坯料尺寸的确定

在计算中，零件尺寸均按厚度中线计算。但当板料厚度小于 1mm 时，也可以按外形或内形尺寸计算。对于各种简单形状的旋转体拉深件坯料直径 D，可以直接按表 4-49 所示的公式计算。

表 4-49 常用的旋转体拉深零件坯料直径 D 计算公式

序号	零件形状	坯料直径 D 计算公式
1	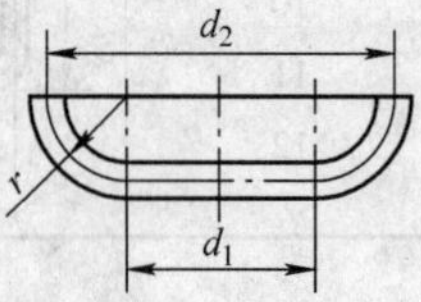	$\sqrt{d_1^2 + 2r(\pi d_1 + 4r)}$
2	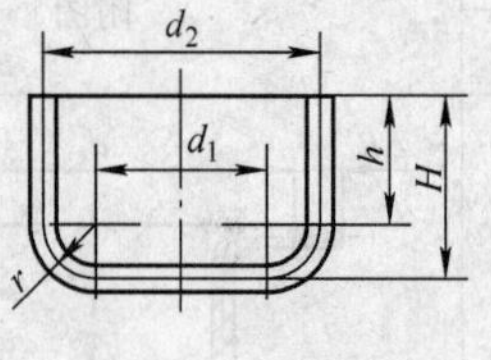	$\sqrt{d_1^2 + 4d_2h + 6.28rd_1 + 8r^2}$ 或 $\sqrt{d_2^2 + 4d_2H - 1.72rd_2 - 0.56r^2}$
3	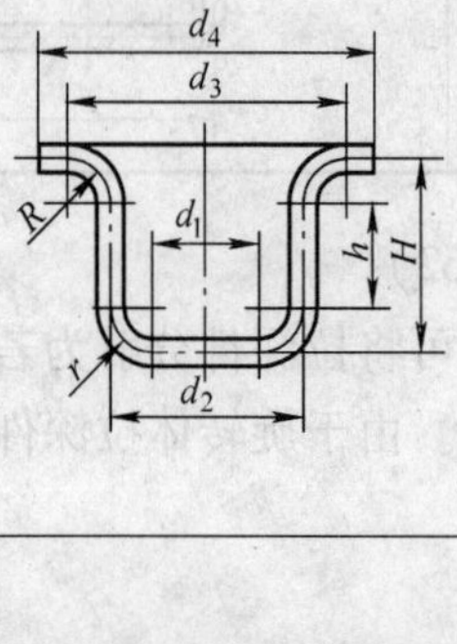	当 $r \neq R$ 时 $\sqrt{d_1^2 + 6.28rd_1 + 8r^2 + 4d_2h + 6.28Rd_2 + 4.56R^2 + d_4^2 - d_3^2}$ 当 $r = R$ 时 $\sqrt{d_4^2 + 4d_2H - 3.44rd_2}$

（续）

序号	零件形状	坯料直径 D 计算公式
4	d $r=\frac{d}{2}$	$\sqrt{2d^2}=1.414d$
5	s r h	$\sqrt{8rh}$ 或　$\sqrt{s^2+4h^2}$
6	d_2 l d_1	$\sqrt{d_1^2+2l\ (d_1+d_2)}$
7	d_2 l h d_1	$\sqrt{d_1^2+4h^2+2l\ (d_1+d_2)}$
8	d_4 R d H $r=\frac{d}{2}$	$\sqrt{8r^2+4dH-4dr-1.72dR+0.56R^2+d_4^2-d^2}$
9	b d h_2 r_1 x h_1 r	$\sqrt{8r_1\left[x-b\ (\arcsin\frac{x}{r_1})\right]+4dh_2+8rh_1}$
10	d r_1 r α h_2 h_1 H	$\sqrt{4h_1\ (2r_1-d)\ +\ (d-2r)\ (0.0696r\alpha-4h_2)\ +4dH}$ $\sin\alpha=\frac{\sqrt{r_1^2-r\ (2r_1-d)\ -0.25d^2}}{r_1-r}$ $h_1=r_1\ (1-\sin\alpha)$ $h_2=r\sin\alpha$

其他形状的旋转体拉深零件坯料尺寸的计算可查阅有关设计资料。

3. 复杂旋转体拉深件坯料尺寸的确定

复杂旋转体拉深件坯料表面积是根据久里金法则求出的，即任何形状的母线绕轴旋转一周所得到的旋转体面积，等于该母线的长度与其形心绕该轴线旋转所得周长的乘积。

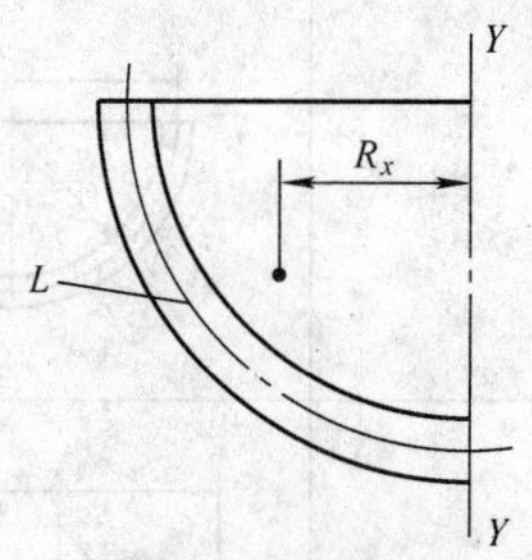

图 4-163　旋转体表面积计算图

如图 4-163 所示，旋转体表面积为

$$A = 2\pi R_x L$$

因拉深前后面积相等，故

$$\frac{\pi D^2}{4} = 2\pi R_x L$$

$$D = \sqrt{8R_x L} \qquad (4\text{-}74)$$

式中　A——旋转体表面积；

R_x——旋转体母线形心到旋转轴线的距离（称旋转半径）；

L——旋转体母线长度；

D——坯料直径。

圆弧长度和形心到旋转轴的距离计算公式见表 4-50。

表 4-50　圆弧长度和形心到旋转轴的距离计算公式

中心角 α<90°时的弧长	中心角 α=90°时的弧长
$l=\pi R\frac{\alpha}{180}$	$l=\frac{\pi}{2}R$
中心角 α<90°时，弧的形心到 YY 轴的距离	中心角 α=90°时，弧的形心到 YY 轴的距离
$R_x=R\frac{180\sin\alpha}{\pi\alpha}$　$R_x=R\frac{180(1-\cos\alpha)}{\pi\alpha}$ 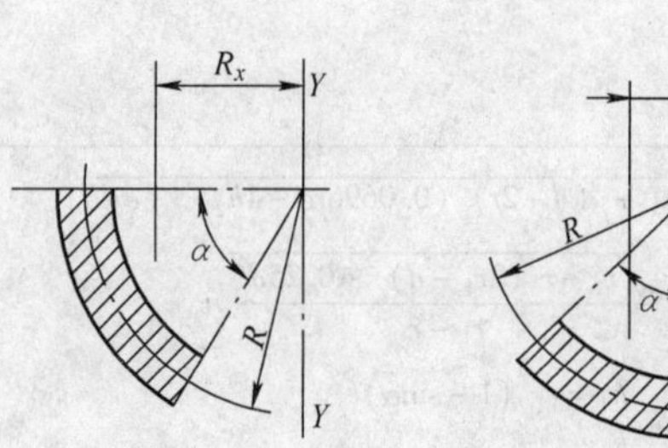	$l=\frac{2}{\pi}R$ 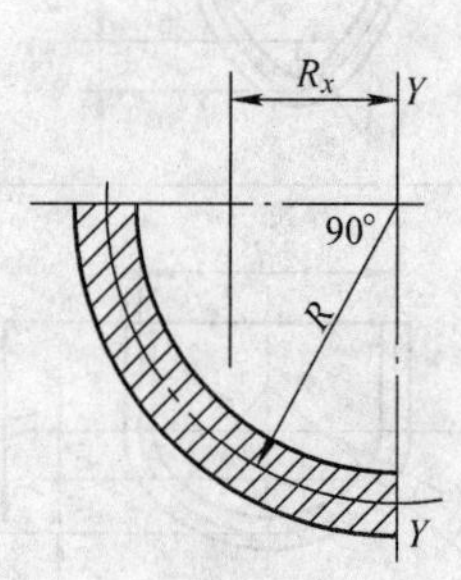

三、圆筒形件的拉深系数

1. 拉深系数

拉深系数是指拉深后圆筒形件的直径与拉深前坯料（或工序件）的直径之比。图4-164所示为用直径为 D 的坯料拉成直径为 d_n、高度为 h_n 工件的工序顺序。第一次拉成 d_1 和 h_1 的尺寸，第二次半成品尺寸为 d_2 和 h_2，依此类推，最后一次即得工件的尺寸 d_n 和 h_n。其各次的拉深系数为

$$m_1 = d_1/D$$
$$m_2 = d_2/d_1$$
$$\vdots$$
$$m_n = d_n/d_{n-1}$$

式中　D——坯料直径；

$d_1, d_2, \cdots, d_{n-1}, d_n$——各次拉深后的直径（中径）。

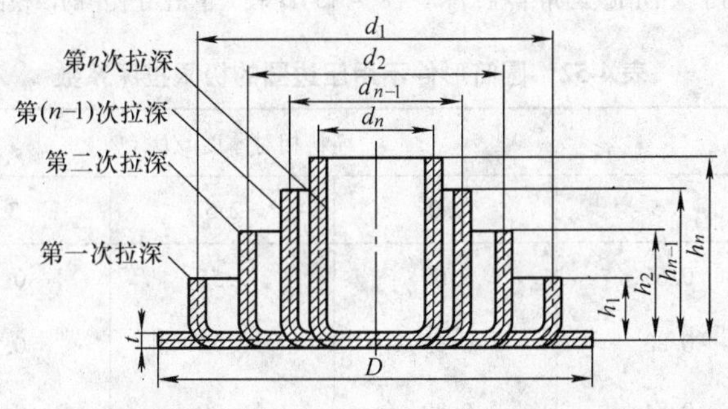

图4-164　拉深工序示意图

拉深系数是拉深工艺的重要参数，表示拉深变形过程中坯料的变形程度，m 值越小，拉深时坯料的变形程度越大。工件的直径 d_n 与坯料直径 D 之比称为总拉深系数 $m_{总}$，即工件总的变形程度系数。

$$m_{总} = \frac{d_n}{D} = \frac{d_1}{D} \cdot \frac{d_2}{d_1} \cdots \frac{d_n}{d_{n-1}} = \cdots = m_1 \cdot m_2 \cdots m_{n-1} \cdot m_n \tag{4-75}$$

2. 极限拉深系数的确定

在工艺计算中，只要知道每次拉深工序的拉深系数值，就可以计算出各次拉深工序件的尺寸，并确定出该拉深件的拉深工序次数。从降低生产成本出发，希望拉深次数越少越好，即采用较小的拉深系数。但根据前述力学分析可知，拉深系数的减小有一个限度，这个限度称为极限拉深系数。超过极限拉深系数，“危险断面”则会产生破裂。因此，每次拉深选择使拉深件不破裂的最小拉深系数，才能保证拉深工艺的顺利实现。实际生产中，极限拉深系数值一般是在一定的拉深条件下用实验方法得出的，见表4-51和表4-52。

在实际生产中，为了提高工艺稳定性，提高零件质量，必须采用稍大于极限值的拉深系数。

表 4-51 圆筒形件带压边圈的极限拉深系数

极限拉深系数	坯料相对厚度 t/D（%）					
	2 ~ 1.5	1.5 ~ 1.0	1.0 ~ 0.6	0.6 ~ 0.3	0.3 ~ 0.15	0.15 ~ 0.08
m_1	0.48 ~ 0.50	0.50 ~ 0.53	0.53 ~ 0.55	0.55 ~ 0.58	0.58 ~ 0.60	0.60 ~ 0.63
m_2	0.73 ~ 0.75	0.75 ~ 0.76	0.76 ~ 0.78	0.78 ~ 0.79	0.79 ~ 0.80	0.80 ~ 0.82
m_3	0.76 ~ 0.78	0.78 ~ 0.79	0.79 ~ 0.80	0.80 ~ 0.81	0.81 ~ 0.82	0.82 ~ 0.84
m_4	0.78 ~ 0.80	0.80 ~ 0.81	0.81 ~ 0.82	0.82 ~ 0.83	0.83 ~ 0.85	0.85 ~ 0.86
m_5	0.80 ~ 0.82	0.82 ~ 0.84	0.84 ~ 0.85	0.85 ~ 0.86	0.86 ~ 0.87	0.87 ~ 0.88

注：1. 表中拉深系数适用于 08、10 和 15Mn 等普通的拉深碳钢及黄铜 H62。对于拉深性能较差的材料，如 20、25、Q215、Q235、硬铝等，应比表中数值大 1.5% ~ 2.0%；对塑性更好的，如 05、08、10 等深拉深钢及软铝应比表中数值小 1.5% ~ 2.0%。

2. 表中数值适用于未经中间退火的拉深。若采用中间退火工序，可取较表中数值小 2% ~ 3% 的值。

3. 表中较小值适用于大的凹模圆角半径，$r_d = (8 \sim 15)t$；较大值适用于小的凹模圆角半径，$r_d = (4 \sim 8)t$。

表 4-52 圆筒形件不用压边圈的极限拉深系数

极限拉深系数	坯料相对厚度 t/D（%）				
	1.5	2.0	2.5	3.0	>3
m_1	0.65	0.60	0.55	0.53	0.50
m_2	0.80	0.75	0.75	0.75	0.70
m_3	0.84	0.80	0.80	0.80	0.75
m_4	0.87	0.84	0.84	0.84	0.78
m_5	0.90	0.87	0.87	0.87	0.82
m_6	—	0.90	0.90	0.90	0.85

注：表中数据适用于 08、10 和 15Mn 等材料，其余各项与表 4-51 相同。

四、圆筒形件的拉深次数及工序件尺寸的确定

1. 无凸缘圆筒形件的拉深次数及工序件尺寸的确定

（1）拉深次数的确定

1）查表法。表 4-53 所示为拉深相对高度 h/d 与拉深次数的关系。

2）推算法。生产上采用的极限拉深系数是考虑了各种具体条件后用试验方法求出的。通常 $m_1 = 0.46 \sim 0.60$，以后各次的拉深系数在 0.70 ~ 0.86 之间。圆筒形拉深件在有压边圈和无压边圈时的拉深系数分别可查表 4-51 和表 4-52。实际生产中采用的拉深系数一般均大于表中所列数字，采用过小的接近于极限值的拉深系数会使拉深件在凸模圆角部位过分变薄。在以后的拉深工序中，这些变薄严重的缺陷会转移到拉深件侧壁上去，使零件质量降低。

表4-53　拉深相对高度 h/d 与拉深次数的关系（无凸缘圆筒形件）

拉深次数	坯料相对厚度 t/D（%）					
	2~1.5	1.5~1.0	1.0~0.6	0.6~0.3	0.3~0.15	0.15~0.06
1	0.94~0.77	0.84~0.65	0.77~0.57	0.62~0.65	0.52~0.45	0.46~0.38
2	1.88~1.54	1.60~1.32	1.36~1.1	1.13~0.94	0.96~0.83	0.9~0.7
3	3.5~2.7	2.8~2.2	2.3~1.8	1.9~1.5	1.6~1.3	1.3~1.1
4	5.6~4.3	4.3~3.5	3.6~2.9	2.9~2.4	2.4~2.0	2.0~1.5
5	8.9~6.6	6.6~5.1	5.2~4.1	4.1~3.3	3.3~2.7	2.7~2.0

注：表中数据适用于08、10等软钢。

判断拉深件能否一次拉深成形，仅需比较所需总的拉深系数 $m_{总}$ 与第一次允许的极限拉深 m_1 的大小即可。当 $m_{总} > m_1$ 时，则该零件可一次拉深成形，否则需要多次拉深。多次拉深时，根据已知条件，由表4-51和表4-52中查得各次的极限拉深系数，然后依次计算出各次拉深直径，即

$d_1 = m_1 D$，$d_2 = m_2 d_1$，…，$d_n = m_n d_{n-1}$，直到 $d_n \leqslant d$。即当计算所得直径 d_n 小于或等于零件直径 d 时，计算的次数即为拉深次数。

（2）各次拉深工序件尺寸的确定

1）工序件直径的确定。拉深次数确定之后，查表可得各次拉深的极限拉深系数，并加以调整（一般是增大），调整的原则如下：

① 保证 $m_1 m_2 \cdots m_n = \dfrac{d}{D}$

② 使 $m_1 < m_2 < \cdots < m_n$

式中　d——零件直径；

D——坯料直径。

最后按调整后的拉深系数计算各次工序件的直径。

$$
\begin{aligned}
d_1 &= m_1 D \\
d_2 &= m_2 d_1 \\
&\vdots \\
d_n &= m_n d_{n-1}
\end{aligned}
\tag{4-76}
$$

2）工序件圆角半径的确定方法将在后续内容详细讨论。

3）工序件高度的计算。根据拉深后工序件表面积与坯料表面积相等的原则，可得到工序件高度计算公式

$$
\begin{aligned}
h_1 &= 0.25\left(\frac{D^2}{d_1} - d_1\right) + 0.43\,\frac{r_1}{d_1}(d_1 + 0.32r_1) \\
h_2 &= 0.25\left(\frac{D^2}{d_2} - d_2\right) + 0.43\,\frac{r_2}{d_2}(d_2 + 0.32r_2) \\
&\vdots \\
h_n &= 0.25\left(\frac{D^2}{d_n} - d_n\right) + 0.43\,\frac{r_n}{d_n}(d_n + 0.32r_n)
\end{aligned}
\tag{4-77}
$$

式中　h_1，h_2，…，h_n——各次工序件高度；

d_1，d_2，…，d_n——各次工序件直径；

r_1，r_2，…，r_n——各次工序件底部圆角半径；

D——坯料直径。

2. 有凸缘筒形件拉深时工序件尺寸的确定及拉深方法

有凸缘筒形件的拉深变形原理与一般圆筒形件是相同的，但由于带有凸缘（见图 4-165），其计算方法及拉深方法与一般圆筒形件有一定的差别。

（1）有凸缘筒形件的拉深变形　有凸缘圆筒形零件的拉深过程和无凸缘圆筒形零件的区别仅在于前者将坯料拉深至某一时刻，达到了零件所要求的凸缘直径 d_t（包括切边余量）时，拉深结束，而不是将凸缘变形区的材料全部拉入凹模内。所以从变形区的应力和应变状态看，两者是相同的。

在拉深有凸缘筒形件时，在同样大小的首次拉深系数 $m_1 = d/D$ 的情况下，采用相同的坯料直径 D 和相同的零件直径 d 时，可以拉深出不同凸缘直径 d_{t1}（$d_{凸1}$）、d_{t2}（$d_{凸2}$）和不同高度 h_1、h_2 的制件，如图 4-166 所示。从图示可知，其 d_t 值越小，h 值越高，拉深变形程度越大。因此，$m_1 = d/D$ 并不能表达拉深有凸缘筒形件时各种不同的 d_t 和 h 的实际变形程度。

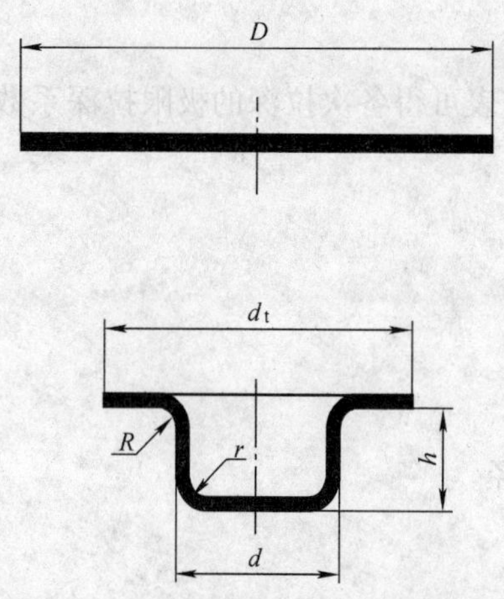

图 4-165　有凸缘圆筒形件与坯料图

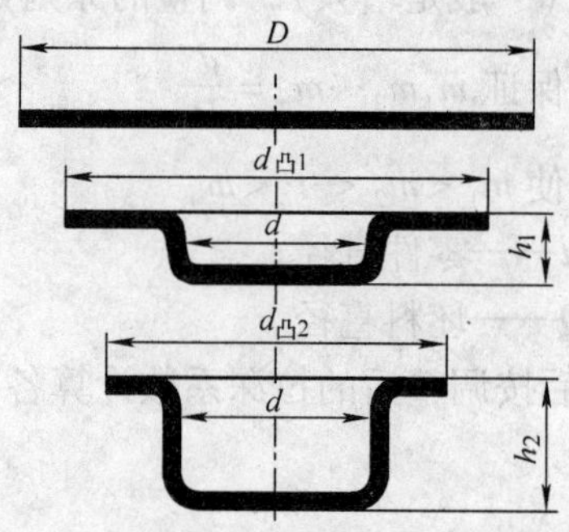

图 4-166　拉深时凸缘尺寸的变化

根据凸缘的相对直径 d_t/d 比值的不同，有凸缘筒形件可分为窄凸缘筒形件（$d_t/d = 1.1 \sim 1.4$）和宽凸缘筒形件（$d_t/d > 1.4$）。窄凸缘筒形件拉深时的工艺计算完全按一般圆筒形零件的计算方法，若 h/d 大于一次拉深的许用值时，只在倒数第二道工序才拉出凸缘或者拉成锥形凸缘，最后校正成水平凸缘，如图 4-167 所示。若 h/d 较小，则第一次可拉成锥形凸缘，然后校正成水平凸缘。

下面着重对宽凸缘件的拉深进行分析，主要介绍其与无凸缘圆筒形件的不同点。当 $R = r$ 时如图 4-165 所示，宽凸缘筒形件坯料直径的计算仍按等面积原理进行。计算公式见表 4-49，其中 d_t 要考虑切边余量 ΔR，其值可查表 4-48。

$$D = \sqrt{d_t^2 + 4dh - 3.44dr} \tag{4-78}$$

根据拉深系数的定义，宽凸缘筒形件总的拉深系数仍可表示为

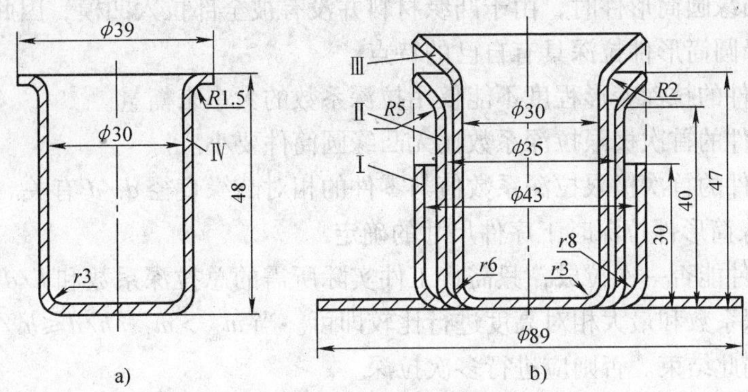

图4-167　窄凸缘件拉深

$$m = \frac{d}{D} = \frac{1}{\sqrt{(d_t/d)^2 + 4h/d - 3.44r/d}} \tag{4-79}$$

式中　D——坯料直径；

d_t——凸缘直径（包括切边余量）；

d——筒部直径（中径）；

r——底部和凸缘部的圆角半径（当料厚大于1mm时，r值按中线尺寸计算）。

从式（4-79）可知，有凸缘筒形件总的拉深系数m取决于以下三个比值：

d_t/d——凸缘的相对直径；

h/d——零件的相对高度；

r/d——相对圆角半径。

其中d_t/d的影响最大，其次是h/d，由于拉深件的圆角半径r较小，所以r/d的影响小。d_t/d和h/d的值越大，表示拉深时坯料变形区的宽度越大，拉深成形的难度越大。当两者的值超过一定值时，便不能一次拉深成形，必须增加拉深次数。表4-54所示为有凸缘圆筒形件第一次拉深成形可能达到的最大相对高度h/d值。

表4-54　有凸缘圆筒形件第一次拉深的最大相对高度h/d

凸缘相对直径 d_t/d	坯料的相对厚度 t/D（%）				
	2～1.5	1.5～1.0	1.0～0.6	0.6～0.3	0.3～0.15
≤1.1	0.90～0.75	0.82～0.65	0.70～0.57	0.61～0.50	0.52～0.45
1.1～1.3	0.80～0.65	0.72～0.56	0.60～0.50	0.53～0.45	0.47～0.40
1.3～1.5	0.70～0.58	0.63～0.50	0.53～0.45	0.48～0.40	0.42～0.35
1.5～1.8	0.58～0.48	0.53～0.42	0.44～0.37	0.39～0.34	0.35～0.29
1.8～2.0	0.51～0.42	0.46～0.36	0.38～0.32	0.34～0.29	0.30～0.25
2.0～2.2	0.45～0.35	0.40～0.31	0.33～0.27	0.29～0.25	0.26～0.22
2.2～2.5	0.35～0.28	0.32～0.25	0.27～0.22	0.23～0.20	0.21～0.17
2.5～2.8	0.27～0.22	0.24～0.19	0.21～0.17	0.18～0.15	0.16～0.13
2.8～3.0	0.22～0.18	0.20～0.16	0.17～0.14	0.15～0.12	0.13～0.10

注：1. 表中数值适用于10钢，比10钢塑性好的金属，取较大的数值；比10钢差的金属，取较小的数值。

2. 表中大的数值适用于大的圆角半径，小的数值适用于底部及凸缘小的圆角半径。

在拉深宽凸缘圆筒形件时，由于凸缘材料并没有被全部拉入凹模，因此同无凸缘圆筒形件相比，宽凸缘圆筒形件拉深具有自己的特点：

1）宽凸缘件的拉深变形程度不能仅用拉深系数的大小来衡量。

2）宽凸缘件的首次极限拉深系数比无凸缘圆筒件要小。

3）宽凸缘件的首次极限拉深系数值与零件的相对凸缘直径 d_t/d 有关。

（2）有凸缘筒形件拉深时工序件尺寸的确定

1）判别工件能否一次拉成，只需将工件实际所需的总拉深系数和 h/d 与凸缘件第一次拉深的极限拉深系数和最大相对高度进行比较即可。当 $m_{总} > m_1$，$h/d \leqslant h_1/d_1$ 时，可一次拉成，工序计算到此结束。否则应进行多次拉深。

有凸缘圆筒形件首次拉深的极限拉深系数见表4-55。后续拉深变形与无凸缘圆筒形件的拉深类同，所以从第二次拉深开始可参照表4-51确定极限拉深系数。

表4-55　有凸缘圆筒形件第一次拉深的极限拉深系数（适用于08、10钢）

凸缘相对直径 d_t/d	坯料的相对厚度 t/D（%）				
	2~1.5	1.5~1.0	1.0~0.6	0.6~0.3	0.3~0.15
≤1.1	0.51	0.53	0.55	0.57	0.59
1.1~1.3	0.49	0.51	0.53	0.54	0.55
1.3~1.5	0.47	0.49	0.50	0.51	0.52
1.5~1.8	0.45	0.46	0.47	0.48	0.48
1.8~2.0	0.42	0.43	0.44	0.45	0.45
2.0~2.2	0.40	0.4	0.42	0.42	0.42
2.2~2.5	0.37	0.38	0.38	0.38	0.38
2.5~2.8	0.34	0.35	0.35	0.35	0.35
2.8~3.0	0.32	0.33	0.33	0.33	0.33

有凸缘筒形件多次拉深成形的原则如下：按表4-54和表4-55确定第一次拉深的最大相对高度和极限拉深系数，第一次就把坯料拉到凸缘直径等于工件所要求的直径 d_t（包括切边量），并在以后的各次拉深中保持 d_t 不变，仅使已拉成的工序件的直筒部分参加变形，直至拉成所需零件为止。

有凸缘筒形件在多次拉深成形过程中特别需要注意的是：d_t 一旦形成，在后续的拉深中就不能变动。因为后续拉深时，d_t 的微量缩小也会使筒壁部分的拉应力过大而使危险断面拉裂。为此，必须正确计算拉深高度。在调节工作行程时，应严格控制凸模进入凹模的深度。但对于多数普通压力机来说，要严格做到这一点有一定困难，而且尺寸计算还有一定误差，再加上拉深时板料厚度有所变化，因此，为保证后续拉深凸缘直径不减小，在设计模具时，通常把第一次拉深时拉入凹模的材料表面积比实际所需的面积多拉进3%~5%（拉深工序多取上限，少取下限），即筒形部的深度比实际的要大些。这部分多拉进凹模的材料从以后的各次拉深中逐步分次返回到凸缘上来（每次1.5%~3%），这样做既可以防止筒壁被拉裂，也能补偿计算上的误差和板材在拉深中的厚度变化，还能方便试模时的调整。返回到凸缘的材料会使筒口处的凸缘变厚或形成微小的波纹，但能保持 d_t 不变，产生的缺陷可通过校正工序得到校正。

2）拉深次数和工序件尺寸的计算。有凸缘筒形件进行多次拉深时，第一次拉深后得到的工序件尺寸，在保证凸缘直径满足要求的前提下，其筒壁直径 d_1 应尽可能小，以减少拉深次数，同时又要能尽量多地将板料拉入凹模。

宽凸缘筒形件的拉深次数仍可用推算法求出。具体的做法为：先假定 d_t/d 的值，由材料相对厚度从表4-55中查出第一次拉深系数 m_1，据此求出 d_1，进而求出 h_1，并根据表4-54所示的最大相对高度验算 m_1 是否正确。若验算合格，则以后各次的半成品直径可以按一般圆筒形件的多次拉深方法，按表4-51所示的拉深系数值进行计算。当计算到 $d_n \leqslant d$（工件直径）时，总的拉深次数 n 就确定了。

各次拉深后的筒部高度可按下式计算

$$h_n = \frac{0.25}{d_n}(D^2 - d_t^2) + 0.43(r_n + R_n) + \frac{0.14}{d_n}(r_n^2 - R_n^2) \tag{4-80}$$

式中　D——考虑每次多拉入筒部的材料量后求得的假想坯料直径；

d_t——拉深件凸缘直径（包括修边量）；

d_n——各次拉深后工序件的直径；

h_n——各次拉深后工序件的高度；

r_n——各次拉深后工序件底部圆角半径；

R_n——各次拉深后工序件凸缘圆角半径。

（3）宽凸缘零件的拉深方法

1）对于薄料、中小型（d_t<200mm）零件，通常靠减小筒壁直径以增加其高度来达到尺寸要求，即圆角半径 r 和 R 在首次拉深时就与 d_t 一起成形到工件的尺寸，在后续的拉深过程中基本保持不变，如图4-168a所示。这种方法拉深时不易起皱，但制成的零件表面质量较差，容易在筒壁和凸缘上残留中间工序形成的圆角弯曲和局部变薄的痕迹，所以最后应加一道压力较大的整形工序。

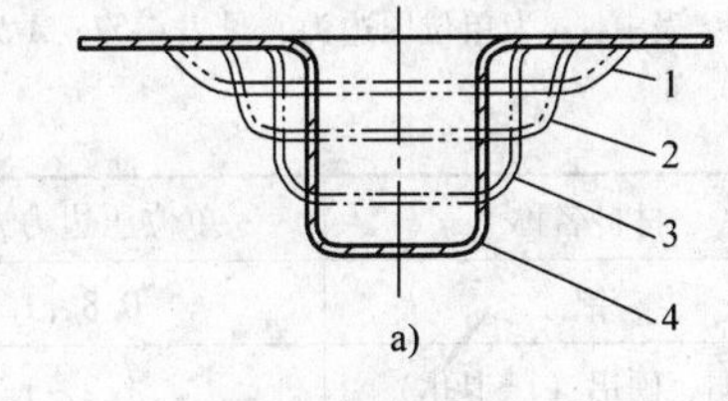

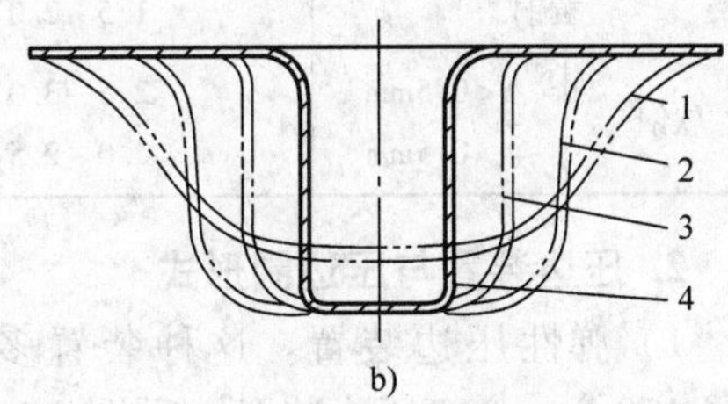

图4-168　宽凸缘拉深件的拉深方法

2）如图4-168b所示，对于 d_t>200mm 的较大型拉深件，其高度在第一次拉深时就基本形成，在以后的拉深过程中基本保持不变，通过减小圆角半径 r 和 R，逐渐缩小筒壁直径而达到最终尺寸要求。此法对厚料更为合适，用本法拉深成形的零件表面光滑平整，厚度均匀，不存在中间工序中圆角弯曲与局部变薄的痕迹。但在第一次拉深时，因圆角半径较大，容易发生起皱。当零件底部圆角半径较小，或者对凸缘有平直度要求时，也需要在最后加一道整形工序。

在实际生产中往往将上述两种方法综合应用。

五、圆筒形件拉深的压边力和拉深力

1. 压边力的计算

施加压边力是为了防止坯料在拉深变形过程中起皱，压边力的大小对拉深件的质量影响很大。如图 4-169 所示，如果 F_Y 太大，会增加危险断面处的拉应力而导致破裂或严重变薄；如果 F_Y 太小，防皱效果不好。从理论上，拉深过程中，当坯料外径 R_t 减小至 $0.85R_0$（R_0 为坯料的半径）时，是起皱最严重的时刻，这时压边力 F_Y 应最大，随后逐渐减小，但这在实际生产中是很难做到的。

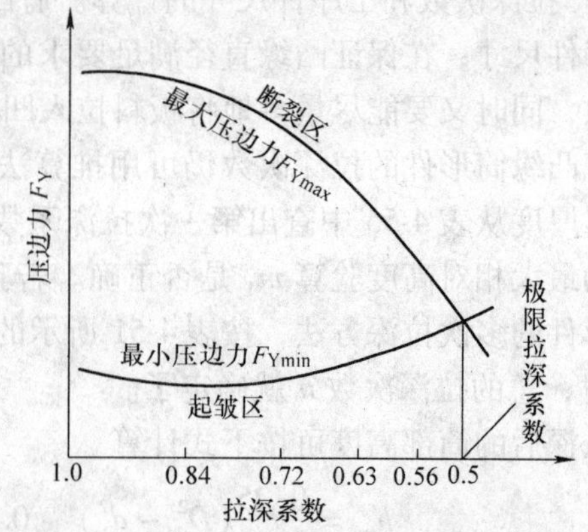

图 4-169　压边力对拉深工作的影响

实际生产中，压边力 F_Y 都有一个调节范围，它的确定是建立在实践基础上的，其计算公式见表 4-56。

生产中也可根据第一次的拉深力 F_1 计算压边力

$$F_Y = 0.25F_1 \tag{4-81}$$

表 4-56　计算压边力的公式

拉深情况	公式
任意拉深件	$F_Y = Ap$
筒形件第一次拉深	$F_Y = \pi\left[D^2 - (d_1 + 2r_1)^2\right] p/4$
筒形件以后各次拉深	$F_Y = \pi\left[d_{n-1}^2 - (d_n + 2r_n)^2\right] p/4$

注：表中，p 为单位压边力，见表 4-57；A 为压边面积。

表 4-57　单位压边力 p

材料名称		单位压边力 p/MPa	材料名称	单位压边力 p/MPa
铝		0.8～1.2	镀锌钢板	2.5～3.0
纯铜、硬铝（已退化）		1.2～1.8	高合金钢不锈钢	3.0～4.5
黄铜		1.5～2.0		
软钢	$t<0.5$mm	2.5～3.0	高温合金	2.8～3.5
	$t>0.5$mm	2.0～2.5		

2. 压边装置与压边圈形式

1）弹性压边装置。这种装置多用于普通冲床。通常有三种：橡皮压边装置（见图 4-170a），弹簧压边装置（见图 4-170b）及气垫式压边装置（见图 4-170c）。这三种压边装置压边力的变化曲线如图 4-170d 所示。另外，氮气弹簧技术也逐渐在模具中使用。气垫式压边装置的压边效果较好，但它结构复杂，制造、使用及维修都比较困难。

随着拉深深度的增加，需要压边的凸缘部分不断减少，故需要的压边力也就逐渐减小。从图 4-170 中可以看出，橡皮及弹簧压边装置的压边力恰好与需要的相反，随拉深深度的增加而增加。因此，橡皮及弹簧压边装置通常只用于浅拉深。

弹簧与橡皮压边装置虽有缺点，但结构简单，单动的中小型压力机采用橡皮或弹簧压边装置还是很方便的。根据生产经验，只要正确地选择弹簧规格及橡皮的牌号和尺寸，就能尽量减少它们的不利方面，充分发挥它们的作用。当拉深行程较大时，应选择总压缩量最大、

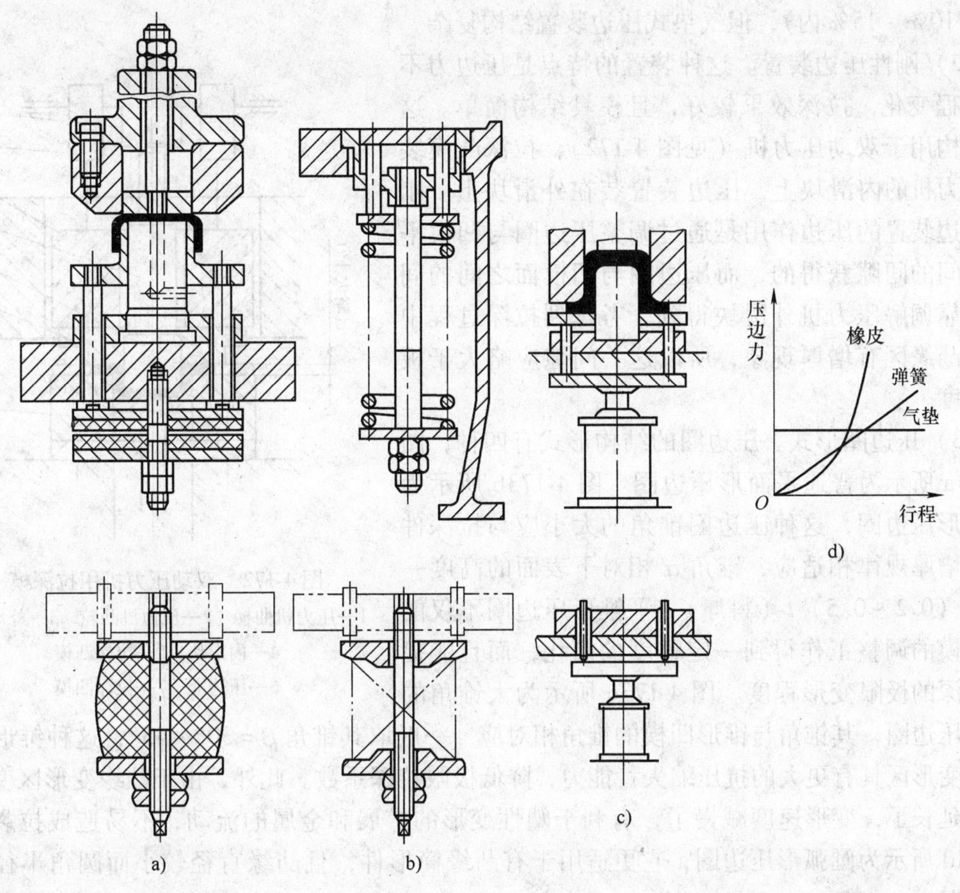

图 4-170　弹性压边装置

压边力随压缩量缓慢增加的弹簧压边装置。橡皮应选用软橡皮（冲裁卸料使用硬橡皮），橡皮的压边力随压缩量增加得很快，因此橡皮的总厚度应选大些，以保证相对压缩量不致过大。建议选取的橡皮总厚度不小于拉深行程的5倍。

在拉深宽凸缘筒形件时，为了克服弹簧和橡皮的缺点，可采用图4-171所示的限位装置（定位销、柱销或螺栓），使压边圈和凹模间始终保持一定的距离S。

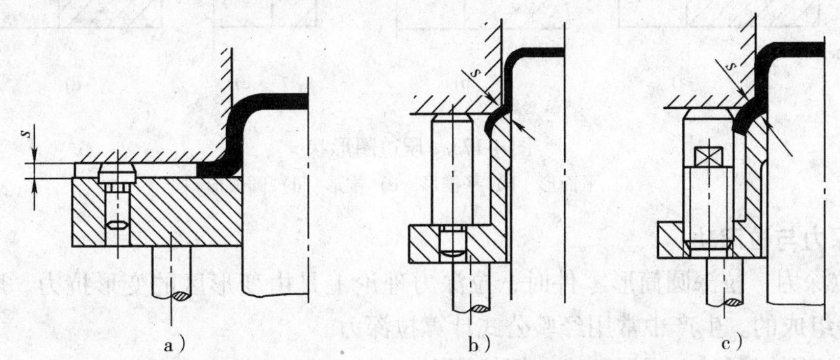

图 4-171　采用限位装置的弹性压边装置

气垫式压边装置的压边效果较好，压边力基本不随工作行程变化（压边力的变化可控制在 10% ~15% 内），但气垫式压边装置结构复杂。

2）刚性压边装置。这种装置的特点是压边力不随行程变化，拉深效果较好，且模具结构简单。这种结构用于双动压力机（见图 4-172），拉深凸模装在压力机的内滑块上，压边装置装在外滑块上。刚性压边装置的压边作用是通过调整压边圈与凹模平面之间的间隙获得的，而压边圈与凹模面之间的间隙则靠调解压力机外滑块得到。考虑到拉深过程中坯料凸缘区有增厚现象，所以这一间隙应略大于板料厚度。

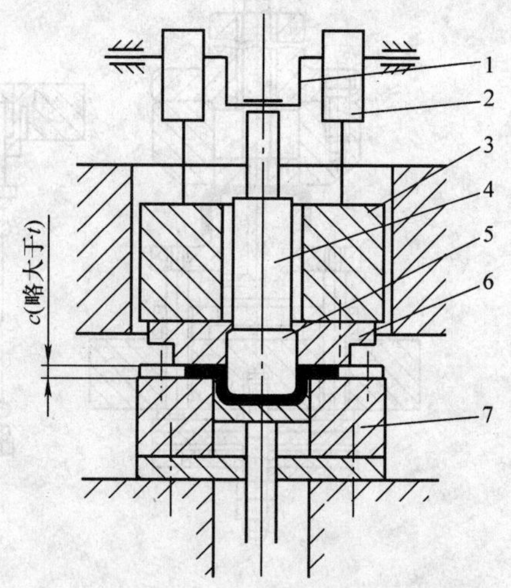

图 4-172　双动压力机用拉深模

1—压力机曲柄　2—压力机凸轮　3—外滑块　4—内滑块　5—拉深凸模　6—压边圈　7—拉深凹模

3）压边圈形式。压边圈的结构形式有四种，图 4-173a 所示为普通平面形压边圈。图 4-173b 所示为平锥形压边圈，这种压边圈锥角的大小应与拉深件壁部增厚规律相适应，锥角 α 相对下表面的高度一般取（0.2 ~0.5）t（料厚）。平锥形压边圈不仅能使冲模的调整工作得到一定程度的简化，而且能提高拉深的极限变形程度。图 4-173c 所示为大锥角的锥形压边圈，其锥角与锥形凹模的锥角相对应，一般取其锥角 $\beta = 30° \sim 45°$，这种锥形过渡使得变形区具有更大的抗压缩失稳能力，降低极限拉深系数。此外，由于凸缘变形区变形的过程延长了，变形速度减慢了，有利于塑性变形的扩展和金属的流动，不易造成拉裂。图 4-173d 所示为圆弧形压边圈，它更适用于有凸缘筒形件，且凸缘直径较小而圆角半径较大的情况。

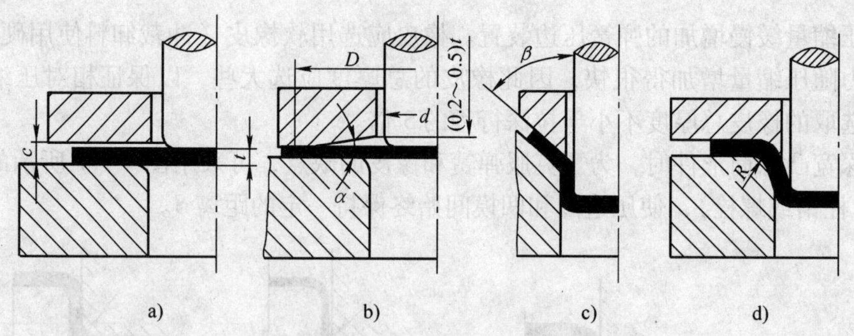

图 4-173　压边圈形状

a）平面形　b）平锥形　c）锥形　d）圆弧形

3. 拉深力与拉深功

（1）拉深力　拉深圆筒形零件时，拉深力理论上是由变形区的变形抗力、摩擦力和弯曲变形力等组成的。生产中常用经验公式计算拉深力。

采用压边圈拉深时，可用下式计算拉深力。

第一次拉深

$$F = \pi d_1 t \sigma_b K_1 \tag{4-82}$$

以后各次拉深　$$F_n = \pi d_n t \sigma_b K_2 \tag{4-83}$$

不采用压边圈拉深时，可用下式计算拉深力。

第一次拉深　$$F = 1.25\pi(D - d_1) t \sigma_b \tag{4-84}$$

以后各次拉深　$$F_n = 1.3\pi(d_{n-1} - d_n) t \sigma_b \tag{4-85}$$

式中　F、F_n——拉深力（kN）；

t——板料厚度（mm）；

D——坯料直径（mm）；

$d_1, \cdots, d_n$——各次拉深后的工序件直径（mm）；

σ_b——材料的抗拉强度（MPa）；

K_1、K_2——修正系数，见表4-58。

表4-58　修正系数 K_1 及 K_2 值

m_1	0.55	0.57	0.60	0.62	0.65	0.67	0.70	0.72	0.75	0.77	0.80	—	—	—
K_1	1.0	0.93	0.86	0.79	0.72	0.66	0.60	0.55	0.50	0.45	0.40	—	—	—
$m_2, \cdots, m_n$	—	—	—	—	—	—	0.70	0.72	0.75	0.77	0.80	0.85	0.90	0.95
K_2	—	—	—	—	—	—	1.0	0.95	0.90	0.85	0.80	0.70	0.60	0.50

当拉深行程较大，特别是采用落料、拉深复合工序的模具结构时，不能简单地将落料力与拉深力叠加来选择压力机，因为压力机的公称压力是指在接近下死点时的压力机压力，而不是整个行程中的压力。因此，应该注意压力机的压力曲线。否则很可能由于过早地出现最大冲压力而使压力机超载损坏。如图4-174所示，虽然落料力与拉深力之和小于压力机公称压力，但落料时已超载了，这是不允许的。一般可按下式作概略计算：

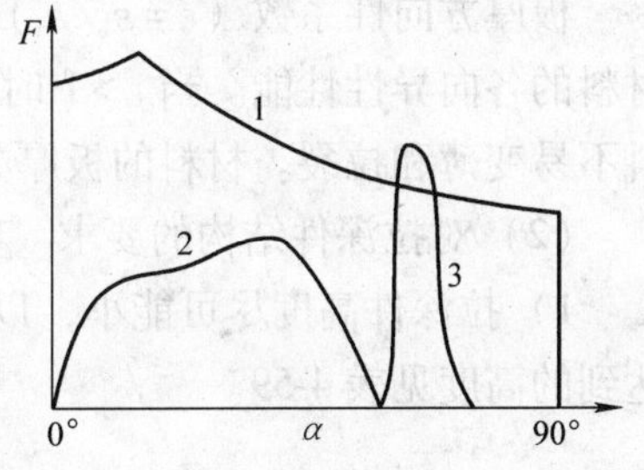

图4-174　拉深力与压力机的压力曲线

1—压力机的压力曲线

2—拉深力　3—落料力

浅拉深时，$$\sum F \leqslant (0.7 \sim 0.8) F_0 \tag{4-86}$$

深拉深时，$$\sum F \leqslant (0.5 \sim 0.6) F_0 \tag{4-87}$$

式中　$\sum F$——拉深力和压边力的总和，复合冲压时，还包括其他力；

F_0——压力机的公称压力。

（2）拉深功　选择压力机时，应满足压力机电动机功率的要求。因此，首先计算拉深功

$$W = \frac{C F_{max} h}{1000} \tag{4-88}$$

式中　W——拉深功（J）；

F_{max}——最大拉深力（N）；

h——拉深深度（凸模工作行程）（mm）；

C——系数，与拉深力曲线有关，C 值可取0.6～0.8。

压力机的电动机功率计算公式为

$$P = \frac{KWn}{60 \times 1000 \times \eta_1 \eta_2} \tag{4-89}$$

式中　P——电动机功率（kW）；

K——不均衡系数，$K=1.2\sim1.4$；

η_1——压力机效率，$\eta_1=0.6\sim0.8$；

η_2——电动机效率，$\eta_2=0.9\sim0.95$；

n——压力机每分钟行程数。

六、拉深件工艺性分析

拉深件的工艺性是指拉深件采用拉深成形工艺的难易程度。良好的工艺性应具有坯料消耗少、工序数目少，模具结构简单、加工容易，产品质量稳定、废品少以及操作简单方便等特点。在设计拉深件时，应根据材料拉深时的变形特点和规律，提出满足工艺性的要求。

（1）对拉深件材料的要求　拉深件的材料应具有良好的塑性、低得屈强比、大的板厚方向性系数和小的板平面方向性。

屈强比（σ_s/σ_b）值越小，一次拉深允许的极限变形程度越大，拉深的性能越好。例如，低碳钢的屈强比 $\sigma_s/\sigma_b\approx0.57$，其一次拉深的最小拉深系数为 $m=0.48\sim0.50$；65Mn 的屈强比 $\sigma_s/\sigma_b\approx0.63$，其一次拉深的最小拉深系数为 $m=0.68\sim0.70$。相关标准规定，拉深用的钢板，其屈强比不大于 0.66。

板厚方向性系数（$r=\varepsilon_b/\varepsilon_t$）是指板料式样单向拉伸时，宽向和厚向应变之比，反映了材料的各向异性性能。当 $r>1$ 时，材料宽度方向上的变形比厚度方向容易，拉深过程中材料不易变薄和拉裂。材料的板厚方向性系数 r 值越大，其拉深性能越好。

（2）对拉深件结构的要求

1）拉深件高度尽可能小，以便能通过 1～2 次拉深工序成形。圆筒形零件一次拉深可达到的高度见表 4-59。

表 4-59　一次拉深的极限高度

材料	铝	硬铝	黄铜	软钢
拉深相对高度 h/d	0.73～0.75	0.60～0.65	0.75～0.80	0.68～0.72

2）拉深件的形状尽可能简单、对称，以保证变形均匀。对于半敞开的非对称拉深件（见图 4-175），可成对拉深后再剖切成两件。

3）在保证装配要求的前提下，应允许拉深件侧壁有一定的斜度。

4）拉深件的底或凸缘上的孔边到侧壁的距离应满足：$a\geqslant R+0.5t$（或 $r+0.5t$）。

5）有凸缘的拉深件，最好满足 $d_t\geqslant d+12t$，而且外轮廓与横截面最好形状相似。否则，拉深困难，切边余量大。在凸缘面上有下凹的拉深件，如图 4-176 所示，若下凹的轴线与拉深方向一致，可以拉出。若下凹的轴线与拉深方向垂直，则只能在最后校正时压出。

6）为了使拉深顺利进行，凸缘圆角半径应满足 $R\geqslant2t$，$R<0.5$mm 时，应增加整形工序；底部圆角半径应满足 $r\geqslant t$，不满足时应增加整形工序，每整形一次，r 可减小 1/2。

（3）对拉深件精度的要求

1）由于拉深件各部位的料厚有较大变化，所以零件图上的尺寸应明确标注是外形尺寸还是内形尺寸，不能同时标注内外尺寸。

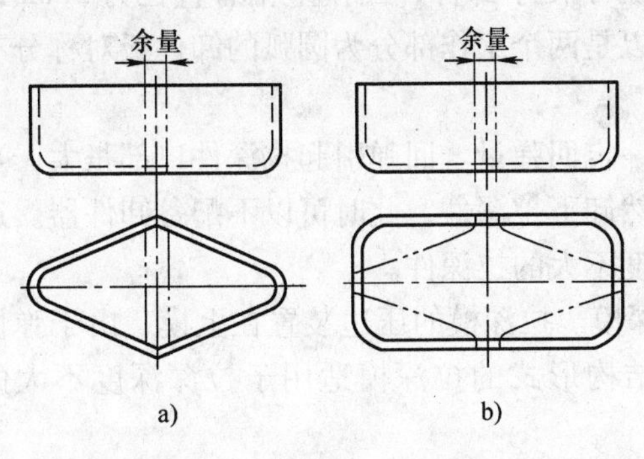

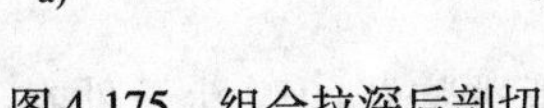

图4-175　组合拉深后剖切

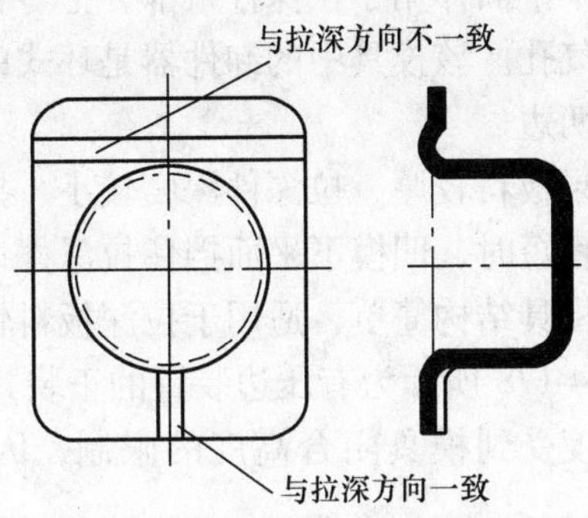

图4-176　凸缘面上有下凹的拉深件

2）由于拉深件有回弹，所以零件横截面的尺寸公差一般都在IT12以下。如果零件尺寸公差要求高于IT12时，应增加整形工序来提高尺寸精度。

3）拉深件壁厚尺寸公差要求一般不应超出拉深工艺壁厚变化规律。据统计，不变薄拉深，壁的最大增厚量约为（0.2～0.3）t；最大变薄量约为（0.10～0.18）t（t为板料厚度）。

4）对于多次拉深的零件，外表面或凸缘的表面允许有拉深过程中产生的印痕和口部回弹变形，但必须保证尺寸在公差范围之内。

七、拉深模的典型结构

1. 单动压力机用拉深模

（1）首次拉深模　图4-177所示为无压边装置的首次拉深模。拉深件直接从凹模下面落

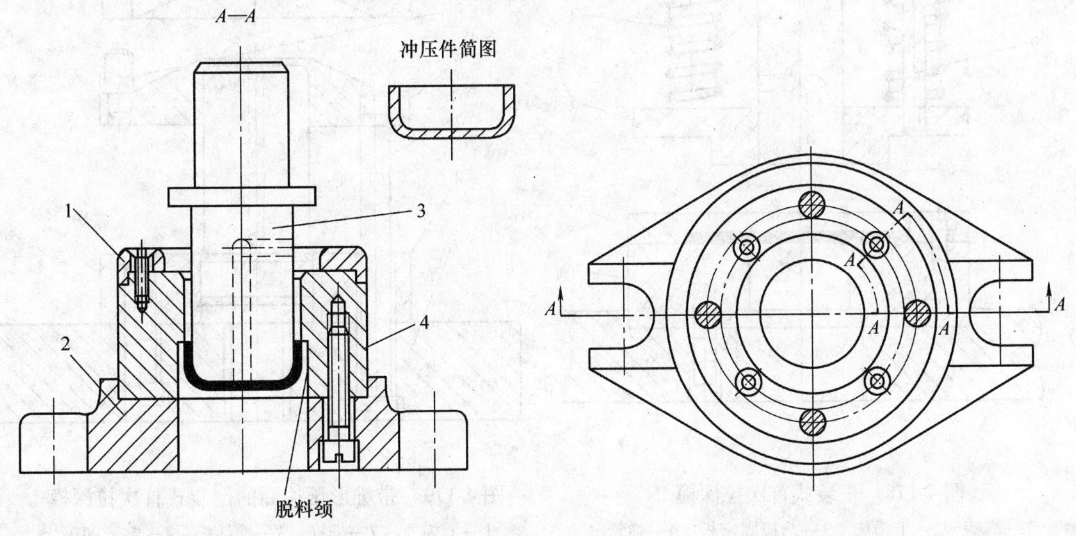

图4-177　无压边装置的首次拉深模

1—定位板　2—下模板　3—拉深凸模　4—拉深凹模

下。为了从凸模上卸下拉深件，在凹模下装有卸件器，当拉深工作行程结束，凸模回程时，卸件器下平面作用于拉深件口部，把零件卸下。为了便于卸件，凸模上钻有直径为 3mm 以上的通气孔。该模具中的卸件器是环式的，还可以是两个工作部分为圆弧的卸件板对称分布于凸模两边。

如果板料较厚，拉深件深度较小，拉深后有一定回弹量。回弹引起拉深件口部张大，当凸模回程短时，凹模下平面挡住拉深件口部而自然卸下拉深件，此时可以不配备卸件器。这种拉深模具结构简单，适用于拉深板料较厚而深度不大的拉深件。

图 4-178 所示为有压边装置的正装式首次拉深模。拉深模的压边装置在上模，由于弹性元件高度受到模具闭合高度的限制，因而这种结构形式的拉深模适用于拉深深度不大的零件。

图 4-179 所示为倒装式的具有锥形压边圈的拉深模，压边装置的弹性元件在下模下面，工作行程较大，可用于拉深深度较大的零件，应用广泛。

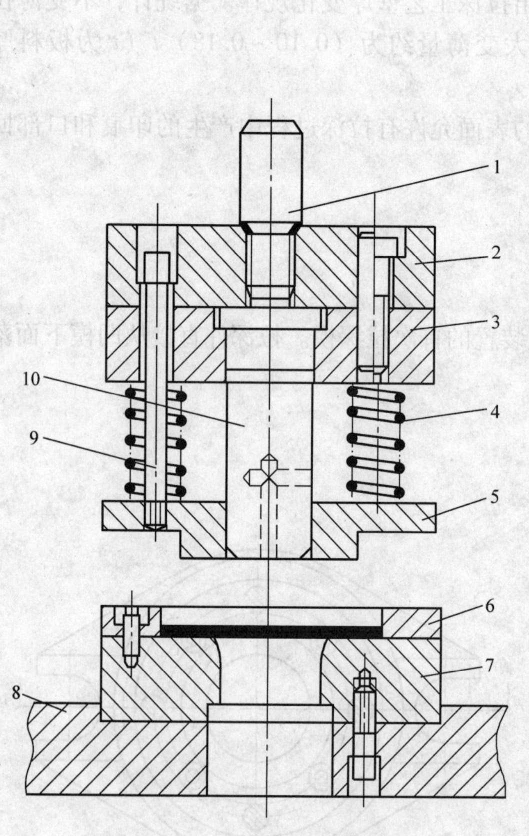

图 4-178　正装式首次拉深模

1—模柄　2—上模座　3—凸模固定板　4—弹簧　5—压边圈　6—定位板　7—凹模　8—下模座　9—卸料螺钉　10—凸模

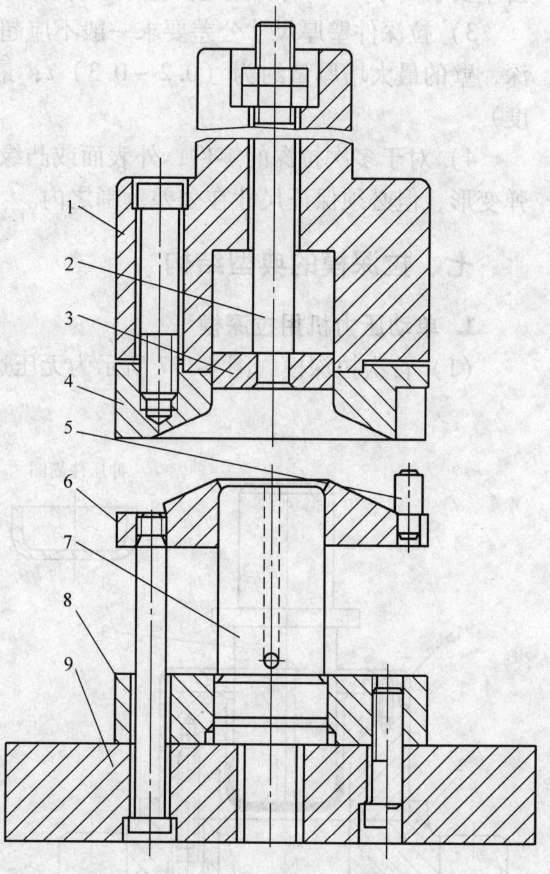

图 4-179　带锥形压边圈的倒装式首次拉深模

1—上模座　2—推杆　3—推件板　4—锥形凹模　5—限位柱　6—锥形压边圈　7—拉深凸模　8—固定板　9—下模座

（2）以后各次拉深模　图4-180所示为无压边装置的以后各次拉深模。该模具的凸模、凹模及定位圈可以更换，以拉深一定尺寸范围的不同拉深件。

图4-181所示为有压边装置的以后各次拉深模，其压边装置带有三个限位柱。压边圈又起工序件的内形定位圈作用。

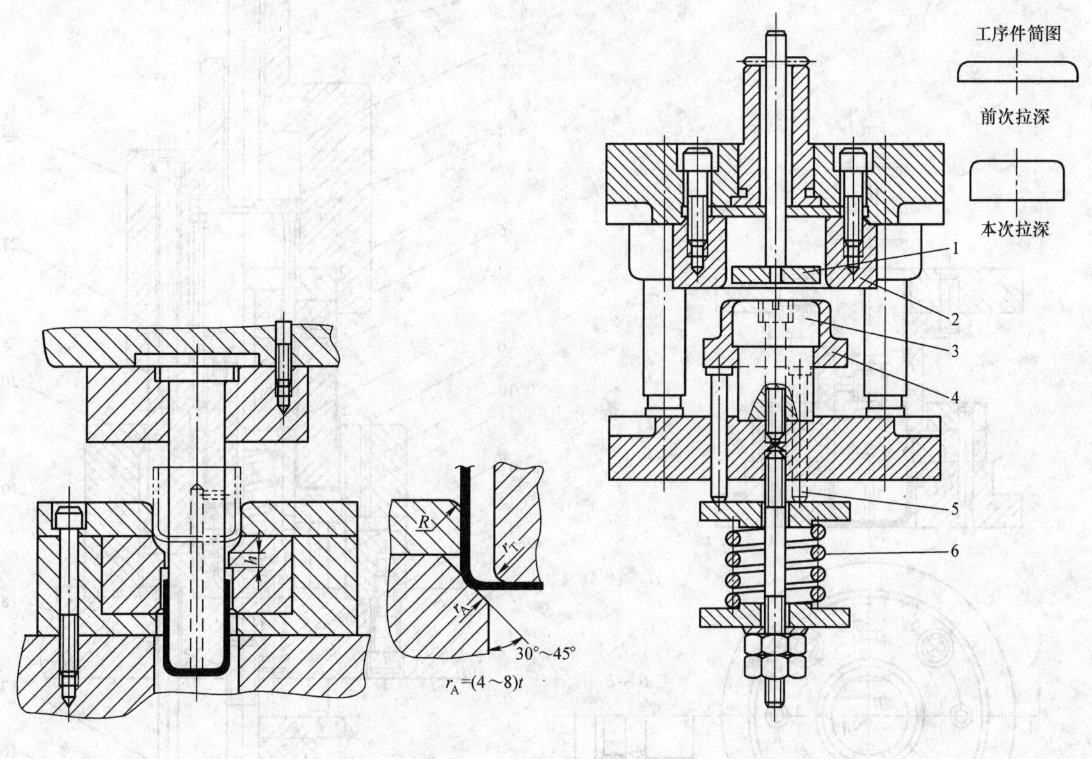

图4-180　无压边装置的以后各次拉深模

图4-181　有压边装置的以后各次拉深模
1—推件板　2—拉深凹模　3—拉深凸模
4—压边圈　5—顶杆　6—弹簧

2. 双动压力机用拉深模

（1）双动压力机用首次拉深模　双动压力机用首次拉深模如图4-172所示，下模由凹模、定位板、凹模固定板和下模座组成。上模的压边圈和上模座固定在外滑块上，凸模通过凸模固定杆固定在内滑块上。该模具可用于拉深有凸缘或无凸缘的筒形拉深件。

（2）双动压力机用以后各次拉深模　图4-182所示为双动压力机用以后各次拉深模。模具与首次拉深模不同之处是，所用坯料是拉深后的工序件，定位板较厚，拉深后的零件利用一对与上模座固定的卸件板从凸模上卸下来。该模具适用于拉深无凸缘的拉深件。

3. 落料拉深复合模

图4-183所示为一副落料、正拉深、反拉深复合模。图4-184所示为一副再次拉深、冲孔、切边复合模。

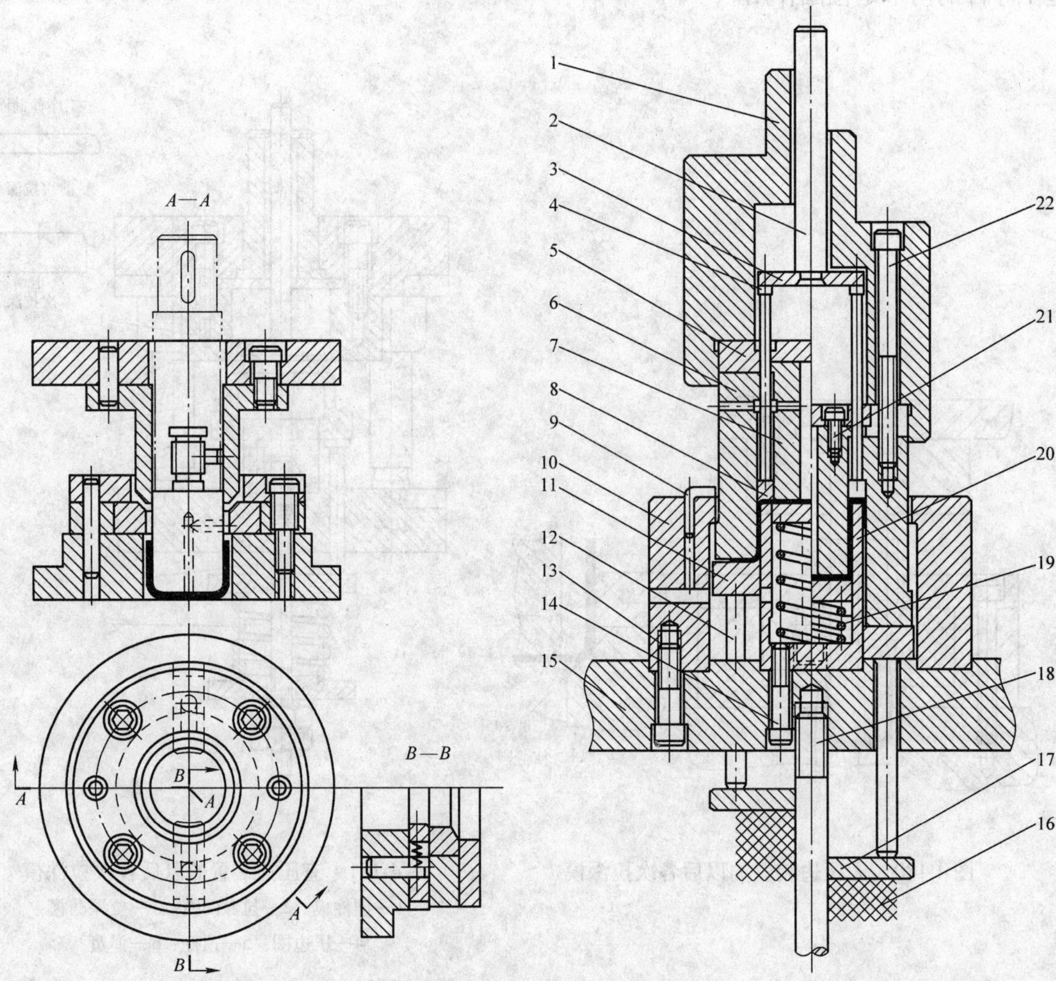

图 4-182　双动压力机用以后各次拉深模

图 4-183　落料、正、反拉深复合模

1—模柄　2—打杆　3—推板　4—推杆　5—上模固定板　6—外凸凹模　7—拉深凸模料凹模　8—推件板　9—定位销　10—凹模　11—压料板　12—顶杆　13、14、21、22—螺钉　15—下模座　16—橡胶　17—顶板　18—螺栓　19—弹簧　20—内凸凹模

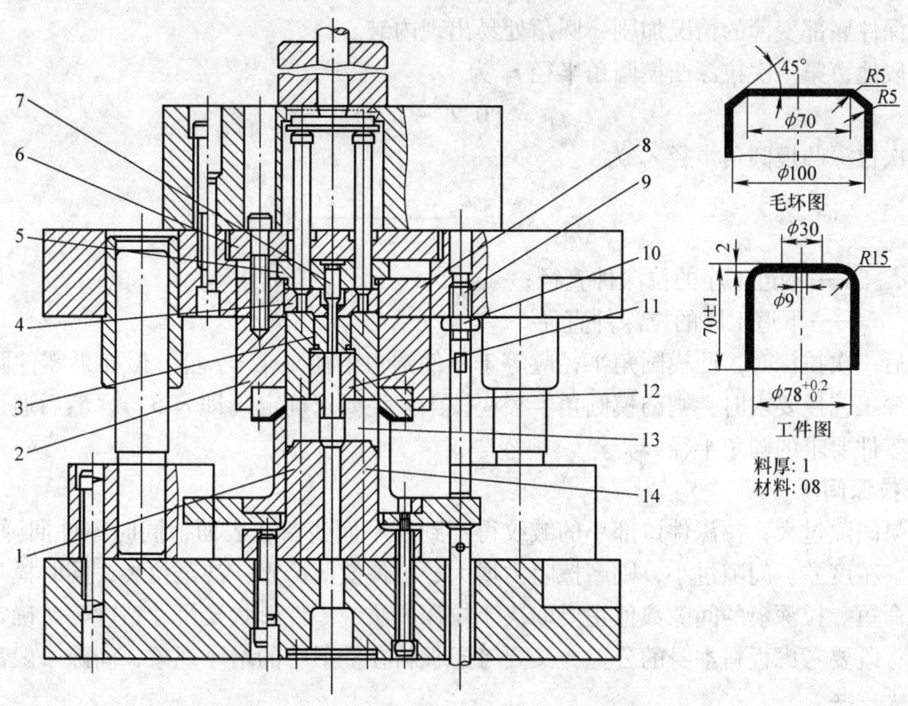

图4-184　再次拉深、冲孔、切边复合模

1—压边圈　2—凹模固定板　3—冲孔凹模　4—推件板　5—凸模固定板　6—垫板　7—冲孔凸模　8—拉深凸模　9—限位螺栓　10—螺母　11—垫柱　12—拉深切边凹模　13—切边凸模　14—固定块

八、筒形件拉深模工作部分设计

1. 凹模圆角半径和凸模圆角半径

1）凹模圆角半径 r_A。拉深时，平板坯料经过凹模圆角流入凸、凹模间隙形成零件的筒壁。当 r_A 较小时，材料经过凹模圆角部分时的变形阻力较大，引起摩擦力增大，结果使拉深变形抗力增大，拉深力增大。拉深力增大容易使危险断面处材料严重变薄甚至拉裂。在这种情况下，材料变形受限制，必须采用较大的拉深系数。较小的 r_A 还会使拉深件表面刮伤，结果使工件的表面质量受损。另外，r_A 较小时，材料对凹模的压力增大，模具磨损加剧，使模具的寿命缩短。

r_A 太大时，坯料变形区与凹模表面的接触面积减小。在拉深后期，坯料外缘过早脱离压边作用而起皱，导致拉深件质量不好，在侧壁下部和口部形成皱褶。

生产上一般应尽量避免采用过小的凹模圆角半径，在保证工件质量的前提下尽量取较大的 r_A 值，以满足模具寿命的要求。通常可按如下经验公式计算

$$r_A = 0.8\sqrt{(D-d)t} \tag{4-90}$$

$$r_{An} = (0.6 \sim 0.8)r_{A(n-1)} \geqslant 2t \tag{4-91}$$

式中　D——坯料直径或上道工序拉深件直径；

d——本道工序拉深件的直径。

2）凸模圆角半径 r_T。凸模圆角半径对拉深的影响不像凹模圆角半径那样显著。r_T 过小，坯料在该处受到较大的弯曲变形，使危险断面的强度降低，过小的 r_T 会引起危险断面局部变薄甚至拉裂，也影响拉深件的表面质量。r_T 过大时，凸模端面与坯料接触面积减小，

易使拉深件底部变薄的情况加剧，圆角处易出现内皱。

一般地，第一次拉深凸模圆角半径 r_T 为

$$r_T = (0.7 \sim 1.0) r_A \tag{4-92}$$

以后各次拉深凸模圆角半径 r_T 为

$$r_{T(n-1)} = \frac{d_{n-1} - d_n - 2t}{2} \tag{4-93}$$

式中　d_{n-1}——本道工序的拉深件直径；

d_n——下道工序的拉深件直径。

最后一次拉深时，凸模圆角半径应等于零件圆角半径，$r_{Tn} = r_{零件}$。但如果零件圆角半径小于拉深工艺性要求时，则凸模圆角半径应按工艺性要求确定（即 $r_T > t$），然后通过整形工序得到零件要求的圆角半径 $r_{零件}$。

2. 拉深间隙

如果间隙过大，拉深件口部小的皱纹得不到挤平而残留在表面，同时零件回弹变形大、有锥度、精度差。间隙过小，则摩擦阻力增大、零件变薄严重，甚至拉裂，同时模具磨损加大，寿命短。拉深模的间隙数值主要取决于拉深方法、零件形状及尺寸精度等。确定间隙的原则是：既要考虑板料本身的公差，又要考虑板料在变形中的增厚现象，间隙一般都比坯料厚度略大一些。

（1）无压边圈拉深模具的单边间隙

$$Z = (1 \sim 1.1) t_{max}（最后一次拉深取小值） \tag{4-94}$$

式中　Z——拉深模单边间隙；

t_{max}——板料厚度的最大极限尺寸。

（2）有压边圈拉深模具的单边间隙　有压边圈拉深模具的单边间隙值可按表4-60确定。

表4-60　有压边圈拉深模具的单边间隙值

总拉深次数	拉深工序	单边间隙 Z	总拉深次数	拉深工序	单边间隙 Z
1	一次拉深	$(1 \sim 1.1)t$	4	第一、二次拉深	$1.2t$
2	第一次拉深	$1.1t$		第三次拉深	$1.1t$
	第二次拉深	$(1 \sim 1.05)t$		第四次拉深	$(1 \sim 1.05)t$
3	第一次拉深	$1.2t$	5	第一、二、三次拉深	$1.2t$
	第二次拉深	$1.1t$		第四次拉深	$1.1t$
	第三次拉深	$(1 \sim 1.05)t$		第五次拉深	$(1 \sim 1.05)t$

对于精度要求高的拉深件，为了减小回弹、提高工件表面质量和尺寸精度，最后一次常采用拉深间隙值为：$Z = (0.9 \sim 0.95)t$。

（3）拉深模凸、凹模间隙取向原则

1）除最后一次拉深外，对其余各工序的拉深间隙不作规定。

2）最后一次拉深，当零件要求外形尺寸时，间隙取在凸模上；当零件要求内形尺寸时，间隙取在凹模上。

3. 凸模和凹模工作部分的尺寸及制造公差

对凸、凹模工作部分的尺寸及公差进行设计时，应考虑到拉深件的回弹、壁厚不均匀性

和模具的磨损规律：回弹导致零件的口部尺寸增大；筒壁上、下厚度的差异导致零件精度不高；模具磨损最严重的是凹模，凸模磨损最小。因此，设计凸凹模时应遵循如下原则：

1）对于多次拉深，工序件尺寸无须严格要求，所以中间各工序的凸、凹模尺寸可按下式计算

$$D_A = D_{0}^{+\delta_A} \tag{4-95}$$

$$D_T = (D - 2Z)_{-\delta_T}^{0} \tag{4-96}$$

式中　D——各工序件的基本尺寸。

2）最后一道工序的凸、凹模尺寸和公差应按零件的要求来确定。当零件要求外形尺寸时，如图4-185a所示，以凹模为设计基准，先计算凹模尺寸，再确定凸模尺寸。

$$D_A = (D_{max} - 0.75\Delta)_{0}^{+\delta_A} \tag{4-97}$$

$$D_T = (D_A - 2Z)_{-\delta_T}^{0} \tag{4-98}$$

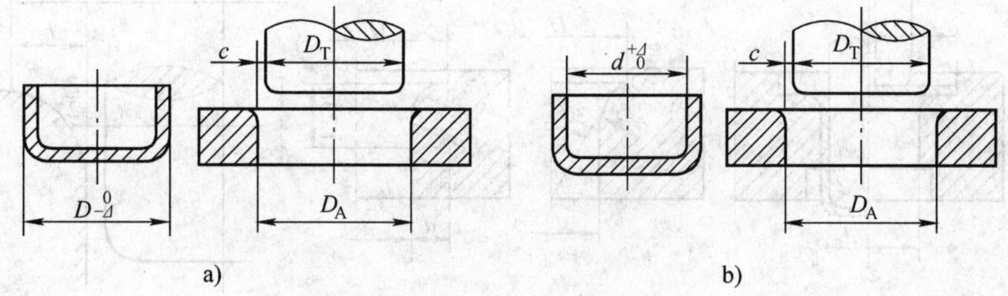

图4-185　拉深件尺寸与模具尺寸

当零件要求内形尺寸时，如图4-185b所示，以凸模为设计基准，先计算凸模尺寸，再确定凹模尺寸。

$$d_T = (d_{min} + 0.4\Delta)_{-\delta_T}^{0} \tag{4-99}$$

$$d_A = (d_T + 2Z)_{0}^{+\delta_A} \tag{4-100}$$

式中　D_A、d_A——凹模尺寸；

D_T、d_T——凸模尺寸；

D_{max}、d_{min}——拉深件外径的最大极限尺寸和拉深件内径的最小极限尺寸；

Δ——零件的公差；

δ_A、δ_T——凹、凸模制造公差（根据拉深件的公差等级来选定，见表4-61）；

Z——拉深模间隙。

表4-61　凹模制造公差 δ_A 与凸模制造公差 δ_T　（单位：mm）

材料厚度 t	拉伸件直径 d					
	≤20		20~100		>100	
	δ_A	δ_T	δ_A	δ_T	δ_A	δ_T
≤0.5	0.02	0.01	0.03	0.02	—	—
0.5~1.5	0.04	0.02	0.05	0.03	0.08	0.05
>1.5	0.06	0.04	0.08	0.05	0.10	0.06

注：1. 当零件公差为IT3以上者，δ采用IT6~IT8；当零件公差为IT14以下者，δ采用IT10。

2. 凸模工作表面的表面粗糙度一般要求为$Ra0.8\mu m$，圆角和端面为$Ra1.6\mu m$。

3. 凹模工作平面与模腔表面的表面粗糙度要求为$Ra0.8\mu m$，圆角表面一般要求为$Ra0.4\mu m$。

4. 凸模和凹模的结构

凸、凹模的结构设计在保证其工作强度的情况下，要有利于拉深变形金属的流动，有利于提高拉深件的质量和提高板料的成形性能，减少拉深次数。当拉深件的材料、形状、尺寸，拉深方法和变形程度不同时，模具的结构亦不同。拉深凸模与凹模的结构形式取决于工件的形状、尺寸，拉深方法及拉深次数等工艺要求，不同的结构形式对拉深的变形情况、变形程度及产品的质量均有不同的影响。

（1）不用压边圈的拉深模　当坯料的相对厚度（t/D）较大时，拉深时不易起皱，不需用压边圈。图4-186所示为不用压边圈一次拉深成形时使用的凹模结构形式。锥形凹模对抗失稳起皱有利，这种模具在拉深的初期就使坯料呈曲面形状，因而较平端面拉深凹模具有更大的抗失稳能力，故可以采用更小的拉深系数进行拉深。

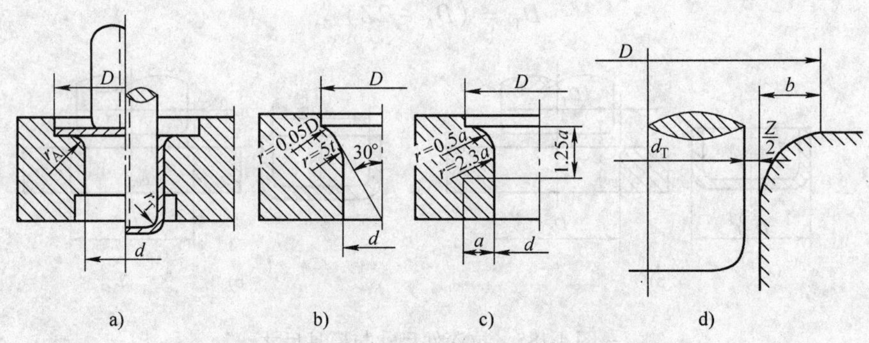

图4-186　无压边圈一次拉深成形的凹模结构
a）圆弧形　b）锥形　c）渐开线形　d）等切面形

图4-187所示为无压边圈多次拉深的凸、凹模结构，其中 $a=5\sim10\text{mm}$，$b=2\sim5\text{mm}$。

（2）有压边圈的拉深模　当坯料的相对厚度（t/D）较小时，必须采用压边圈进行多次拉深。图4-188a所示的凸、凹模具有圆角结构，用于拉深直径 $d\leqslant100\text{mm}$ 的拉深件。图4-188b所示的凸、凹模具有斜角结构用于拉深直径 $d\geqslant100\text{mm}$ 的拉深件。这种有斜角的凸模和凹模，除具有改善金属的流动、减小变形抗力、材料不易变薄等一般锥形凹模的特点外，还可减轻坯料反复弯曲变形的程度，提高零件侧壁的质量，使坯料在下次工序中容易定位。

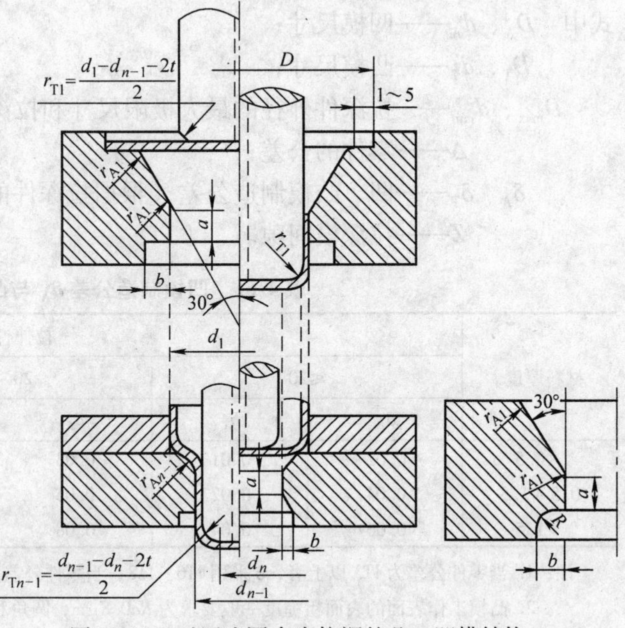

图4-187　无压边圈多次拉深的凸、凹模结构

不论采用哪种结构，均需注意前后两道工序的凸、凹模在形状和尺寸上的协调，使前道工序得到的半成品形状有利于后道工序的成形。例如，

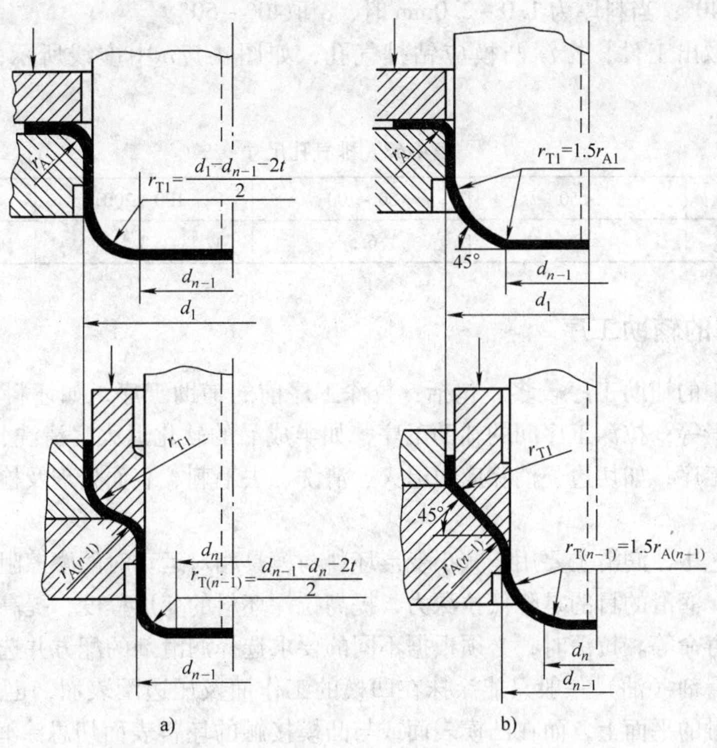

图 4-188 有压边圈多次拉深的凸、凹模结构

压边圈的形状和尺寸应与前道工序凸模的相应部分相同，拉深凹模的锥面角度 α 也要与前道工序凸模的斜角一致，前道工序凸模的锥顶直径 d_1' 应比后续工序凸模的直径 d_2 小，以避免坯料在 A 部可能产生不必要的反复弯曲（见图 4-189），使拉深件筒壁的质量变差等。

为了使零件在最后一次拉深后底部保持平整，如果是圆角结构的冲模，其最后一次拉深凸模圆角半径的圆心应与倒数第二次拉深凸模圆角半径的圆心位于同一条中心线上；如果是斜角的冲模结构，则倒数第二次（第 $n-1$ 道工序）拉深凸模底部的斜线应与最后一次拉深的凸模圆角半径相切，如图 4-190 所示。

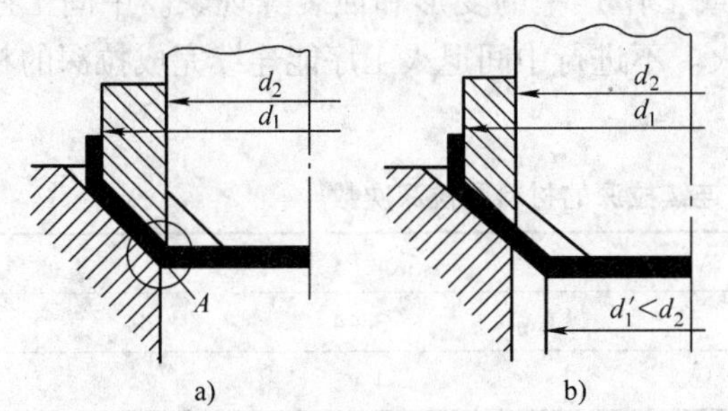

图 4-189 最后拉深中坯料底部尺寸的变化

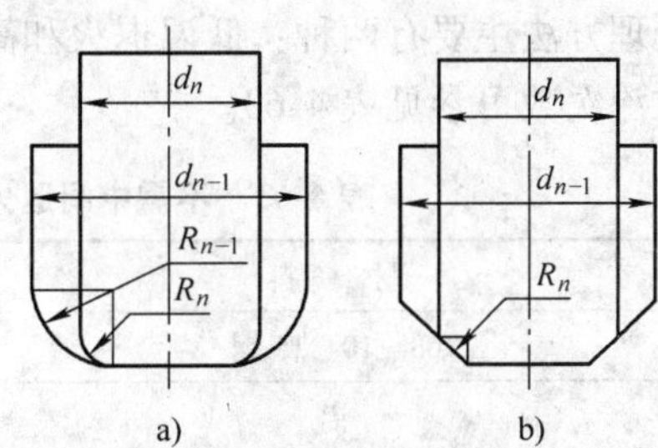

图 4-190 最后拉深工序凸模底部的设计

凸模与凹模的锥角 α 对拉深有一定的影响。α 大对拉深变形有利，但 α 过大时，相对厚度小的材料可能要起皱，因而 α 的大小可根据材料的厚度确定。一般当料厚为 0.5~1.0mm

时，α 取30°~40°；当料厚为1.0~2.0mm时，α 取40°~50°。

为了便于取出工件，拉深凸模应钻排气孔，如图4-177中虚线所示，其尺寸可查表4-62。

表4-62　排气孔尺寸　（单位：mm）

凸模直径	<50	50~100	100~200	>200
排气孔直径	5	6.5	8	9.5

九、拉深的辅助工序

拉深工艺中的辅助工序较多，包括：拉深工序前的辅助工序，如坯料的软化退火、清洗、喷漆及润滑等；拉深工序间的辅助工序，如半成品的软化退火、清洗、修边和润滑等；拉深后的辅助工序，如切边、消除应力退火、清洗、去毛刺、表面处理及检验等。

1. 润滑

在拉深工艺中，润滑主要用于减小变形坯料与模具相对运动时的摩擦阻力，同时也有一定的冷却作用。润滑的目的是降低拉深力，提高拉深坯料的变形程度，提高产品的表面质量以及延长模具寿命等。拉深时，必须根据不同的要求选择润滑剂的配方并选择正确的润滑方法。例如，润滑剂（油）一般只能涂抹在凹模的工作面及压边圈表面，也可以涂抹在拉深坯料与凹模接触的平面上，而在凸模表面或与凸模接触的坯料表面切忌涂润滑剂（油）等。常用的润滑剂参见有关冲压设计资料。值得注意的是，当拉深应力较大且接近材料的强度极限 σ_b 时，应采用质量分数不少于20%的粉状填料的润滑剂，以防止润滑液在拉深中被高压挤掉而失去润滑功效，也可以采用磷酸盐表面处理后再涂润滑剂。

2. 热处理

拉深工艺中的热处理是指落料坯料的软化处理、拉深工序间半成品的退火及拉深后零件的消除应力的热处理。落料坯料的软化处理是为了降低硬度，提高塑性，提高拉深变形程度，使拉深系数 m 减小，提高板料的冲压成形性能。拉深工序间半成品的退火是为了消除拉深变形的加工硬化，恢复材料的塑性，以保证后续拉深工序顺利实现。对某些金属材料（如不锈钢、高温合金及黄铜等）拉深成形的零件，拉深后在规定时间内进行热处理，目的是消除变形后的残余应力，防止零件在存放（或工作）中的变形和蚀裂等现象。中间工序的热处理方法主要有两种：低温退火和高温退火。不进行中间退火工序能连续完成拉深的材料及拉深次数可参见表4-63。

表4-63　不需中间退火工序能连续拉深的材料及拉深次数

材　料	次　数
08、10、15钢	3~4
铝	4~5
黄铜（H68）	2~4
不锈钢	1~2
镁合金	1
钛合金	1

3. 酸洗

酸洗是对拉深前热处理后的平板坯料、中间退火工序后的半成品及拉深后的零件进行清洗的工序，目的在于清除拉深零件表面的氧化皮、残留润滑剂及污物等。在对零件酸洗前，一般应先用苏打水去油。酸洗后还需要仔细进行表面洗涤，以便将残留于零件表面上的酸液洗掉。其方法是，先在流动的冷水中清洗，然后放在60～80℃的弱碱液中中和，最后用热水洗涤并干燥。有关酸洗溶液配方见冲压设计资料。

【任务实施】

图4-191所示为无凸缘筒形拉深件，分析此拉深件的工艺性，并设计拉深模具结构。批量生产，材料为08钢，料厚为2mm。

1. 零件工艺性分析

(1) 材料分析　08钢为优质碳素结构钢，强度、硬度很低，而韧性和塑性极高，具有良好的冲裁、拉深成形性能，属于深拉深级别钢。抗拉强度 $\sigma_b \geqslant 325\text{MPa}$，屈服点 $\sigma_s \geqslant 195\text{MPa}$。

(2) 结构分析　零件为一无凸缘筒形件，结构简单，对称，变形均匀；底部圆角半径为 $R3\text{mm} \geqslant t$，拉深能够顺利进行。因此，零件具有良好的结构工艺性。

(3) 精度分析　零件上尺寸均为未注公差尺寸，普通落料、拉深即可达到零件的精度要求。

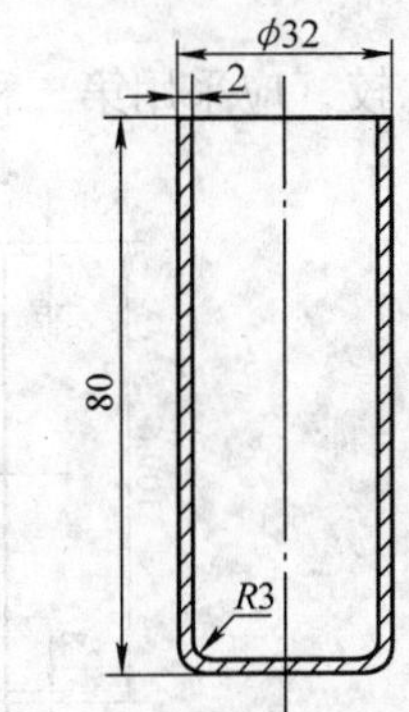

图4-191　无凸缘筒形拉深件

2. 冲压工艺方案的确定

零件的生产包括落料、拉深（需计算确定拉深次数）及切边等工序。为了提高生产效率，可以考虑工序的复合，经比较决定采用落料与第一次拉深复合，经多次拉深成形后，由机械加工方法切边以保证零件高度的生产工艺。

3. 拉深件工艺计算

(1) 坯料尺寸的计算

1) 确定零件修边余量。零件的相对高度

$$\frac{h}{d} = \frac{80-1}{32-2} = 2.63$$

查得修边余量 $\Delta h = 6\text{mm}$，所以修正后拉深件的总高应为 $79\text{mm} + 6\text{mm} = 85\text{mm}$。

2) 确定坯料尺寸 D。由无凸缘筒形拉深件坯料尺寸计算公式得

$$\begin{aligned} D &= \sqrt{d^2 + 4dh - 1.72dr - 0.56r^2} \\ &= \sqrt{30^2 + 4 \times 30 \times 85 - 1.72 \times 30 \times 4 - 0.56 \times 4^2}\text{mm} \\ &\approx 105\text{mm} \end{aligned}$$

(2) 排样计算　零件采用单直排排样方式，查得零件间的搭边值为1.5mm，零件与条料侧边之间的搭边值为1.8mm。若模具采用无侧压装置的导料板结构，则条料上零件的步距为106.5mm，条料的宽度应为

$$B = (D_{max} + 2a + c)_{-\Delta}^{0}$$
$$= (105 + 2 \times 1.8 + 1)_{-0.7}^{0}\text{mm}$$
$$= 109.6_{-0.7}^{0}\text{mm}$$

选用规格为 2mm×1000mm×1500mm 的板料，计算裁料方式如下：

裁成宽 109.6mm、长 1000mm 的条料，则每张板料所出零件数为

$$\frac{1500}{109.6} \times \frac{1000}{106.5} = 13 \times 9 = 117$$

裁成宽 109.6mm、长 1500mm 的条料，则每张板料所出零件数为

$$\frac{1000}{109.6} \times \frac{1500}{106.5} = 9 \times 14 = 126$$

经比较，应采用第二种裁法，零件的排样图如图 4-192 所示。

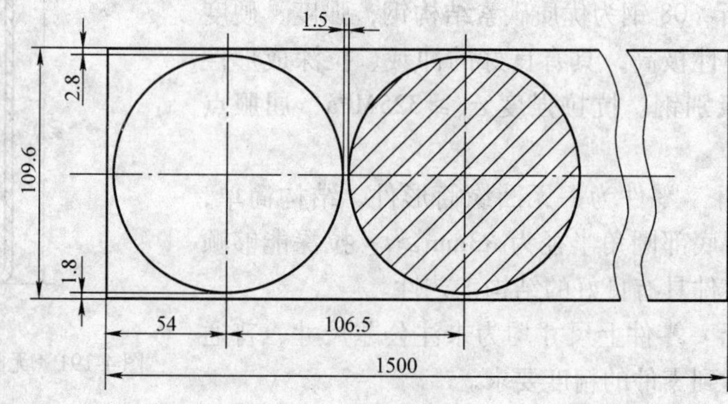

图 4-192　排样图

一个步距内材料的利用率为

$$\eta = \frac{A}{BS} \times 100\% = \frac{3.14 \times (105/2)^2}{109.6 \times 106.5} \times 100\% = 74.1\%$$

（3）拉深工序件尺寸的计算

1）判断是否采用压边圈。零件的相对厚度 $\frac{t}{D} \times 100\% = \frac{2}{105} \times 100\% = 1.9\%$。查得压边圈为可用可不用的范围，为了保证零件质量，减少拉深次数，决定采用压边圈。

2）确定拉深次数。查得零件的各次极限拉深系数分别为 $m_1 = 0.5$，$m_2 = 0.75$，$m_3 = 0.78$，$m_4 = 0.8$。所以每次拉深后筒形件的直径分别为

$$d_1 = m_1 D = 0.5 \times 105\text{mm} = 52.5\text{mm}$$
$$d_2 = m_2 d_1 = 0.75 \times 52.5\text{mm} = 39.38\text{mm}$$
$$d_3 = m_3 d_2 = 0.78 \times 39.38\text{mm} = 30.72\text{mm}$$
$$d_4 = m_4 d_3 = 0.8 \times 30.72\text{mm} = 24.58\text{mm} < 30\text{mm}$$

由从上计算可知，共需 4 次拉深。

3）确定各工序件直径。调整各次拉深系数分别为 $m_1 = 0.53$，$m_2 = 0.78$，$m_3 = 0.82$，$m_4 = \frac{d}{D} \times \frac{1}{m_1 m_2 m_3} = 0.843$，则调整后每次拉深所得筒形件的直径为

$$d_1 = m_1 D = 0.53 \times 105\text{mm} = 55.65\text{mm}$$

$$d_2 = m_2 d_1 = 0.78 \times 55.65\text{mm} = 43.41\text{mm}$$

$$d_3 = m_3 d_2 = 0.82 \times 43.41\text{mm} = 35.60\text{mm}$$

$$d_4 = m_4 d_3 = 0.843 \times 35.60\text{mm} = 30\text{mm}$$

4）确定各工序件圆角半径。根据拉深件圆角半径计算公式，取各次拉深筒形件圆角半径分别为

$$r_1 = 8\text{mm},\ r_2 = 6.5\text{mm},\ r_3 = 5\text{mm},\ r_4 = 4\text{mm}$$

中间拉深工序的凸、凹模圆角半径均匀递减至工件所需要的圆角半径，有时也可有几道工序圆角半径相同。

5）确定各工序件高度。

$$h_1 = 0.25 \times (\frac{D^2}{d_1} - d_1) + 0.43 \times \frac{r_1}{d_1}(d_1 + 0.32r_1)$$

$$= 0.25 \times (\frac{105^2}{55.65} - 55.65)\text{mm} + 0.43 \times \frac{8}{55.65} \times (55.65 + 0.32 \times 8)\text{mm}$$

$$= 39.22\text{mm}$$

$$h_2 = 0.25 \times (\frac{D^2}{d_2} - d_2) + 0.43 \times \frac{r_2}{d_2}(d_2 + 0.32r_2)$$

$$= 0.25 \times (\frac{105^2}{43.41} - 43.41)\text{mm} + 0.43 \times \frac{6.5}{43.41} \times (43.41 + 0.32 \times 6.5)\text{mm}$$

$$= 55.57\text{mm}$$

$$h_3 = 0.25 \times (\frac{D^2}{d_3} - d_3) + 0.43 \times \frac{r_3}{d_3}(d_3 + 0.32r_3)$$

$$= 0.25 \times (\frac{105^2}{35.60} - 35.60)\text{mm} + 0.43 \times \frac{5}{35.60} \times (35.60 + 0.32 \times 5)\text{mm}$$

$$= 70.77\text{mm}$$

$$h_4 = 85\text{mm}$$

以上计算所得工序件有关尺寸都是中线尺寸，拉深工序件图如图4-193所示。

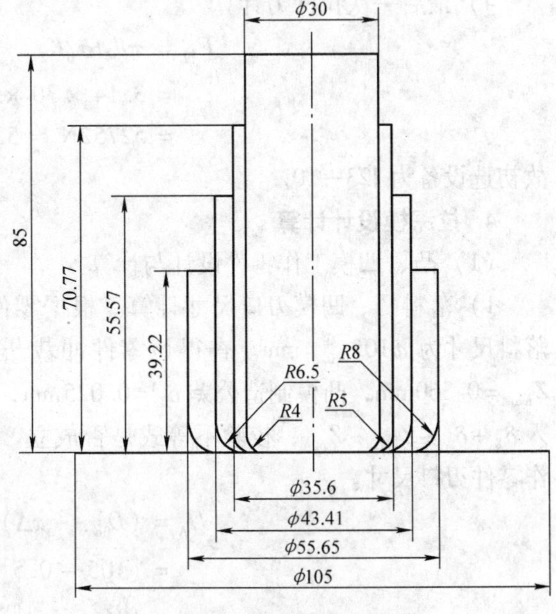

图4-193　无凸缘筒形拉深件

由以上计算可知，该零件需拉深4次成形，其最终的加工工艺路线为：落料与首次拉深复合→第二次拉深→第三次拉深→第四次拉深→机加工切边。

（4）拉深力、压料力的计算及压力机的选择

1）落料拉深复合模生产效率高，但要保证落料-拉深复合工序的顺利实现，不能简单地将落料力与拉深力叠加以后去选择压力机，应该注意压力机的压力曲线。模具为落料拉深复合模，动作顺序是先落料后拉深，现分别计算落料力 $F_{落}$、拉深力 $F_{拉}$ 和压边力 $F_{压}$，修正系数 K_1、K_2 查表4-58，p 查表4-57。

$$F_{落} = KLt\tau$$
$$= 1.3 \times 3.14 \times 105 \times 2 \times 320\text{N}$$
$$= 274310.4\text{N} \approx 274.3\text{kN}$$
$$F_{拉} = \pi d_1 t \sigma_b K_1$$
$$= 3.14 \times 55.65 \times 2 \times 400 \times 1\text{N}$$
$$= 139792.8\text{N} \approx 139.8\text{kN}$$
$$F_{压} = \frac{\pi}{4}[D^2 - (d_1 + t + 2r_1)^2]p$$
$$= \frac{\pi}{4}[105^2 - (55.65 + 2 + 2 \times 8)^2] \times 2.2\text{N}$$
$$= 9672.37\text{N} \approx 9.7\text{kN}$$

因为拉深力与压边力的和小于落料力，即 $F_{拉} + F_{压} = (139.8 + 9.7)\text{kN} = 149.5\text{kN} < F_{落}$，所以应按照落料力的大小选用设备。初选设备为 J23—35。

2）第二次拉深力计算

$$F_{拉} = \pi d_2 t \sigma_b K_2$$
$$= 3.14 \times 43.41 \times 2 \times 400 \times 0.85\text{N}$$
$$= 92689.03\text{N} \approx 92.7\text{kN}$$

故初选设备为 J23—10。

3）第三次拉深力计算

$$F_{拉} = \pi d_3 t \sigma_b K_2$$
$$= 3.14 \times 35.60 \times 2 \times 400 \times 0.80\text{N}$$
$$= 71541.76\text{N} \approx 71.5\text{kN}$$

故初选设备为 J23—10。

4）最后一次拉深力计算

$$F_{拉} = \pi d_4 t \sigma_b K_2$$
$$= 3.14 \times 30 \times 2 \times 400 \times 0.70\text{N}$$
$$= 52752\text{N} \approx 52.8\text{kN}$$

故初选设备为 J23—10。

4. 拉深模设计计算

（1）凸、凹模工作零件设计与计算

1）落料凸、凹模刃口尺寸计算。根据零件形状特点，刃口尺寸计算采用分开制造法。落料尺寸为 $\phi105_{-0.87}^{\ 0}$mm。查得该零件冲裁凸、凹模最小间隙 $Z_{min} = 0.246$mm，最大间隙 $Z_{max} = 0.360$mm，凸模制造公差 $\delta_T = 0.025$mm，凹模制造公差 $\delta_A = 0.035$mm。将以上各值代入 $\delta_T + \delta_A \leqslant Z_{max} - Z_{min}$，校验不等式是否成立。经校验，不等式成立，所以可按下式计算工作零件刃口尺寸。

$$D_A = (D_{max} - x\Delta)_{\ 0}^{+\delta_A}$$
$$= (105 - 0.5 \times 0.87)_{\ 0}^{+0.035}\text{mm}$$
$$= 104.565_{\ 0}^{+0.035}\text{mm}$$

$$D_T=(D_A-Z_{min})_{-\delta_T}^{\ 0}$$
$$=(104.565-0.246)_{-0.025}^{\ 0}\text{mm}$$
$$=104.319_{-0.025}^{\ 0}\text{mm}$$

2）拉深凸、凹模工作零件尺寸计算。对于多次拉深的第一次拉深及中间各次拉深，工序尺寸没有必要严格要求，其凸、凹模尺寸取工序件尺寸即可。零件尺寸标注在外形，所以工作部分尺寸计算以凹模为基准。

$$D_A=D_{\ 0}^{+\delta_A}$$
$$D_T=(D_A-2Z)_{-\delta_T}^{\ 0}$$

式中　D_A——凹模基本尺寸；

D_T——凸模基本尺寸；

D——工序件的基本尺寸；

Z——凸、凹模的单边间隙，查表4-60；

δ_A、δ_T——凸、凹模的制造公差，查表4-61。

① 首次拉深凸、凹模尺寸计算。首次拉深后，零件直径为55.65mm，得 $Z=1.2t=2.4\text{mm}$，$\delta_A=0.08\text{mm}$、$\delta_T=0.05\text{mm}$，则

首次拉深凹模

$$D_A=(d_1+t)_{\ 0}^{+\delta_A}=(55.65+2)_{\ 0}^{+0.08}\text{mm}=57.65_{\ 0}^{+0.08}\text{mm}$$

首次拉深凸模

$$D_T=(D_A-2Z)_{-\delta_T}^{\ 0}=(57.65-2.4)_{-0.05}^{\ 0}\text{mm}=55.25_{-0.05}^{\ 0}\text{mm}$$

② 二次拉深凸、凹模尺寸计算。第二次拉深后，零件直径为43.41mm，查表得 $Z=1.2t=2.4\text{mm}$，$\delta_A=0.08\text{mm}$、$\delta_T=0.05\text{mm}$，则

二次拉深凹模

$$D_A=(d_2+t)_{\ 0}^{+\delta_A}=(43.41+2)_{\ 0}^{+0.08}\text{mm}=45.41_{\ 0}^{+0.08}\text{mm}$$

二次拉深凸模

$$D_T=(D_A-2Z)_{-\delta_T}^{\ 0}=(45.41-2.4)_{-0.05}^{\ 0}\text{mm}=43.01_{-0.05}^{\ 0}\text{mm}$$

③ 三次拉深凸、凹模尺寸计算。第三次拉深后，零件直径为35.60mm，查表得 $Z=1.1t=2.2\text{mm}$，$\delta_A=0.08\text{mm}$、$\delta_T=0.05\text{mm}$，则

三次拉深凹模

$$D_A=(d_3+t)_{\ 0}^{+\delta_A}=(35.60+2)_{\ 0}^{+0.08}\text{mm}=37.60_{\ 0}^{+0.08}\text{mm}$$

三次拉深凸模

$$D_T=(D_A-2Z)_{-\delta_T}^{\ 0}=(37.60-2.2)_{-0.05}^{\ 0}\text{mm}=35.40_{-0.05}^{\ 0}\text{mm}$$

④ 最后一次拉深凸、凹模尺寸计算。零件外形尺寸为32±0.04mm，查表得 $Z=1.05t=2.1\text{mm}$，$\delta_A=0.08\text{mm}$、$\delta_T=0.05\text{mm}$，则

最后一次拉深凹模

$$D_A=(d_{max}-0.75\Delta)_{\ 0}^{+\delta_A}=(32.04-0.75\times0.08)_{\ 0}^{+0.08}\text{mm}=31.98_{\ 0}^{+0.08}\text{mm}$$

最后一次拉深凸模

$$D_T=(D_A-2Z)_{-\delta_T}^{\ 0}=(31.98-2.1)_{-0.05}^{\ 0}\text{mm}=29.88_{-0.05}^{\ 0}\text{mm}$$

（2）拉深凸、凹模圆角半径的计算

1）首次拉深凹、凸模圆角半径

首次拉深凹模圆角半径

$$r_{A1} = 0.8\sqrt{(D-d)t} = 0.8\sqrt{(105-30)\times 2}\text{mm} = 9.8\text{mm}$$

首次拉深凸模圆角半径

$$r_{T1} = (0.7\sim 1.0)r_{A1} = (6.86\sim 9.8)\text{mm，取 8mm}$$

2）第二次拉深凹、凸模圆角半径

第二次拉深凹模圆角半径

$$r_{A2} = (0.6\sim 0.8)r_{A1} = (0.6\sim 0.8)\times 9.8\text{mm} = (5.88\sim 7.84)\text{mm，取 6.5mm}$$

第二次拉深凸模圆角半径

$$r_{T2} = 6.5\text{mm}$$

3）第三次拉深凹、凸模圆角半径

第三次拉深凹模圆角半径

$$r_{A3} = (0.6\sim 0.8)r_{A2} = (0.6\sim 0.8)\times 6.5\text{mm} = (3.9\sim 5.2)\text{mm，取 5mm}$$

第三次拉深凸模圆角半径

$$r_{T1} = 5\text{mm}$$

4）最后一次拉深凹、凸模圆角半径

最后一次拉深凹模圆角半径

$$r_{A4} = (0.6\sim 0.8)r_3 = (0.6\sim 0.8)\times 5\text{mm} = (3\sim 4)\text{mm，取 4mm}$$

最后一次拉深凸模圆角半径

$$r_{T4} = 3\text{mm}$$

5. 拉深模装配图、零件图

（1）落料拉深复合模零部件设计

1）首次拉深标准模架的选用。标准模架的选用依据为凹模的外形尺寸，所以应首先计算凹模周界的大小。根据凹模高度和壁厚的计算公式得

凹模高度

$$H = Kb = 0.2\times 105\text{mm} = 21\text{mm}$$

凹模壁厚

$$C = (1.5\sim 2)H = 1.8\times 21\text{mm} \approx 38\text{mm}$$

所以凹模的外径为 $D = (105 + 2\times 38)\text{mm} = 181\text{mm}$

以上计算仅为参考值。由于本套模具为落料拉深复合模，所以凹模高度受拉深件高度的影响必然会有所增加，其具体高度将在绘制装配图（见图 4-194）时确定。另外，为了保证凹模有足够的强度，将其外径增大到200mm。模具采用后置导柱模架，根据以上计算结果，查得模架规格为

上模座：200mm×200mm×45mm。

下模座：200mm×200mm×50mm。

导柱：32mm×190mm。

导套：32mm×105mm×43mm。

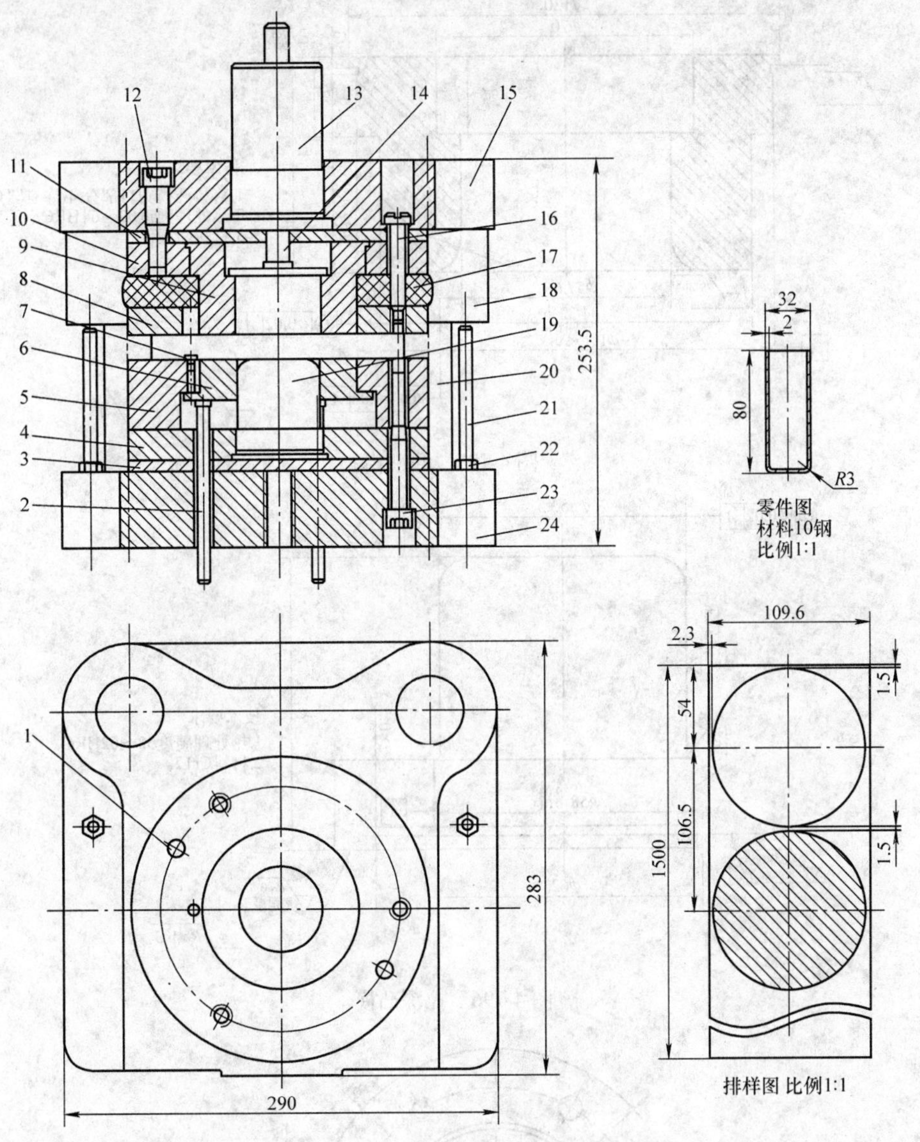

图4-194　落料拉深复合模

1—销钉　2—顶杆　3—垫板　4—凸模固定板　5—落料凹模　6—顶件块　7—挡料销　8—卸料板　9—凸凹模　10—凸凹模固定板　11—垫板　12—固定螺钉　13—模柄　14—打杆　15—上模座　16—卸料螺钉　17—橡胶弹性体　18—导套　19—拉深凸模　20—导柱　21—导料螺栓　22—螺母　23—固定螺钉　24—下模座

2）其他零部件结构。拉深凸模将直接由连接件固定在下模座上。凸凹模由凸凹模固定板固定，两者采用过渡配合。模柄采用凸缘式模柄，根据设备上模柄孔尺寸，选用规格为A50×100的模柄。

本实例只绘制凸凹模、拉深凸模、凸凹模固定板及凸模固定板四个零件图，如图4-195~图4-198所示。

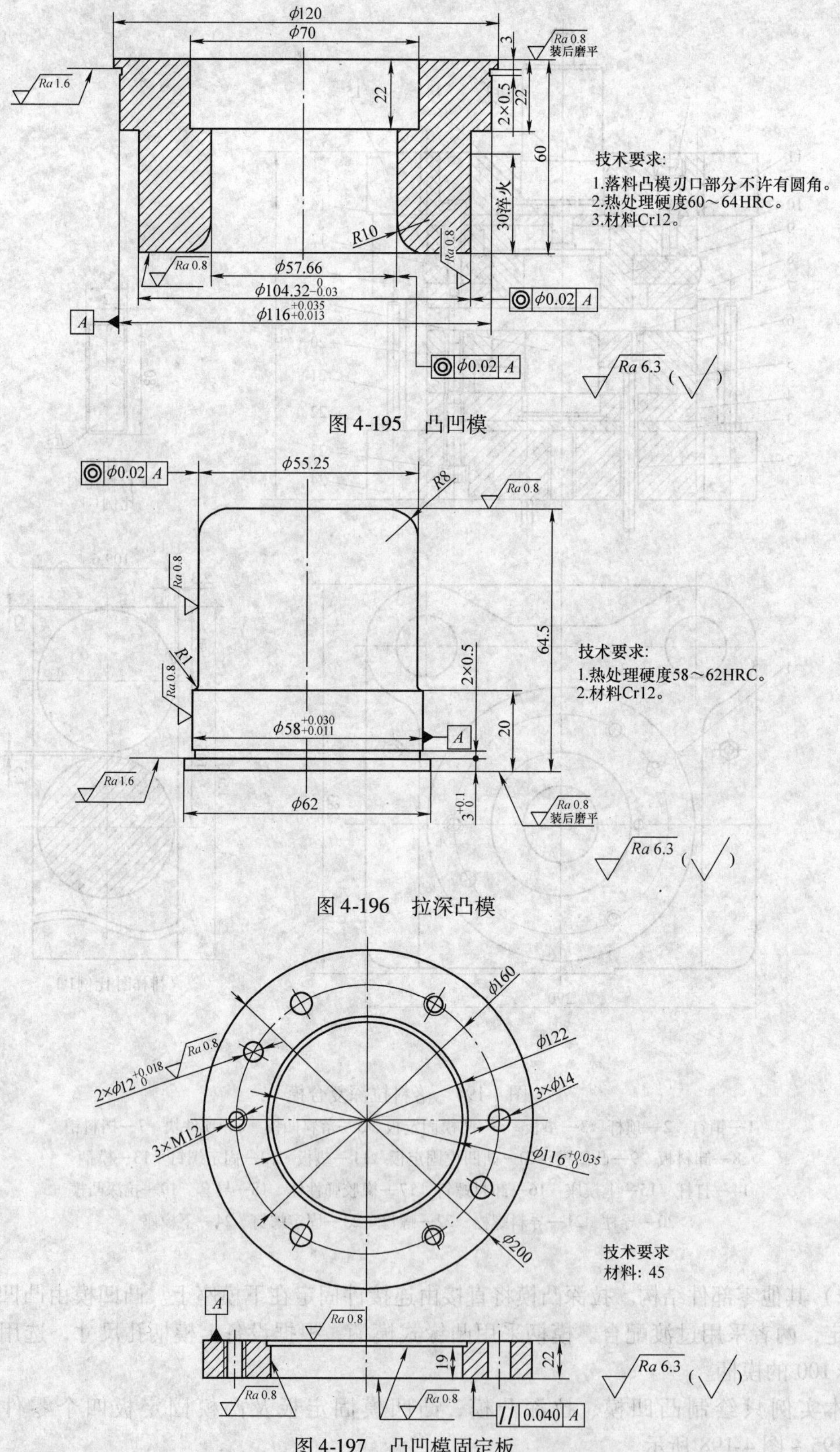

图 4-195　凸凹模

图 4-196　拉深凸模

图 4-197　凸凹模固定板

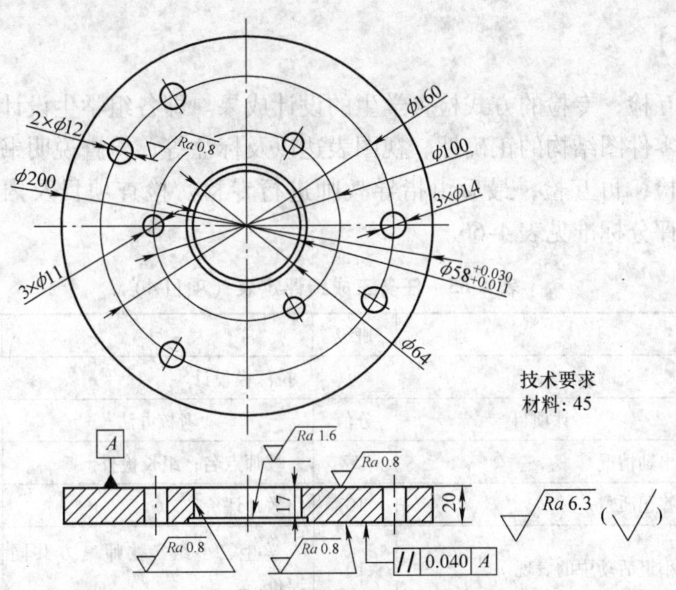

图 4-198　凸模固定板

（2）第二次拉深模零部件设计　由于零件高度较高，尺寸较小，所以未选用标准模架。导柱、导套选用标准件，规格分别为 35mm × 230mm，35mm × 115mm × 43mm。模柄采用凸缘式模柄，规格为 B40 ×90。

第二、三、四次拉深模结构参考图 4-181，各次拉深可更换拉深凸模、拉深凹模及定位圈，具体尺寸参考计算值。

【学生工作页】

表 4-64　任务三学生工作页（项目 4）

班级		姓名		学号		组号	
任务名称	拉深模设计						
任务资讯	识读任务						
	必备知识						
任务计划	原材料准备	牌号	规格	数量	技术要求		
	资料准备						
	设备准备						
	劳动保护准备						
	工具准备						
	方案制订						
决策情况							
任务实施							
检查评估							
任务总结							

【教学评价】

采用自检、互检、专检的方式检查学生的设计成果。即各组学生设计任务完成后，检查绘制的装配图、零件图结构的正确性、视图表达以及标注等，检查说明书的计算过程及结论的正确性，先自检，再互检，最后由指导教师进行专检。检查项目及内容具体见表4-65，任务完成情况的评分标准见表4-66。

表4-65　任务三成绩评定表（项目4）

姓名			班级		学号	
任务名称	拉深模设计					
考评类别	序号	考评项目	分值	考核办法	评价结果	得分
平时考核	1	出勤情况	5	教师点名；组长检查		
	2	答题质量	10	教师评价		
	3	小组活动中的表现	10	学生、小组、教师三方共同评价		
技能考核	4	任务完成情况	50	学生自检；小组交叉互检；教师终检		
	5	安全操作情况	10	自检、互检和专检		
素质考核	6	产品图样的读图能力	5	自检、互检和专检		
	7	个人任务独立完成能力	5	自检、互检和专检		
	8	团队成员间协作表现	5	自检、互检和专检		
合计			100	任务三总得分		

教师＿＿＿＿＿＿、＿＿＿＿＿＿　　　　日期＿＿＿＿＿＿

表4-66　任务三完成情况评分标准（项目4）

项目	序号	任务要求	配分	评分标准	检测结果	得分
任务完成情况	1	工艺方案制订合理	10			
	2	装配图规范、视图正确	5			
	3	装配图结构设计合理	10			
	4	装配图标注与技术要求完整	5			
	5	零件图结构表达清楚	5			
	6	零件图标注与技术要求合理	10			
	7	说明书内容完整，计算正确，书写整齐	5			
		总分	50		总得分	

【思考与练习】

1. 拉深采用压边圈的条件是什么？
2. 当圆筒形零件采用多次拉深时，如何用推算法确定拉深次数？
3. 为什么有些拉深件必须经过多次拉深？

4. 拉深时可以通过加压边圈的方式提高制件质量，所以，压边力越大，越有利于成形。这种对吗？为什么？

5. 已知无凸缘圆筒形拉深件如图 4-199 所示，料厚 $t=2\text{mm}$，筒径 $d=28\text{mm}$，毛坯直径 $D=98\text{mm}$，各次拉深的极限拉深系数分别为 $m_1=0.50$，$m_2=0.75$，$m_3=0.78$，$m_4=0.80$，$m_5=0.82$，…，试确定该拉深件的拉深次数及各道工序的工序件直径。

6. 图 4-200 所示的拉深件材料为 H62（软），请计算该拉深件的坯料尺寸、拉深次数及各次拉深工序件尺寸。

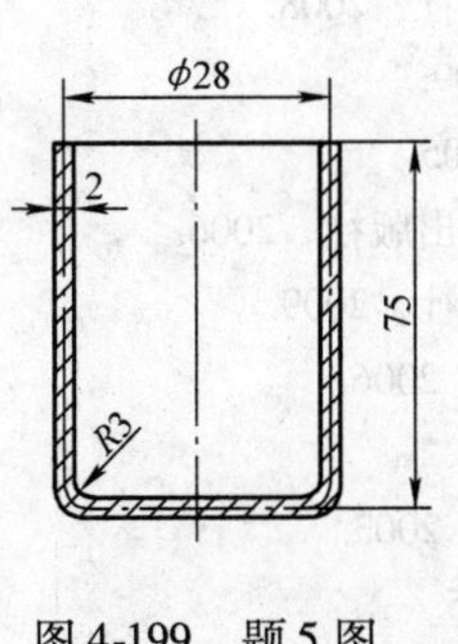

图 4-199 题 5 图

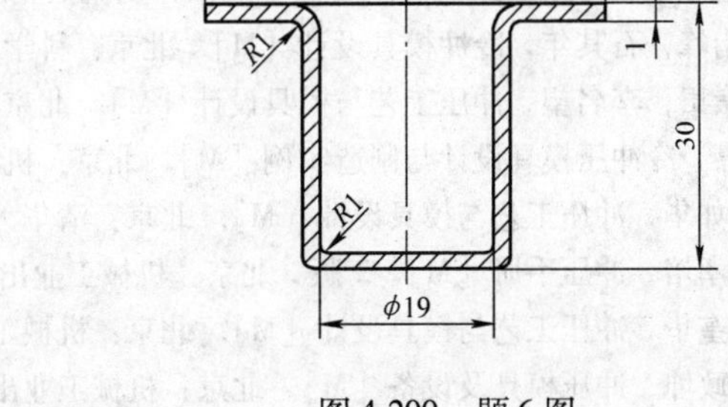

图 4-200 题 6 图

参考文献

[1] 杨占尧．冲压工艺编制与模具设计制造［M］．北京：人民邮电出版社，2010.
[2] 翁其金．冷冲压技术［M］．北京：机械工业出版社，2010.
[3] 钟毓斌．冲压工艺与模具设计［M］．北京：机械工业出版社，2009.
[4] 陈剑鹤，吴云飞．模具设计基础［M］．2版．北京：机械工业出版社，2011.
[5] 杨关全．模具设计与制造基础［M］．北京：北京师范大学出版社，2008.
[6] 赵孟栋．冷冲模设计［M］．2版．北京：机械工业出版社，2009.
[7] 熊南峰，石其年．冷冲模具设计［M］．北京：科学出版社，2005.
[8] 贾崇田，李名望．冲压工艺与模具设计［M］．北京：人民邮电出版社，2006.
[9] 王嘉．冷冲压模具设计与制造实例［M］．北京：机械工业出版社，2009.
[10] 张如华．冲压工艺与模具设计［M］．北京：清华大学出版社，2006.
[11] 王孝培．冲压手册［M］．2版．北京：机械工业出版社，2004.
[12] 姜奎华．冲压工艺与模具设计［M］．北京：机械工业出版社，2003.
[13] 徐政坤．冲压模具及设备［M］．北京：机械工业出版社，2005.
[14] 史铁梁．模具设计指导［M］．北京：机械工业出版社，2011.
[15]《模具设计手册》编写组．冲模设计手册［M］．3版．北京：机械工业出版社，2002.
[16] 徐政坤．冲压模具设计与制造［M］．2版．北京：化学工业出版社，2009.
[17]《冲模设计手册》编写组．冲模设计手册［M］．北京：机械工业出版社，2003.